Nine Chapters on
Arithmetic

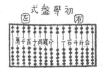

Arithmetic

九章算术

Zhang Cang

（汉）张苍 / 著

黄道明 / 译

天津出版传媒集团

天津科学技术出版社

图书在版编目（CIP）数据

九章算术 /（汉）张苍著；黄道明译 . -- 天津：
天津科学技术出版社，2020.8（2022.5 重印）

ISBN 978-7-5576-8416-7

Ⅰ . ①九… Ⅱ . ①张… ②黄… Ⅲ . ①数学 - 中国 -
古代 ②《九章算术》- 译文 ③《九章算术》- 注释 Ⅳ .
① O112

中国版本图书馆 CIP 数据核字 (2020) 第 118434 号

九章算术

JIUZHANGSUANSHU

责任编辑：杨　譞

责任印制：兰　毅

出　　版：天津出版传媒集团
　　　　　天津科学技术出版社

地　　址：天津市西康路 35 号

邮　　编：300051

电　　话：（022）23332490

网　　址：www.tjkjcbs.com.cn

发　　行：新华书店经销

印　　刷：天津中印联印务有限公司

开本 710×1000　1/16　印张 25.75　字数 367 000

2022 年 5 月第 1 版第 3 次印刷

定价：69.90 元

刘徽《九章算术》序

▌原文

　　昔在庖牺氏始画八卦，以通神明之德，以类万物之情，作九九之术[1]，以合六爻之变[2]。暨于黄帝神而化之，引而伸之，于是建历纪，协津吕[3]，用稽道原[4]，然后两仪四象精微之气可得而效焉。记称隶首[5]作数，其详未之闻也。按周公制礼而有九数[6]，九数之流，则《九章》是矣。

　　注者暴秦焚书，经术散坏[7]。自时厥后，汉北平侯张苍、大司农中丞耿寿昌皆以善算命世。苍等因旧文之遗残，各称删补。故校其目则与古或异，而所论者多近语也。

　　徽幼习《九章》，长再详览。观阴阳之割裂[8]，总算术之根源，探赜之暇[9]，遂悟其意。是以敢竭顽鲁[10]，采其所见，为之作注。事类相推，各有攸归，故枝条虽分而同本干者，知发其一端而已。又所析理以辞，解体用图，庶亦约而能周，通而不黩[11]，览之者思过半矣。且算在六艺，古者以宾兴贤能，教习国子；虽曰九数，其能穷纤入微，探测无方。至于以法相传，亦犹规矩度量[12]可得而共，非特难为也。当今好之者寡，故世虽多通才达学，而未必能综于此耳。

　　《周官·大司徒职》，夏至日中立八尺之表，其景[13]尺有五寸，谓之地中[14]。说云，南戴日下万五千里。夫云尔者，以术推之。按：《九章》立四表望远及因木望山之术，皆端旁互见，无有超邈若斯之类。然则苍等为术犹未足以博尽群数也。徽寻九数有重差之名，原其指趣乃所以施于此也。凡望极高、测绝深而兼知其远者必用重差[15]，勾股则必以重差为率，故曰重差也。立两表于洛阳之城，令高八尺，南北各尽平地，同日度其正中之时。以景差为法，表高乘表间为实，实如法而一，所得加表高，即日去地也。以南表之景乘表间为实，实如法而一，即为从南表至南戴日下也。以南戴日下及日去地为勾、股，为之求弦，即日去人也。以径寸之筒南望日，日满筒空[16]，则定筒之长短以为股率，以筒径为勾率，日去人之数为大股，大股之勾即日径也。夫天圆穹之象犹曰可度，又况泰山之高与江海之广哉。徽以为今之史籍且略举天地之物，考论厥数[17]，载之于志，以阐世术之美。辄造《重差》，并为注解，以究古人之意，缀于勾股之下。度高者重表，测深者累矩，孤离者三望，离而又旁求者四望。触类而长之，则虽幽遐诡伏[18]，靡所不入[19]，博物君子，详而览焉。

◎ 注释

（1）九九之术：九九乘法运算法则。

（2）六爻之变：爻，八卦中的卦名，六个阳爻组成乾卦。爻表示变化、变动，因此称为"六爻之变"。

（3）律吕：即六律和六吕，古代乐律的统称。

（4）用稽道原：稽，考核。原，本源。用以考核道的本源。

（5）隶首：黄帝时的史官，据说是算数的开创者。

（6）九数：《周礼》中"九数"指六艺中的"数"，即数学中九个运算问题。郑玄在《周礼注疏·地官司徒·保氏》注释："九数：方田、粟米、差分、少广、商功、均输、方程、赢不足、旁要。"

（7）散坏：散失、损毁。

（8）阴阳之割裂：这里指阴阳之别。

（9）探赜之暇：赜，精妙、深奥。暇，空闲、闲暇。

（10）敢竭顽鲁：竭，竭尽全力。顽鲁，顽劣、愚笨。

（11）通而不黩：黩，这里指累赘。通达却又不累赘。

（12）规矩度量：规，画圆的工具。矩，画方的工具。度，计量长短。量，测量重量。

（13）景：同"影"，影长。

（14）地中：这里指一地、一国的中心。

（15）重差：古代测量太阳高、远的方法。这里指反复测量取差，并且以差为比率进行推算。

（16）日满筒空：太阳光充满空筒直径。

（17）考论厥数：考证论述"数"的原理。

（18）幽遐诡伏：幽深神秘、隐藏不露。

（19）靡所不入：无所不囊括。

◎ **译文**

古代先人庖牺氏是八卦的创始者，用神秘莫测的变化和类推万物的方法，创造了九九乘法运算，以便来推算六爻的变化评测。到黄帝时期，经过神化和引申，创造了历法，并结合乐律来考核道的本源，从而验证两仪四象的精妙之气。据说是隶首最开始运用算数的，但具体情况我们并不知晓。到了周公制礼之时有了九数，就是《九章算术》并流传至今。但是，残暴的秦始皇焚书坑儒，使得大部分经典著作散失、损毁。之后，汉代北平侯张苍、大司农中丞耿寿昌因为擅长算数而闻名。张苍对残留的数学经典书籍进行了整理、收集和删补，形成了现在的《九章算术》。因此，它的详细内容和古籍大致相同，而论述的方式却与当时类似。

我从小就学习《九章算术》，成年后又详细研究学习，观察阴阳之别，论述算术的本源，在探寻其玄妙之暇，终于领悟其中道理。因此，我虽然顽劣愚笨，但也竭尽所能地搜集资料，为《九章算术》做注释。凡事按照规律来类推，便会使其各得其所，因此尽管很多事物的旁枝虽看似不相干，却可以探究到同一根源。因此，我们若是用语言来分析其原理，用图形来解析其构成，定可以做到简明而全面，通达而不累赘，使得读者能领悟其大意。

同时，算术是六艺之一，是古时君主招揽贤人、教导弟子之法。虽然它称之为"九数"，但小能窥探细微渺小之处，大能探测浩渺无穷之地。至于算法的问题，基本以规、矩、度、量为基础，一般人都能了解和应用。现在喜欢算术的人寥寥无几，因此虽然世上有很多博学、通达的贤人，却未必能通晓算术。

《周官·大司徒职》中有这样的记载：夏至正午立一 8 尺的表，若是表影长为 1 尺 5 寸，则此地为"地中"。其中说，南戴太阳正下方距离太阳 15000 里，这是用算术的方法推断出来的。参考《九章算术》：立四根表杆，通过树木望山的方法，端点和旁点都相互可见。只要不是遥远到不可见的情况，都可以利用这种方法来观测。由此可见，张苍等人的算法还没有广博到无所不包、无所不能。我了解到"九数"中有"重差"的运算方法，推测其宗旨就是为了计算这方面的问题。凡是望极高、极远之处，都可以利用这"重差"的法则。勾股的算法也将"重差"看作比率。在洛阳城内正南正北立两表，高为 8 尺，假设两表在同一水平面，同一时间测量两表正午时的影长。取影长之差为除数，表高乘两表的距离为被除数。被除数除以除数，得数加表高，即太阳距离地中的距离。影长之差为除数，南表的影长乘两表的距离为被除数，被除数除以除数，得数为南表与南戴日下的距离。以南戴与太阳的距离为勾，太阳与地中的距离为股，利用勾股定理求弦，弦长为太阳与人的距离。用直径 1 寸的竹筒观测太阳，太阳光充满竹筒直径，因此竹筒长为股率，筒直径为勾率，人与太阳的距离为大股，与之对应的大勾即太阳直径。这样一来，人们便可以测量天地的广袤，更何况泰山之高、江海之远呢？

我根据流传下来的典籍进行研究，并且参考世间万物，考证论述了算术的原理并且记录在册，目的就是让人们见识算术的精妙。我又探究古人的真意，把"重差"的算法加以注释，补充在勾股章节的后面。测量高度侧重于用表，测量深度侧重于用矩，若是观测的目标孤单、没有参照，应该反复观测三次；若是观测的目标孤单、没有参照且需要另外求其他，应该反复观测四次。因此，只要触类旁通，便可以观测那些隐藏不露、神秘莫测的目标。博学多才的能人，应该详细研读《九章算术》。

目录

卷一　方田 I

本卷内容：平面几何面积的计算方法、分数的四则运算法则，以及求分子分母最大公约数的方法。

卷二　粟米 33

本卷内容：各种谷物的比率及比例算法。

卷三　衰分 69

本卷内容：以分配问题为中心的配分比例问题。

卷四　少广 97

本卷内容：开方法则——已知正方形在内的矩形面积，求一边之长；或已知立方体的表面积，求其边长。

卷五　商功 121

本卷内容：以立体问题为主的各种形体体积的计算公式。

卷六　均输 153

本卷内容：以赋税计算和其他应用问题为中心的配分比例计算公式。

卷七　盈不足 197

本卷内容：以盈亏问题为中心的双假设算法。

卷八　方程 223

本卷内容：指由线性方程组的系数排列而成的长方阵。

卷九　勾股 251

本卷内容：以测量问题为中心的直角三角形三边互求关系。

附录一　孙子算经 285

序 286

上卷　算筹乘除之法 288

中卷　算筹分数之法 315

下卷　物不知数 336

附录二　周髀算经 361

上卷一　商高定理 362

上卷二　陈子模型 364

上卷三　七衡六间 374

下卷一　盖天模型 378

下卷二　天体测量 383

下卷三　日月历法 390

卷一

方田

方田术曰：广从步数相乘得积步。以亩法二百四十步除之，即亩数。百亩为一顷。

今有田广七分步之四，从五分步之三。问为田几何？

答曰：三十五分步之十二。

又有田广九分步之七，从十一分步之九，问为田几何？

答曰：十一分步之七。

又有田广五分步之四，从九分步之五。问为田几何？

答曰：九分步之四。

乘分术曰：母相乘为法，子相乘为实，实如法而一。

今有圭田广十二步，正从二十一步。问为田几何？

答曰：一百二十六步。

又有圭田广五步二分步之一，从八步三分步之二。问为田几何？

答曰：二十三步六分步之五。

术曰：半广以乘正从。

▌ 原文

（一）今有田广十五步⁽¹⁾，从⁽²⁾十六步。问为田几何⁽³⁾？

答曰：一亩。

（二）又有田广十二步，从十四步。问为田几何？

答曰：一百六十八步。

方田术⁽⁴⁾曰：广从步数相乘得积步⁽⁵⁾。以亩法⁽⁶⁾二百四十步除之，即亩数。百亩为一顷。

◎ 注释

（1）广：田地的宽度。步，古代长度单位，秦汉时一步为5尺，隋唐以后为6尺。

（2）从：田地的长度。

（3）几何：这里指多少。

（4）方田术：方田，古九章算术之一。术，方法。方田术就是田地面积的运算方法。

（5）积步：以步为单位的田地面积，即长（步）乘宽（步）所得的平方步。

（6）亩法：田地亩数的运算方法，1亩等于240步。

◎ 译文

（一）现有一块田地宽为15步，长为16步。那么它的面积是多少？

答：面积为1亩。

（二）又有一块田地宽为12步，长为14步。那么它的面积是多少？

答：面积为168平方步。

田地面积的计算方法：长和宽的步数相乘，所得的平方步就是田地面积。平方步除以240，即为亩数。亩数除以100，即为顷数。即：240平方步为1亩；100亩为1顷。

◎ **译解**

（一）田地面积为：15×16=240 平方步 =1 亩。

（二）田地面积为：12×14=168 平方步。

平方步大于 240，需要转化为亩数；小于 240，即为最后结果。

◎ **术解**

（1）田地面积 = 长 × 宽。

（2）1 亩 =240 平方步。

（3）1 顷 =100 亩。

原文

（三）今有田广一里[1]，从一里。问为田几何？

答曰：三顷七十五亩。

（四）又有田广二里，从三里。问为田几何？

答曰：二十二顷五十亩。

里田术[2]曰：广从里数相乘得积里[3]。以三百七十五乘之，即亩数。

◎ **注释**

（1）里，古代长度单位。秦汉时期 300 步等于 1 里。

（2）里田术：以里为单位的田地面积的运算法则。即积里 = 长（里）× 宽（里）。

（3）积里：长乘宽所得的积，单位为平方里。

◎ **译文**

（三）现有一块田地宽为 1 里，长为 1 里。求面积是多少？

答：面积是 3 顷 75 亩。

（四）又有一块田地宽为 2 里，长为 3 里。求面积是多少?

答：面积是 22 顷 50 亩。

田地面积的运算法则：长和宽的里数相乘，所得的平方里就是田地面积。所得平方里乘 375 亩就是亩数。

◎ 译解

（三）1 里 =300 步，1 亩 =240 平方步。

田地面积：（300×300）÷240=375 亩；375÷100=3 顷 75 亩。

（四）田地面积：2×3×375=2250 亩；2250÷100=22 顷 50 亩。

◎ 术解

（1）平方里 = 长（里）× 宽（里）。

（2）亩数 = 积里 ×375 亩。

▌ 原文

（五）今有十八分之十二，问约[1]之得几何?

答曰：三分之二。

（六）又有九十一分之四十九。问约之得几何?

答曰：十三分之七。

约分术[2]曰：可半者半[3]之；不可半者，副置[4]分母、子之数，以少减多，更相减损[5]，求其等也。以等数约之。

◎ 注释

（1）约：约分，约简。

（2）约分术：分数约简的运算法则。

（3）半：减半。

（4）副置：在旁边布置算筹。算筹，古代计算数学的工具和方法。

（5）更相：相互。减损：相减。

◎ **译文**

（五）现有分数 $\frac{12}{18}$，约分之后是多少？

答：$\frac{2}{3}$。

（六）又有分数 $\frac{49}{91}$，约分之后是多少？

答：$\frac{7}{13}$。

约分的运算法则：如果分子、分母都是偶数，就先把它们减半。如果不是偶数，就把分子、分母分列两边，用大数减小数，反复相减，求最后的等数，最后用等数来约简。等数就是这几个分数的最大公约数。

◎ **译解**

（五）12 与 18 的最大公约数是 6，用 6 来约 $\frac{12}{18}$，即 $\frac{12 \div 6}{18 \div 6} = \frac{2}{3}$。

12 的约数有 1、2、3、4、6；18 的约数有 1、2、3、6、9。两个数的公约数是 1、2、3、6，因此 6 就是它们的最大公约数。

（六）49 与 91 的最大公约数是 7，用 7 来约，即 $\frac{49 \div 7}{91 \div 7} = \frac{7}{13}$。

◎ **术解**

以（六）为例：

（1）49 和 91 都不是偶数，先求它们的最大公约数。

（2）把分子分母分别列于两边，用大数减去小数，91−49=42、49−42=7；之后依次相减五次，等数为 7。

（3）两边所得的数相等，则 7 就是 49 和 91 的最大公约数。如下：

91−49=42	49−42=7
42−7=35	
35−7=28	
28−7=21	
21−7=14	
14−7=7	

（4）用最大公约数约简 49 和 91，也就是除以，即 49÷7 和 91÷7，得数是 7 和 13，那么 $\frac{7}{13}$ 就是约分后的得数。

▌原文

（七）今有三分之一，五分之二。问合之[1]得几何?

答曰：十五分之十一。

（八）又有三分之二，七分之四，九分之五。问合之得几何?

答曰：得一、六十三分之五十。

（九）又有二分之一，三分之二，四分之三，五分之四。问合之得几何?

答曰：得二、六十分之四十三。

合分术[2]曰：母互乘子，并以为实[3]，母相乘为法[4]，实如法而一[5]。不满法者，以法命之[6]。其母同者，直相从之[7]。

◎ 注释

（1）合之：求和，相加。

（2）合分术：分数求和的运算法则。

（3）并以为实：并，加在一起。实，指被除数。相加的和作为被除数。

（4）法：指除数。

（5）实如法而一：被除数除以除数，即分子除以分母。

（6）以法命之：用除数直接作为分母。

（7）直相从之：直接相加。

◎ 译文

（七）现有 $\frac{1}{3}$ 和 $\frac{2}{5}$ 两个分数相加，和是多少?

答：$\frac{11}{15}$。

（八）又有 $\frac{2}{3}$，$\frac{4}{7}$ 和 $\frac{5}{9}$ 三个分数相加，和是多少?

答：$1\frac{50}{63}$。

（九）又有 $\frac{1}{2}$，$\frac{2}{3}$，$\frac{3}{4}$ 和 $\frac{4}{5}$ 四个分数相加，和是多少？

答：$2\frac{43}{60}$。

分数求和的运算法则：分子和分母交叉相乘，乘积之和作为被除数，分母相乘的积作为除数，用被除数除以除数，如果被除数大于除数，就进 1。如果被除数小于除数，那被除数为分子，除数为分母，得数为结果；如果各个分数分母相同，分母不变，分子直接相加。

◎ **译解**

（七）假如有两个分数，$\frac{b}{a}$ 和 $\frac{d}{c}$，两数相加法则为：$\frac{b}{a} + \frac{d}{c} = \frac{bc+ad}{ac}$。

$\frac{1}{3} + \frac{2}{5} = \frac{1 \times 5 + 2 \times 3}{3 \times 5} = \frac{11}{15}$。

（八）三数相加也是如此，有 $\frac{2}{3}$、$\frac{4}{7}$ 和 $\frac{5}{9}$ 相加，先算 $\frac{2}{3}$、$\frac{4}{7}$，$\frac{2}{3} + \frac{4}{7}$ $= \frac{2 \times 7 + 3 \times 4}{3 \times 7} = \frac{26}{21}$，然后再计算 $\frac{26}{21} + \frac{5}{9} = \frac{26 \times 9 + 21 \times 5}{21 \times 9} = \frac{339}{189} = \frac{113}{63}$。最后得数为 $1\frac{50}{63}$。

也可以运用简便算法：先算 $\frac{2}{3} + \frac{5}{9} = \frac{6}{9} + \frac{5}{9} = \frac{11}{9}$，再计算 $\frac{11}{9} + \frac{4}{7}$ $= \frac{11 \times 7 + 9 \times 4}{9 \times 7} = \frac{113}{63} = 1\frac{50}{63}$。因为 9 是 3 的倍数，且变换之后分母相同，只需要分子相加就可以。

（九）$\frac{1}{2}$、$\frac{2}{3}$、$\frac{3}{4}$ 和 $\frac{4}{5}$ 四数相加，求最大公倍数为 60，$\frac{1}{2} + \frac{2}{3} + \frac{3}{4} + \frac{4}{5}$ $= \frac{1 \times 30 + 2 \times 20 + 3 \times 15 + 4 \times 12}{60} = \frac{163}{60} = 2\frac{43}{60}$。

分母相同的分数相加，分母不变，分子直接相加。若是一个分母是另一个分母的倍数，也可以先通分再相加。比如，$\frac{1}{7} + \frac{2}{7} = \frac{1+2}{7} = \frac{3}{7}$；$\frac{1}{5} + \frac{3}{10}$ $= \frac{2}{10} + \frac{3}{10} = \frac{2+3}{10} = \frac{5}{10}$，约分之后得数为 $\frac{1}{2}$。

◎ **术解**

以（八）为例：

（1）先分子分母交叉相乘，即 $2 \times 7 \times 9 = 126$，$4 \times 3 \times 9 = 108$，$5 \times 3 \times 7 = 105$。再把它们的积相加，得数作为被除数，即 $126 + 108 + 105 = 339$。

（2）分母相乘之积作为除数。即 $3 \times 7 \times 9 = 189$。分母相乘的目的是使得两分数分母相同。

（3）$\frac{339}{189}$ 中 339 够一个 189，便可以进 1，得数为 $1\frac{150}{189}$。

（4）$1\frac{150}{189}$ 可以进行约分，最大公约数是 3，约分之后结果是 $1\frac{50}{63}$。

▌原文

（一〇）今有九分之八，减其五分之一。问余[1]几何？

答曰：四十五分之三十一。

（一一）又有四分之三，减其三分之一。问余几何？

答曰：十二分之五。

减分术[2]曰：母互乘子，以少减多[3]，余为实，母相乘为法，实如法而一。

◎ 注释

（1）余：余数，差数。

（2）减分术：分数相减的运算法则。

（3）以少减多：从多数中减去少数，即大数减小数。

◎ 译文

（一〇）现有分数 $\frac{8}{9}$，减去 $\frac{1}{5}$，得数是多少？

答：$\frac{31}{45}$。

（一一）又有分数 $\frac{3}{4}$，减去 $\frac{1}{3}$，得数是多少？

答：$\frac{5}{12}$。

分数相减的运算法则：分子分母交叉相乘，大数减去小数，余数作为被除数，分母相乘的积作为除数，被除数除以除数就是结果。

◎ **译解**

（一〇）假设有两个分数，$\frac{b}{a}$ 和 $\frac{d}{c}$，两数相减，运算法则为：$\frac{bc-ad}{ac}$，注意用大数减去小数。$\frac{8}{9}-\frac{1}{5}=\frac{8\times5-1\times9}{9\times5}=\frac{31}{45}$。

（一一）$\frac{3}{4}-\frac{1}{3}=\frac{3\times3-1\times4}{4\times3}=\frac{5}{12}$。分母相乘的目的是使得两分数分母相同，分母相同的分数，分子直接相减，分母不变。如果被除数大于除数，则需要进1。

◎ **术解**

以（一一）为例：

（1）分子分母交叉相乘，3×3=9，1×4=5。用大数减去小数，9-4=5。得数为被除数。

（2）分母相乘，3×4=12。得数为除数。

（3）被除数除以除数，得数是 $\frac{5}{12}$。

（4）分母相同才能相减，运算之前必须通分。

原文

（一二）今有八分之五，二十五分之十六。问孰多[1]？多几何？

答曰：二十五分之十六多，多二百分之三。

（一三）又有九分之八，七分之六。问孰多？多几何？

答曰：九分之八多，多六十三分之二。

（一四）又有二十一分之八，五十分之十七。问孰多？多几何？

答曰：二十一分之八多，多一千五十分之四十三。

课分[2]术曰：母互乘子，以少减多，余为实，母相乘为法；实如法而一，即相多[3]也。

◎ **注释**

（1）孰多：孰，哪一个。哪一个大。

（2）课分：课，考察、考量。比较分数的大小。

（3）相：相差。多：多少。

◎ **译文**

（一二）现在比较 $\frac{5}{8}$，$\frac{16}{25}$ 的大小，哪一个数大？大多少？

答：$\frac{16}{25}$ 比 $\frac{5}{8}$ 大，大 $\frac{3}{200}$。

（一三）又比较 $\frac{8}{9}$，$\frac{6}{7}$ 的大小，哪一个数大？大多少？

答：$\frac{8}{9}$ 比 $\frac{6}{7}$ 大，大 $\frac{2}{63}$。

（一四）又比较 $\frac{8}{21}$，$\frac{17}{50}$ 的大小，哪一个数大？大多少？

答：$\frac{8}{21}$ 比 $\frac{17}{50}$ 大，大 $\frac{43}{1050}$。

分数比大小的运算法则：分子分母交叉相乘，大数减小数的差为被除数，分母相乘的积为除数。被除数除以除数就得到两者相差的数。

◎ **译解**

（一二）比较分数大小与分数相减的法则基本相同，仍遵循这个运算法则：$\frac{bc-ad}{ac}$。也就是说，分数相减的差，就是两者相差的数值。

先分子分母交叉相乘，$5 \times 25 = 125$，$8 \times 16 = 128$，再分母相乘 $8 \times 25 = 200$。两数比较，128 大于 125，所以 $\frac{16}{25}$ 大。（128-125）$\div 200 = \frac{3}{200}$，即 $\frac{16}{25}$ 比 $\frac{5}{8}$ 大 $\frac{3}{200}$。

（一三）同理，$8 \times 7 = 56$，$6 \times 9 = 54$，$9 \times 7 = 63$。两数比较，56 大于 54，所以 $\frac{8}{9}$ 大。（56-54）$\div 63 = \frac{2}{63}$，即 $\frac{8}{9}$ 比 $\frac{6}{7}$ 大 $\frac{3}{200}$。

（一四）同理，$8 \times 50 = 400$，$17 \times 21 = 357$，$21 \times 50 = 1050$。两数比较，400 大于 357，所以 $\frac{8}{21}$ 大。（400-357）$\div (21 \times 50) = \frac{43}{1050}$，即 $\frac{8}{21}$ 比 $\frac{17}{50}$ 大 $\frac{43}{1050}$。

◎ **术解**

以（一二）为例：

（1）$\frac{5}{8}$ 和 $\frac{16}{25}$ 比较谁大？先分子分母交叉相乘，计算出 $5 \times 25 = 125$，$8 \times 16 = 128$，然后求两者的差，128-125=3，作为被除数。

（2）分母相乘，计算出 25×8=200，作为除数。

（3）用被除数除以除数：$\frac{3}{200}$，就是相差的数。

（4）若是新分子、新分母为偶数，需要进行约分。

（5）分数相减是求他们的余数是多少，分数比较是求相差的数，两者运算方法相同。

原文

（一五）今有三分之一，三分之二，四分之三。问减多益少[1]，各几何而平[2]？

答曰：减四分之三者二，三分之二者一，并以益三分之一，而各平于十二分之七。

（一六）又有二分之一，三分之二，四分之三。问减多益少，各几何而平？

答曰：减三分之二者一，四分之三者四，并以益二分之一，而各平于三十六分之二十三。

平分术[3]曰：母互乘子，副并为平实，母相乘为法。以列数[4]乘未并者各自为列实。亦以列数乘法，以平实减列实[5]，余，约之为所减。并所减以益于少，以法命平实，各得其平。

◎ 注释

（1）减多益少：益，增加。即减多增少，大数减少，小数增加。

（2）各几何而平：平，平均数。

（3）平分术：分数求平均数的运算法则。

（4）列数：分数的个数。

（5）以平实减列实：平实，平均数的分子，分子分母交叉相乘之和。列实，各个分子分母相乘的积乘列数。

◎ 译文

（一五）现有 $\frac{1}{3}$，$\frac{2}{3}$ 和 $\frac{3}{4}$ 三个分数，如果减多增少，各增加或减少多少才能得到平均数？

答：从 $\frac{2}{3}$ 减去 $\frac{1}{12}$，从 $\frac{3}{4}$ 减去 $\frac{2}{12}$，并且把余数之和加给 $\frac{1}{3}$，三个数的平均数为 $\frac{7}{12}$。

（一六）又有 $\frac{1}{2}$，$\frac{2}{3}$ 和 $\frac{3}{4}$ 三个分数，如果减多增少，各增加或减少多少才能得到平均数？

答：从 $\frac{2}{3}$ 减去 $\frac{1}{36}$，从 $\frac{3}{4}$ 减去 $\frac{4}{36}$，并且把余数之和加给 $\frac{1}{2}$，三个数的平均数为 $\frac{23}{36}$。

求分数平均数的运算法则：分子分母交叉相乘，相加之和作为平均数的分子（即平实），分母相乘作为除数。各分子分母相乘的积乘分数个数作为新的分子（即列实），同时除数乘分数个数作为新分母。列实减去平实，余数与除数约简作为各分数应该减去的数，然后把减后的得数相加，再与比较小的数相加。如此，平实除以除数就是这几个分数的平均数。

◎ 译解

（一五）先求 $\frac{1}{3}$，$\frac{2}{3}$ 和 $\frac{3}{4}$ 的平均数，有 $\left(\frac{1}{3} + \frac{2}{3} + \frac{3}{4} \right) \div 3 = \frac{7}{12}$。用平均数分别减去各分数，注意：应该是大数减去小数，即 $\frac{7}{12} - \frac{1}{3} = \frac{3}{12}$，$\frac{2}{3} - \frac{7}{12}$ $= \frac{1}{12}$，$\frac{3}{4} - \frac{7}{12} = \frac{2}{12}$。因此，应该从 $\frac{2}{3}$ 减去 $\frac{1}{12}$，从 $\frac{3}{4}$ 减去 $\frac{2}{12}$，并且把 $\frac{1}{3}$ 加上 $\frac{3}{12}$，三个分数平均数为 $\frac{7}{12}$。

（一六）先求 $\frac{1}{2}$，$\frac{2}{3}$ 和 $\frac{3}{4}$ 的平均数，$\left(\frac{1}{2} + \frac{2}{3} + \frac{3}{4} \right) \div 3 = \frac{23}{36}$。用平均数分别减去各分数，即 $\frac{23}{36} - \frac{1}{2} = \frac{5}{36}$，$\frac{2}{3} - \frac{23}{36} = \frac{1}{36}$，$\frac{3}{4} - \frac{23}{36} = \frac{4}{36}$。因此，应该从 $\frac{2}{3}$ 减去 $\frac{1}{36}$，从 $\frac{3}{4}$ 减去 $\frac{4}{36}$，并且把 $\frac{1}{2}$ 加上 $\frac{5}{36}$，三个分数平均数为 $\frac{23}{36}$。

◎ 术解

以（一五）为例：

（1）$\frac{1}{3}$，$\frac{2}{3}$ 和 $\frac{3}{4}$ 三个数分子分母交叉相乘，$1 \times 3 \times 4 = 12$，$2 \times 3 \times 4 = 24$，

$3 \times 3 \times 3=27$。

分子分母交叉相乘的积相加，作为平实。即 12+24+27=63。

（3）分母相乘的积作为除数。即 $3 \times 3 \times 4=36$。

（4）列数分别乘分母交叉相乘的积、分母相乘的积，即 $12 \times 3=36$，$24 \times 3=72$，$27 \times 3=81$，$36 \times 3=108$。各自的列实分别为 36，72，81；新分母为 108。

（5）用列实减去平实。81-63=18，72-63=9。注意，用大数减去小数。首先要比较列实是否比平实大，然后用大于平实的列实去减。即 81 大于 63，72 大于 63，而 36 小于 63，因此，用 81-63；72-63。

（6）用余数除以新分母，即 $18 \div 108=\dfrac{2}{12}$，$9 \div 108=\dfrac{1}{12}$。然后得数相加，$\dfrac{2}{12}+\dfrac{1}{12}=\dfrac{3}{12}$。

（7）把最后得数与较小的数相加，即 $\dfrac{3}{12}+\dfrac{1}{3}=\dfrac{7}{12}$。所以，这三个数的平均数为 $\dfrac{7}{12}$。

▌原文

（一七）今有七人，分[1]八钱三分钱之一。问人得几何？

答曰：人得一钱二十一分钱之四。

（一八）又有三人，三分人之一，分六钱三分钱之一，四分钱之三。问人得几何？

答曰：人得二钱八分钱之一。

经分术[2]曰：以人数为法，钱数为实，实如法而一。有分者通[3]之，重有分者同而通之[4]。

◎ 注释

（1）分：平分。

（2）经分术：经，分割。分数相除的运算法则。

（3）通：通分，转化为分数。

（4）重有分者同而通之：分子分母都带有分数，则应该先让分母相同，化为假分数进行运算。假分数，即分子大于或等于分母的分数，比如 $\frac{4}{4}$，$\frac{7}{4}$ 等。

◎ **译文**

（一七）现有 7 个人，平均分 $8\frac{1}{3}$ 钱，那么每人分多少钱？

答：每人分 $1\frac{4}{21}$ 钱。

（一八）又有 $3\frac{1}{3}$ 人，平均分 $6\frac{1}{3}$ 钱、$\frac{3}{4}$ 钱，那么每人分多少钱？

答：每人分 $2\frac{1}{8}$ 钱。

分数除法的运算法则：用人数作为除数，钱数作为被除数。如果除数或被除数中有分数，应该先通分；如果两者都是分数，应该先让分母相同，然后再通分，化为假分数。

◎ **译解**

（一七）用钱数除以人数，即 $8\frac{1}{3}$ 除以 7。被除数是分数，我们应该先通分，$8\frac{1}{3}$ 通分为 $\frac{25}{3}$，$\frac{25}{3}÷7=1\frac{4}{21}$ 钱。即，每人分 $1\frac{4}{21}$ 钱。

（一八）先把钱数相加，$6\frac{1}{3}+\frac{3}{4}=\frac{19}{3}+\frac{3}{4}=\frac{76}{12}+\frac{9}{12}=\frac{85}{12}$，然后用钱数除以人数，$\frac{85}{12}÷\frac{10}{3}=2\frac{1}{8}$ 钱，即每人分 $2\frac{1}{8}$ 钱。

◎ **术解**

以（一八）为例：

（1）分子、分母都是分数，先进行通分，即 $3\frac{1}{3}$ 通分为 $\frac{10}{3}$，$6\frac{1}{3}$ 通分为 $\frac{19}{3}$。

（2）钱数相加，即 $6\frac{1}{3}+\frac{3}{4}=\frac{19}{3}+\frac{3}{4}=\frac{76}{12}+\frac{9}{12}=\frac{85}{12}$，即钱数为 $\frac{85}{12}$。

（3）用钱数除以人数，分子分母都是分数，应该先让分母相同，即分母相乘，分子分母交叉相乘，$\frac{85×3}{12×3}$；$\frac{10×12}{3×12}$，得出结果 $\frac{255}{36}$ 和 $\frac{120}{36}$。

（4）分数除法，比如 $\frac{b}{a}$ 除以 $\frac{d}{c}$，运算法则为：$\frac{b}{a}÷\frac{d}{c}=\frac{b}{a}×\frac{c}{d}=\frac{bc}{ad}$。

$\dfrac{255}{36} \div \dfrac{120}{36} = \dfrac{255 \times 36}{120 \times 36}$，因为分子分母都有 36，可以直接约简为 $\dfrac{255}{120}$，15 是它们的最大公约数，最后结果为 $\dfrac{17}{8}$，即 $2\dfrac{1}{8}$ 钱。

（5）我们也可以直接运用：$\dfrac{b}{a} \div \dfrac{d}{c} = \dfrac{b}{a} \times \dfrac{c}{d} = \dfrac{bc}{ad}$ 这一运算法则，即 $\dfrac{85}{12} \div \dfrac{10}{3} = \dfrac{85 \times 3}{12 \times 10} = \dfrac{255}{120} = 2\dfrac{1}{8}$ 钱。

▌原文

（一九）今有田广七分步之四，从五分步之三。问为田几何？

答曰：三十五分步之十二。

（二十）又有田广九分步之七，从十一分步之九。问为田几何？

答曰：十一分步之七。

（二一）又有田广五分步之四，从九分步之五，问为田几何？

答曰：九分步之四。

乘分术[1]曰：母相乘为法，子相乘为实，实如法而一。

◎ 注释

（1）乘分术：分数乘法的运算法则。

◎ 译文

（一九）现有田地宽为 $\dfrac{4}{7}$ 步，长为 $\dfrac{3}{5}$ 步，那么面积是多少？

答：$\dfrac{12}{35}$ 平方步。

（二十）又有田地宽为 $\dfrac{7}{9}$ 步，长为 $\dfrac{9}{11}$ 步，那么面积是多少？

答：$\dfrac{7}{11}$ 平方步。

（二一）又有田地宽为 $\dfrac{4}{5}$ 步，长为 $\dfrac{5}{9}$ 步，那么面积是多少？

答：$\dfrac{4}{9}$ 平方步。

分数乘法运算法则：分母相乘作为除数，分子相乘作为被除数，被除数除以除数，得数为田地面积。

◎ **译解**

（一九）田地面积：$\frac{4}{7} \times \frac{3}{5} = \frac{4 \times 3}{7 \times 5} = \frac{12}{35}$ 平方步。

（二十）田地面积：$\frac{7}{9} \times \frac{9}{11} = \frac{7 \times 9}{9 \times 11} = \frac{63}{99} = \frac{7}{11}$ 平方步。注意：被除数和除数中有相同数字，可以先进行约简，再进行计算。比如 $\frac{7 \times 9}{9 \times 11}$，可以直接把 9 约掉，得出 $\frac{7}{11}$，不用再进行计算。

（二一）田地面积：$\frac{4}{5} \times \frac{5}{9} = \frac{4 \times 5}{5 \times 9} = \frac{4}{9}$ 平方步。

◎ **术解**

以（一九）为例：

（1）先分子相乘，4×3=12。

（2）分母相乘，7×5=35。

（3）分子除以分母，就是所求结果：$12 \div 35 = \frac{12}{35}$。

（4）分数乘法的运算，就是分子互乘、分母互乘，然后被除数除以除数。假设分数分别为 $\frac{b}{a}$、$\frac{d}{c}$，运算法则：$\frac{b}{a} \times \frac{d}{c} = \frac{b \times d}{a \times c} = \frac{bd}{ac}$。

▌ 原文

（二二）今有田广三步三分步之一，从五步五分步之二。问为田几何？

答曰：十八步。

（二三）又有田广七步四分步之三，从十五步九分步之五。问为田几何？

答曰：一百二十步九分步之五。

（二四）又有田广十八步七分步之五，从二十三步十一分步之六。问为田几何？

答曰：一亩二百步十一分步之七。

大广田术[1]曰：分母各乘其全[2]，分子从之[3]，相乘为实。分母相乘为法。实如法而一。

◎ **注释**

（1）大广田术：大广，之前的运算或是只有整数，或是只有分数，本法则有整数也有分数，所以称之为大广。长宽有整数又有分数的田地面积运算法则。

（2）全：整数部分。

（3）分子从之：再加上分子的和。

◎ **译文**

（二二）现有田地宽为 $3\frac{1}{3}$ 步，长为 $5\frac{2}{5}$ 步，求田地面积是多少？

答：面积为 18 平方步。

（二三）又有田地宽为 $7\frac{3}{4}$ 步，长为 $15\frac{5}{9}$ 步，求田地面积是多少？

答：面积为 $120\frac{5}{9}$ 平方步。

（二四）又有田地宽为 $18\frac{5}{7}$ 步，长为 $23\frac{6}{11}$ 步，求田地面积是多少？

答：面积为 1 亩 $200\frac{7}{11}$ 平方步。

长宽有整数又有分数的田地面积运算法则：各分母乘自己的整数部分，得数再加上分子。然后再相互乘，所求得数作为被除数，分母相乘作为除数。被除数除以除数，得数就是田地面积。

◎ **译解**

（二二）田地面积：$3\frac{1}{3} \times 5\frac{2}{5} = \frac{10}{3} \times \frac{27}{5} = \frac{10 \times 27}{3 \times 5} = \frac{270}{15} = 18$ 平方步；

可以进行约简：$3\frac{1}{3} \times 5\frac{2}{5} = \frac{10}{3} \times \frac{27}{5} = \frac{10 \times 27}{3 \times 5}$，10 和 5 约简等于 2；27 和 3 约简等于 9，$2 \times 9 = 18$ 平方步。

（二三）田地面积：$7\frac{3}{4} \times 15\frac{5}{9} = \frac{31}{4} \times \frac{140}{9} = \frac{4340}{36} = 120\frac{20}{36}$ 平方步 $= 120\frac{5}{9}$ 平方步。

（二四）田地面积：$18\frac{5}{7} \times 23\frac{6}{11} = \frac{131}{7} \times \frac{259}{11} = \frac{131 \times 259}{7 \times 11}$。约简后：$\frac{131 \times 37}{11} = \frac{4847}{11} = 440\frac{7}{11}$ 平方步。240 平方步 =1 亩，转化后为 1 亩 $200\frac{7}{11}$ 平方步。

◎ **术解**

以（二三）为例：

（1）各分数先进行通分，用分母乘整数部分，7×4=28；加上分子，28+3=31。通分后为 $\frac{31}{4}$。

（2）$15\frac{5}{9}$ 通分后为 $\frac{140}{9}$。

（3）然后各分数分子相乘作为被除数，分母相乘作为除数，31×140=4340；4×9=36。

（4）被除数除以除数，$4340÷36=\frac{4340}{36}=120\frac{5}{9}$ 平方步。

（5）分母乘整数的目的是为了通分，把整数纳入分子的部分，这样便于运算。假设有两个数为 $a\frac{c}{b}$，$d\frac{f}{e}$。运算法则为，$a\frac{c}{b}×d\frac{f}{e}=\frac{ab+c}{b}×\frac{de+f}{e}=\frac{(ab+c)×(de+f)}{be}$。

▌ 原文

（二五）今有圭[1]田广[2]十二步，正从[3]二十一步。问为田几何？

答曰：一百二十六步。

（二六）又有圭田广五步二分步之一，从八步三分步之二。问为田几何？

曰：二十三步六分步之五。

术曰：半广以乘正从。

◎ **注释**

（1）圭：原是古代帝王、诸侯祭祀时手里拿的玉制礼器。这里指三角形。圭田，古代卿大夫祭祀用的田地。

（2）广：这里指三角形底边长。

（3）正从：即正纵，三角形底边上的高。

◎ **译文**

（二五）现有三角形田地，底边长为 12 步，高为 21 步，问田地面积是多少？

答：126 平方步。

（二六）又有三角形田地，底边长为 $5\frac{1}{2}$ 步，高为 $8\frac{2}{3}$ 步，问田地面积是多少？

答：$23\frac{5}{6}$ 平方步。

三角形田地面积运算法则：取底边长的一半，乘底边高，得数就是田地面积。

◎ **译解**

（二五）三角形面积＝底边 ÷2× 高；田地面积：$12÷2×21=6×21=126$ 平方步；

或者，三角形面积＝底边 × 高 ÷2，即（12×21）÷2=126 平方步。

（二六）田地面积：$5\frac{1}{2}÷2×8\frac{2}{3}=\frac{11}{4}×\frac{26}{3}=\frac{286}{12}=\frac{143}{6}=23\frac{5}{6}$ 平方步。

◎ **术解**

以（二六）为例：

（1）三角形面积运算法则：三角形面积＝底边 ÷2× 高；底边除以2，是为了用多余的部分补齐不足的部分，将三角形化为长方形。所以，三角形面积为底边和高都相等的长方形面积的一半。

（2）先求底边的一半：$5\frac{1}{2}÷2=\frac{11}{2}÷2=\frac{11}{4}$。

（3）得数乘高，即所求面积。$\frac{11}{4}×\frac{26}{3}=23\frac{5}{6}$ 平方步。

（4）九章算术中的三角形为普通三角形，其运算法则适用于所有三角形，包括等边三角形、直角三角形。

█ 原文

（二七）今有邪田⁽¹⁾，一头⁽²⁾广三十步，一头广四十二步，正从六十四步。问为田几何？

答曰：九亩一百四十四步。

（二八）又有邪田，正广⁽³⁾六十五步，一畔⁽⁴⁾从一百步，一畔从七十二步。问为田几何？

答曰：二十三亩七十步。

术曰：并⁽⁵⁾两邪而半之，以乘正从若广⁽⁶⁾。又可半正从若广，以乘并，亩法而一。

◎ 注释

（1）邪田：斜，直角梯形。即斜田。

（2）一头：梯形的上底和下底。

（3）正广：这里的正从和正广都是三角形的高。

（4）畔：田地的边界。

（5）并：加在一起，求和。

（6）若：或者。正从若广：正从或正广。

◎ 译文

（二七）现有直角梯形田地，上底为 30 步，下底为 42 步，高为 64 步，那么田地面积是多少？

答：9 亩 144 平方步。

（二八）又有直角梯形田地，高为 65 步，上底为 100 步，下底为 72 步，那么田地面积是多少？

答：23 亩 70 平方步。

直角梯形田地面积运算法则：上底和下底相加之和的一半，得数乘高；或者先求高的一半，得数乘上底和下底之和。最后所得面积除以 240，就是田地亩数。

◎ **译解**

（二七）直角梯形面积＝（上底＋下底）÷2×高，或者，直角梯形面积＝高÷2×（上底＋下底）。田地面积：（30+42）÷2×64=72÷2×64=36×64=2304 平方步，2304 平方步 =9 亩 144 平方步。

（二八）同理，田地面积：（72+100）÷2×65=172÷2×65=86×65=5590 平方步 =23 亩 70 平方步。

◎ **术解**

以（二八）为例：

（1）与三角形相似，直角梯形面积运算也运用出入相补的方法，用多余的底边补充不足的底边，因此（上底＋下底）÷2=（72+100）÷2=172÷2=86。

（2）得数乘高，即所求面积 =86×65=5590 平方步 =23 亩 70 平方步。

（3）假设直角梯形的上底为 ab，下底为 cd，高为 f，运算法则：面积 =（$ab+cd$）×f÷2。

▌ 原文

（二九）今有箕田[1]，舌广[2] 二十步，踵广[3] 五步，正从三十步。问为田几何？

答曰：一亩一百三十五步。

（三十）又有箕田，舌广一百一十七步，踵广五十步，正从一百三十五步。问为田几何？

答曰：四十六亩二百三十二步半。

术曰：并踵舌而半之[4]，以乘正从。亩法而一。

◎ **注释**

（1）箕田：形状如簸箕的田地。即等腰梯形的田地。

（2）舌广：等腰梯形的下底边。通常为较长的底边。

（3）踵广：等腰梯形的上底边。

（4）并踵舌而半之：上底边与下底边的和除以2。

◎ **译文**

（二九）现有等腰梯形田地，下底边为20步，上底边为5步，高为30步。问田地面积是多少？

答：面积为1亩135平方步。

（三十）又有等腰梯形田地，下底边为117步，上底边为50步，高为135步。问田地面积是多少？

答：面积为46亩232$\frac{1}{2}$平方步。

等腰梯形田地运算法则：上下底边之和取一半，再乘高，得数就是所求面积。用所求积步除以240，即所得亩数。

◎ **译解**

（二九）等腰梯形田地面积 =（上底边 + 下底边）÷2× 高；或是，面积 =（上底边 + 下底边）× 高 ÷2。即（20+5）× 30÷2=25×30÷2=750÷2=375平方步，375平方步 =1亩135平方步。

（三十）同理：（117+50）×135÷2=167×135÷2=22545÷2=11272$\frac{1}{2}$平方步 =46亩232$\frac{1}{2}$平方步。

◎ **术解**

以（三十）为例：

（1）先求上下底之和，117+50=167，得数除以2，167÷2=83$\frac{1}{2}$。

（2）得数乘高，即所求田地面积：83$\frac{1}{2}$ ×135= $\frac{167×135}{2}$ =11272$\frac{1}{2}$平方

步；11272$\frac{1}{2}$平方步 ÷240=46 亩 232$\frac{1}{2}$平方步。

（3）等腰梯形因为两斜边相等，可以利用出入相补的方法，把梯形转化为长方形，以方便运算。即把上下底边一分为二，从中间切开后，补充成长方形，用新底边乘高，即所得面积。

（4）除等腰梯形外，普通梯形田地也适用于这个运算法则，面积＝（上底边＋下底边）×高÷2。

原文

（三一）今有圆田[1]，周[2]三十步，径[3]十步。问为田几何？

答曰：七十五步。

（三二）又有圆田周一百八十一步，径六十步三分步之一。问为田几何？

答曰：十一亩九十步十二分步之一。

术曰：半周半径相乘得积步。又术曰：周径相乘，四而一[4]。又术曰：径自相乘，三之[5]，四而一。又术曰：周自相乘，十二而一。

◎ 注释

（1）圆田：圆形田地。

（2）周：圆形周长。

（3）径：直径。

（4）四而一：取四分之一，即除以4。

（5）三之：乘3。

◎ 译文

（三一）现有圆形田地，周长为30步，直径为10步，那么田地面积是

多少？

答：面积为 75 平方步。

（三二）又有圆形田地，周长为 181 步，直径为 $60\frac{1}{3}$ 步，那么田地面积是多少？

答：面积为 11 亩 $90\frac{1}{12}$ 平方步。

圆形田地面积运算法则：周长的一半乘直径的一半，得数相乘就是所求田地面积；或者，周长和直径相乘，所得的积除以 4，即所求面积；或者，直径和直径相乘，所得的积乘 3，最后除以 4，得数即为所求面积；或者，周长乘周长，所得的积除以 12，得数即为所求面积。

◎ **译解**

（三一）圆形面积 =（周长 ÷2）×（直径 ÷2），即（30÷2）×（10÷2）=15×5=75 平方步。

或者，圆形面积 = 周长 × 直径 ÷4。30×10÷4=300÷4=75 平方步。

（三二）同理，（181÷2）×（$60\frac{1}{3}$÷2）=（181÷2）×（$\frac{181}{3}$÷2）=$\frac{181\times181}{3\times4}$=$\frac{32761}{12}$平方步 =11 亩 $90\frac{1}{12}$ 平方步。

◎ **术解**

以（三一）为例：

（1）先用第一种方法计算，圆形面积 =（周长 ÷2）×（直径 ÷2），即（30÷2）×（10÷2）=15×5=75 平方步。由此可得出，圆形面积 = 周长 × 直径 ÷4。即第二种算法。

（2）再用第二种方法计算，即 30×10÷4=75 平方步。

古时圆周率为 3，即 π=3。圆形周长的运算法则为，周长 =π× 直径，可得出圆形面积 =π× 直径 × 直径 ÷4。进一步得出第三种算法，圆形面积 = 直径 × 直径 ×3÷4。或者，圆形面积 =π× 直径2÷4。即：10×10×3÷4=75 平方步；或者，3×100÷4=75 平方步。

（3）运用第四种方法运算，圆形面积＝周长×周长÷12，即 30×30÷12=75平方步。

根据周长＝π×直径，圆形面积＝直径×直径×3÷4，两个运算公式，可以得出，直径＝周长÷π＝周长÷3，进一步得出，圆形面积＝（周长÷3）×（周长÷3）×3÷4=（周长×周长×3）÷（3×3×4）＝周长×周长÷12。

（4）魏晋时期，我国数学家刘徽用正多边形的边数逐渐增加以接近为圆的方式，求得 π 的近似值为3.1416。南北朝时期，数学家祖冲之算出 π 的值为3.1415926和3.1415927之间。

（5）总结得知，圆形面积＝（周长÷2）×（直径÷2）＝周长×直径÷4=直径×直径×3÷4=周长×周长÷12。

▌原文

（三三）今有宛田[1]，下周[2]三十步，径[3]十六步。问为田几何？

答曰：一百二十步。

（三四）又有宛田，下周九十九步，径五十一步。问为田几何？

答曰：五亩六十二步四分步之一。

术曰：以径乘周，四而一。

◎ **注释**

（1）宛田：宛，弯曲，中央隆起的弧形。扇形田地。

（2）下周：下底周长。弧形部分的周长，即弧长。

（3）径：扇形的直径。

◎ **译文**

（三三）现有扇形田地，下底周长为 30 步，直径为 16 步，那么这块田的面积是多少？

答：120 平方步。

（三四）又有扇形田地，下底周长为 99 步，直径为 51 步，那么这块田的面积是多少？

答：5 亩 $62\frac{1}{4}$ 平方步。

扇形田地面积计算法则：直径乘下底周长，所得积除以 4。

◎ **译解**

（三三）扇形田地面积 = 下底周长 × 直径 ÷4，即 30×16÷4=120 平方步。

（三四）同理，99×51÷4=1262 $\frac{1}{4}$ 平方步 =5 亩 $62\frac{1}{4}$ 平方步。

◎ **术解**

以（三四）为例：

（1）根据运算法则，扇形面积 = 下底周长 × 直径 ÷4，即 99×51÷4=1262 $\frac{1}{4}$ 平方步 =5 亩 $62\frac{1}{4}$ 平方步。

（2）假设扇形下底周长为 L，直径为 R，可以得知，面积 = $\frac{1}{4}$ LR。

▌原文

（三五）今有弧田[(1)]，弦[(2)]三十步，矢[(3)]十五步。问为田几何？

答曰：一亩九十七步半。

（三六）又有弧田，弦七十八步二分步之一，矢十三步九分步之七。问为田几何？

答曰：二亩一百五十五步八十一分步之五十六。

术曰：以弦乘矢，矢又自乘，并之^{（4）}，二而一。

◎ **注释**

（1）弧田：弧，向上弯曲。弓形田地。

（2）弦：底边的长度。如果弓形为半圆，则为圆的直径。

（3）矢：弧形底边到弧的长度，即弧高。如果弓形为半圆，则为圆的半径。

（4）并之：相加，求和。

◎ **译文**

（三五）现有弓形田地，弦长为 30 步，弧高为 15 步，那么田地面积是多少？

答：1 亩 97$\frac{1}{2}$ 平方步。

（三六）又有弓形田地，弦长为 78$\frac{1}{2}$ 步，弧高为 13$\frac{7}{9}$ 步，那么田地面积是多少？

答：2 亩 155$\frac{56}{81}$ 平方步。

弓形田地面积计算法则：弦长乘弧高，弧高自相乘，两得数相加，和再除以 2，得数为所求面积。

◎ **译解**

（三五）假设弧长为 a，弧高为 h，面积则等于 $\frac{1}{2}$（$ah+h^2$）。即面积 = $\frac{1}{2}$ ×（$30 \times 15 + 15^2$）= $\frac{1}{2}$ ×（$450 + 225$）= $337\frac{1}{2}$ 平方步。转化为亩，即 1 亩 97$\frac{1}{2}$ 平方步。

（三六）同理，面积 = $\frac{1}{2}$（$ah+h^2$）= $\frac{1}{2}$ ×[78$\frac{1}{2}$ × 13$\frac{7}{9}$ +（13$\frac{7}{9}$）^{2}]= 635$\frac{56}{81}$ 平方步 = 2 亩 155$\frac{56}{81}$ 平方步。

◎ **术解**

以（三五）为例：

（1）先求弧长乘弧高，即 30×15=450 ；弧高自相乘，15×15=225。

（2）再求两者之和，450+225=675 ；得数除以 2，即 $337\frac{1}{2}$。

（3）通过题目可以看出，这弧形的弧长是弧高的两倍，得知弧形为半圆，弧高为半径。圆形面积=π 乘半径的平方=π×152，古时 π 的数值为 3，则半圆面积 = $\frac{1}{2}$ 圆形面积 = $\frac{1}{2}$ ×π×15^2= $\frac{1}{2}$ ×3×15^2=337 $\frac{1}{2}$ =1 亩 97 $\frac{1}{2}$ 平方步。

（4）注意，目前我们取 π 的数值为 3.14，因此计算结果与古时有所差异。同时，若是弧形不是半圆，利用这种计算方式结果也有很大差异。因此，最好不要使用圆形面积的计算方式。

▍ 原文

（三七）今有环田[1]，中周[2]九十二步，外周[3]一百二十二步，径[4]五步。问为田几何？

答曰：二亩五十五步。

术曰：并中外周而半之，以径乘之为积步。

◎ 注释

（1）环田：圆环形的田地。

（2）中周：内圆的周长。

（3）外周：外圆的周长。

（4）径：环形的径长。即外圆半径减去内圆半径的长度。

◎ 译文

（三七）现有环形田地，内圆周长为 92 步，外圆周长为 122 步，径长为 5 步。那么田地面积是多少？

答：2 亩 55 平方步。

环形田地面积计算法则：内圆周长和外圆周长相加，除以 2，再乘径长，得数即为面积。

◎ **译解**

（三七）假设环形中周为 C_1，外周为 C_2，径长为 d。环形面积 $= \frac{1}{2}$ $(C_1 + C_2)$ d。

面积 =[（中周 + 外周）÷2]× 径长 =[（92+122）÷2]×5=214÷2×5=535 平方步 =2 亩 55 平方步。

◎ **术解**

以（三七）为例：

（1）环形面积，可以看作外圆面积减去内圆面积。外圆周长为 122，周长 =2πr，得出外圆半径，即，$122÷2÷3=\frac{61}{3}$；内圆周长为 92，半径为 $92÷2÷3=\frac{46}{3}$。

（2）外圆面积 $=πr^2=3×\left(\frac{61}{3}\right)^2=\frac{61^2}{3}$，内圆的面积 $=3×\left(\frac{46}{3}\right)^2=\frac{46^2}{3}$。环形面积 $=\frac{61^2}{3}-\frac{46^2}{3}=\frac{3721-2166}{3}=\frac{1605}{3}$ 平方步 =535 平方步 =2 亩 55 平方步。

（3）根据以上运算结果，可得出径长 = 外圆半径 − 内圆半径 $=\frac{61}{3}-\frac{46}{3}=\frac{15}{3}=5$。面积 =[（中周 + 外周）÷2]× 径长，即九章算术的环形面积运算法则。而面积 =[（92+122）÷2]×5=214÷2×5=535 平方步 =2 亩 55 平方步。

（4）古人通常把环形转化为等腰梯形，按照等腰梯形来计算其面积。内圆周长为等腰梯形上底，外圆周长为梯形下底，面积 =（上底 + 下底）× 高 ÷2，即（中周 + 外周）× 径长 ÷2。

原文

（三八）又有环田[1]，中周六十二步四分步之三，外周一百一十三步二分步之一，径十二步三分步之二。问为田几何？

答曰：四亩一百五十六步四分步之一。

密率术曰：置中外周步数，分母、子各居其下。母互乘子，分母相乘，通全步⁽²⁾，内⁽³⁾分子，并而半之。又可以中周减外周，余半之，以益中周。径亦通分内子，以乘周为实。分母相乘为法，除之为积步，余积步之分。等数约之，以亩法除之，即亩数也。

◎ **注释**

（1）环田：这里指半圆环，或不封闭圆环。

（2）通全步：把分数的步数进行通分。

（3）内：通假字，即"纳"，相加的意思。

◎ **译文**

（三八）又有环形田地，内圆周长为 $62\frac{3}{4}$ 步，外圆周长为 $113\frac{1}{2}$，径长为 $12\frac{2}{3}$ 步，那么这块田地面积是多少？

答：4 亩 $156\frac{1}{4}$ 平方步。

计算法则：求内圆周长与外圆周长之和：先把整数部分放在一边，分数部分的分子分母相互相乘，进行通分；整数部分用分母乘整数，再加上分子，化为假分数。然后，内圆周长与外圆周长之和除以 2。径长也进行通分，分母乘整数加上分子的和乘周长之和的一半作为被除数，分母相乘作为除数，得数为田地面积。如果除不尽，余数就是得数的分数部分。最后用得数除以240，就是所求亩数。

◎ **译解**

（三八）此环形面积计算与之前有所差别，如果根据外圆面积减去内圆面积的方法，便会出现较大偏差。

古人用梯形计算面积的方式来运算，即（中周＋外周）× 径长 ÷2=（ $62\frac{3}{4}$ +$113\frac{1}{2}$ ）× $12\frac{2}{3}$ ÷2=$1116\frac{1}{4}$ 平方步，化为亩数，所求面积为 4 亩 $156\frac{1}{4}$ 平方步。

◎ **术解**

（1）涉及分数运算，先进行通分，$62\frac{3}{4}=\frac{251}{4}$，$113\frac{1}{2}=\frac{227}{2}$；$12\frac{2}{3}=\frac{38}{3}$。

（2）按照公式计算，先求中周＋外周之和：$\frac{251}{4}+\frac{227}{2}=\frac{251}{4}+\frac{454}{4}=\frac{705}{4}$，得数再乘径长除以2，即$\frac{705}{4}\times\frac{38}{3}\div2=\frac{26790}{24}=1116\frac{1}{4}$平方步＝4亩156$\frac{1}{4}$平方步。

（3）此解法与（三七）相同，只是涉及分数运算，显得烦琐复杂许多。

卷二

粟米

今有粟一斗，欲为粝米。问得几何？

答曰：为粝米六升。

术曰：以粟求粝米，三之，五而一。

今有粟三斗六升，欲为粺饭。问得几何？

答曰：为粺饭三斗八升二十五分升之二十二。

今有粟三斗少半升，欲为菽。问得几何？

答曰：为菽二斗七升一十分升之三。

今有粟五斗太半升，欲为麻。问得几何？

答曰：为麻四斗五升五分升之三。

今有粟一十斗八升五分升之二，欲为麦。问得
几何？

答曰：为麦九斗七升二十五分升之一十四。

▍原文

粟米⁽¹⁾之法：粟率五十，粝米⁽²⁾三十，粺米⁽³⁾二十七，繫米⁽⁴⁾二十四，御米⁽⁵⁾二十一，小𪍿十三半，大𪍿⁽⁶⁾五十四，粝饭七十五，粺饭五十四，繫饭四十八，御饭四十二，菽、荅⁽⁷⁾、麻、麦各四十五，稻六十，豉⁽⁸⁾六十三，飧⁽⁹⁾九十，熟菽一百三半，糵⁽¹⁰⁾一百七十五。

术曰：以所有数乘所求率为实，以所有率为法，实如法而一。

◎ **注释**

（1）粟米：禾、黍的种子，打磨之后为米。这里泛指粮食。

（2）粝米：粝，粗糙。经打磨的粗米、糙米。

（3）粺米：打磨后的粗米，比粝米要精细一些。

（4）繫米：精米，经过春的米，比粺米要精一些。

（5）御米：宫廷里食用的米，最精的米。

（6）𪍿：磨过后的麦屑。小𪍿是指经过细磨的麦屑；大𪍿则是粗糙的麦屑。

（7）菽：豆类。荅：同"答"，小豆。

（8）豉：豆豉，大豆煮熟发酵后的豆制品。

（9）飧：煮熟的饭食。也指煮熟的稀饭。

（10）糵：糵曲，用来酿酒的发酵物，一般用粮食制成。

◎ **译文**

粮食兑换的计算标准：以粟米为标准，比率数是 50。兑换粝米 30，粺米 27，繫米 24，御米 21，小𪍿 $13\frac{1}{2}$，大𪍿 54，粝饭 75，粺饭 54，繫饭 48，御饭 42，菽、荅、麻、麦 45，稻 60，豉 63，飧 90，熟菽 $103\frac{1}{2}$，糵 175。

粮食兑换运算法则：用粟米数乘所求比率数作为被除数，粟米比率数为除数。被除数除以除数，得数为所求结果。

◎ **译解**

　　此运算是为了解决粮食交易、兑换的问题。以粟米为对照比率，粟率50，粝米30，即粟米：粝米 =50:30。也就是说，50 的粟米可以兑换 30 同等单位的粝米；粺米 27，表示粟米：粺米 =50:27，以此类推。

　　根据运算法则：用公式米表示，所求粮食数 = 粟米粮食数 × 所求粮食比率 ÷ 粟米比率。粟米比率为 50，此为基础比率。

▌原文

（一）今有粟一斗⁽¹⁾，欲为粝米⁽²⁾。问得几何？

答曰：为粝米六升。

术曰：以粟求粝米，三之⁽³⁾，五而一⁽⁴⁾。

◎ **注释**

（1）斗：古时容量单位，1 斗 =10 升，10 斗 =1 石。

（2）欲为粝米：欲，想要。想要兑换成粝米。

（3）三之：乘 3。

（4）五而一：除以 5。

◎ **译文**

（一）现有粟米 1 斗，想要兑换为粝米。可以兑换多少粝米？

答：能兑换粝米 6 升。

运算法则：用粟米兑换粝米，先乘 3，再除以 5，得数就是所求粝米重量。

◎ **译解**

（一）粟米：粝米 =50:30。

这里把粟米 50、粝米 30 经过了约简，即粟米：粝米 =5:3。

所求粝米 =10 升 × 3 ÷ 5=6 升。

◎ **术解**

（1）粟米：粝米 =5:3，按照运算法则求粝米，可以得出，10 升 × 3 ÷ 5= 6 升。

如果我们进行转换，以 1 为基础数，那么 1 升粟米可兑换 $\frac{3}{5}$ 升粝米。

（2）即粝米 = 粟米 × $\frac{3}{5}$ =10 × $\frac{3}{5}$ =6 升。

（3）进行运算时，如果能进行约简、单位换算，最好先进行约简、换算，以便于简便运算。

▌原文

（二）今有粟二斗一升，欲为粺米。问得几何？

答曰：为粺米一斗一升五十分升之十七。

术曰：以粟求粺米，二十七之，五十而一。

◎ **译文**

（二）现有粟米 2 斗 1 升，想要兑换为粺米。那么能兑换多少？

答：能兑换粺米 1 斗 1 $\frac{17}{50}$ 升。

运算法则：用粟米求粺米，先乘 27，再除以 50，得数为所求粺米数。

◎ **译解**

（二）所求粺米 = 粟米 × 粺米比率 ÷ 50，2 斗 1 升 =21 升。

即 21 × 27 ÷ 50=11 $\frac{17}{50}$ 升，转化为升等于 1 斗 1 $\frac{17}{50}$ 升。

◎ **术解**

（1）粟米：粺米 =50:27；由此得出，1 升粟米可以兑换 $\frac{27}{50}$ 升粺米。

（2）21 升粟米可以兑换的粺米数，即 21 × $\frac{27}{50}$ =11 $\frac{17}{50}$ 升 =1 斗 1 $\frac{17}{50}$ 升。

█ 原文

（三）今有粟四斗五升，欲为糳米。问得几何？

答曰：为糳米二斗一升五分升之三。

术曰：以粟求糳米，十二之，二十五而一。

◎ 译文

（三）现有粟米 4 斗 5 升，想要兑换为糳米。能兑换多少糳米？

答：能兑换糳米 2 斗 1 $\frac{3}{5}$ 升。

运算法则：用粟米求糳米，先乘 12，再除以 25，得数为所求糳米数。

◎ 译解

（三）粟米：糳米 =50:24=25:12。

所求糳米 = 粟米 ×12÷25，4 斗 5 升 =45 升。

即 45×12÷25=540÷25=21 $\frac{3}{5}$ 升 =2 斗 1 $\frac{3}{5}$ 升。

◎ 术解

（1）先进行约简，粟米：糳米 =50:24=25:12，再进行换算，1 升粟米 = $\frac{12}{25}$ 升糳米。

（2）进行计算，$45 \times \frac{12}{25} = \frac{45 \times 12}{25} = \frac{540}{25} = \frac{108}{5}$ 升 =21 $\frac{3}{5}$ 升 =2 斗 1 $\frac{3}{5}$ 升。

█ 原文

（四）今有粟七斗九升，欲为御米。问得几何？

答曰：为御米三斗三升五十分升之九。

术曰：以粟求御米，二十一之，五十而一。

◎ 译文

（四）现有粟米 7 斗 9 升，想要兑换为御米。能兑换多少御米？

答：能兑换御米 3 斗 3$\frac{9}{50}$升。

运算法则：用粟米求御米，先乘 21，再除以 50，得数为所求御米数。

◎ **译解**

（四）粟米：御米 =50:21。

所求糳米 = 粟米 ×21÷50，7 斗 9 升 =79 升。

即 79×21÷50=1659÷50=33$\frac{9}{50}$升 =3 斗 3$\frac{9}{50}$升。

◎ **术解**

（1）粟米：御米 =50:21，进行换算，1 升粟米 =$\frac{21}{50}$升御米。

（2）79×$\frac{21}{50}$ =$\frac{79 \times 21}{50}$ =$\frac{1659}{50}$升 =33$\frac{9}{50}$升 =3 斗 3$\frac{9}{50}$升。

▌**原文**

（五）今有粟一斗，欲为小䵂。问得几何？

答曰：为小䵂二升一十分升之七。

术曰：以粟求小䵂，二十七之，百而一。

◎ **译文**

（五）现有粟米 1 斗，想要兑换为小䵂。那么能兑换多少小䵂？

答：能兑换小䵂 2$\frac{7}{10}$升。

运算法则：用粟米求小䵂，先乘 27，再除以 100，得数为所求小䵂数。

◎ **译解**

（五）粟米：小䵂 =50:13$\frac{1}{2}$。因为存在分数，我们需要先通分，50:13$\frac{1}{2}$ =100:27。

所求小䵂 = 粟米 ×27÷100，1 斗 =10 升。

即 10×27÷100=270÷100=2$\frac{7}{10}$升。

◎ 术解

（1）粟米：小䅶 =50:13 $\frac{1}{2}$，得出，1 升粟米可以兑换 $\frac{27}{100}$ 升小䅶。

（2）所求小䅶 =10 × $\frac{27}{100}$ =2 $\frac{7}{10}$ 升。

（3）凡是含有分数的率，必须先通分，再进行计算。

▌ 原文

（六）今有粟九斗八升，欲为大䅶。问得几何？

答曰：为大䅶一十斗五升二十五分升之二十一。

术曰：以粟求大䅶，二十七之，二十五而一。

◎ 译文

（六）现有粟米 9 斗 8 升，想要兑换为大䅶。那么能兑换多少大䅶？

答：能兑换大䅶 10 斗 5 $\frac{21}{25}$ 升。

运算法则：用粟米求大䅶，先乘 27，再除以 25，得数为所求大䅶数。

◎ 译解

（六）粟米：大䅶 =50:54；先约简，粟米：大䅶 =25:27。

所求大䅶 = 粟米 × 27 ÷ 25，9 斗 8 升 =98 升。

即 98 × 27 ÷ 25=2646 ÷ 25=105 $\frac{21}{25}$ 升 =10 斗 5 $\frac{21}{25}$ 升。

◎ 术解

（1）粟米：大䅶 =50:54=25:27，得出 1 升粟米可以兑换 $\frac{27}{25}$ 升大䅶。

（2）所求大䅶 =98 × $\frac{27}{25}$ =105 $\frac{21}{25}$ 升 =10 斗 5 $\frac{21}{25}$ 升。

（3）约简时，先求 50 和 54 的最大公约数为 2，然后把两个数取半，即 25 和 27。

▌ 原文

（七）今有粟二斗三升，欲为粝饭。问得几何？

答曰：为粝饭三斗四升半。

术曰：以粟求粝饭，三之，二而一。

◎ 译文

（七）现有粟米 2 斗 3 升，想要兑换为粝饭。那么能兑换多少粝饭？

答：能兑换粝饭 3 斗 4$\frac{1}{2}$ 升。

运算法则：用粟米求粝饭，先乘 3，再除以 2，得数为所求粝饭数。

◎ 译解

（七）粟米：粝饭 =50:75；约简得出，粟米：粝饭 =2:3。

所求粝饭 = 粟米 ×3÷2，2 斗 3 升 =23 升。

即 23×3÷2=69÷2=34$\frac{1}{2}$升 =3 斗 4$\frac{1}{2}$ 升。

◎ 术解

（1）粟米：粝饭 =50:75，50 和 75 的最大公约数为 25，约简之后得出，粟米：粝饭 =2:3。

即 1 升粟米可以兑换 $\frac{3}{2}$ 升粝饭。

（2）所求粝饭 =23× $\frac{3}{2}$ = $\frac{69}{2}$ 升 =34$\frac{1}{2}$升 =3 斗 4$\frac{1}{2}$ 升。

▌ 原文

（八）今有粟三斗六升，欲为粺饭。问得几何？

答曰：为粺饭三斗八升二十五分升之二十二。

术曰：以粟求粺饭，二十七之，二十五而一。

◎ **译文**

（八）现有粟米 3 斗 6 升，想要兑换为粺饭。那么能兑换多少粺饭？

答：能兑换粺饭 3 斗 8 $\frac{22}{25}$ 升。

运算法则：用粟米求粺饭，先乘 27，再除以 25，得数为所求粺饭数。

◎ **译解**

（八）粟米∶粺饭 =50∶54；约简可以得出，粟米∶粺饭 =25∶27。

所求粺饭 = 粟米 × 27 ÷ 25，3 斗 6 升 =36 升。

即 36 × 27 ÷ 25=972 ÷ 25=38 $\frac{22}{25}$ 升 =3 斗 8 $\frac{22}{25}$ 升。

◎ **术解**

（1）粟米∶粺饭 =50∶54=25∶27，得出 1 升粟米可以兑换 $\frac{27}{25}$ 升粺饭。

（2）所求粺饭 =36 × $\frac{27}{25}$ = $\frac{972}{25}$ 升 =38 $\frac{22}{25}$ 升 =3 斗 8 $\frac{22}{25}$ 升。

▌**原文**

（九）今有粟八斗六升，欲为糳饭。问得几何？

答曰：为糳饭八斗二升二十五分升之一十四。

术曰：以粟求糳饭，二十四之，二十五而一。

◎ **译文**

（九）现有粟米 8 斗 6 升，想要兑换为糳饭。能兑换多少糳饭？

答：能兑换糳饭 8 斗 2 $\frac{14}{25}$ 升。

运算法则：用粟米求糳饭，先乘 24，再除以 25，得数为所求糳饭数。

◎ **译解**

（九）粟米∶糳饭 =50∶48；约简可以得出，粟米∶糳饭 =25∶24。

所求糳饭 = 粟米 × 24 ÷ 25，8 斗 6 升 =86 升。

即 $86 \times 24 \div 25 = 2064 \div 25 = 82\frac{14}{25}$ 升 $=8$ 斗 $2\frac{14}{25}$ 升。

◎ **术解**

（1）粟米：糳饭 $=50:48=25:24$，得出 1 升粟米可以兑换 $\frac{24}{25}$ 升糳饭。

（2）所求糳饭 $=86 \times \frac{24}{25} = 82\frac{14}{25}$ 升 $=8$ 斗 $2\frac{14}{25}$ 升。

原文

（一〇）今有粟九斗八升，欲为御饭。问得几何？

答曰：为御饭八斗二升二十五分升之八。

术曰：以粟求御饭，二十一之，二十五而一。

◎ **译文**

（一〇）现有粟米 9 斗 8 升，想要兑换为御饭。能兑换多少御饭？

答：能兑换御饭 8 斗 $2\frac{8}{25}$ 升。

运算法则：用粟米求御饭，先乘 21，再除以 25，得数为所求御饭数。

◎ **译解**

（一〇）粟米：御饭 $=50:42$；约简可以得出，粟米：御饭 $=25:21$。

所求御饭 = 粟米 $\times 21 \div 25$，9 斗 8 升 $=98$ 升。

即 $98 \times 21 \div 25 = 2058 \div 25 = 82\frac{8}{25}$ 升 $=8$ 斗 $2\frac{8}{25}$ 升。

◎ **术解**

（1）粟米：御饭 $=50:42=25:21$，得出 1 升粟米可以兑换 $\frac{21}{25}$ 升御饭。

（2）所求御饭 $=98 \times \frac{21}{25} = 82\frac{8}{25}$ 升 $=8$ 斗 $2\frac{8}{25}$ 升。

▌ 原文

（一一）今有粟三斗少半[1]升，欲为菽。问得几何？

答曰：为菽二斗七升一十分升之三。

（一二）今有粟四斗一升太半[2]升，欲为荅。问得几何？

答曰：为荅三斗七升半。

（一三）今有粟五斗太半升，欲为麻。问得几何？

答曰：为麻四斗五升五分升之三。

（一四）今有粟一十斗八升五分升之二，欲为麦。问得几何？

答曰：为麦九斗七升二十五分升之一十四。

术曰：以粟求菽、荅、麻、麦，皆九之，十而一[3]。

◎ **注释**

（1）少半：少：缺，不够。不到一半，这里指 $\frac{1}{3}$。

（2）太半：多半，超过一半。这里指 $\frac{2}{3}$。

（3）菽、荅、麻、麦，皆九之，十而一：这里粟米与四种粮食的兑换比例相同，都为 50:45，因此运算时都先乘9再除以10。

◎ **译文**

（一一）现有粟米 3 斗 $\frac{1}{3}$ 升，想要兑换为豆类。能兑换多少呢？

答：能兑换豆类 2 斗 7 $\frac{3}{10}$ 升。

（一二）现有粟米 4 斗 1 $\frac{2}{3}$ 升，想要兑换为荅。能兑换多少？

答：能兑换 3 斗 7 $\frac{1}{2}$ 升。

（一三）现有粟米 5 斗 $\frac{2}{3}$ 升，想要兑换为麻。能兑换多少？

答：能兑换 4 斗 5 $\frac{3}{5}$ 升。

（一四）现有粟米 10 斗 8 $\frac{2}{5}$ 升，想要兑换为麦。能兑换多少？

答：能兑换 9 斗 7 $\frac{14}{25}$ 升。

运算法则：用粟米求菽、荅、麻、麦四种粮食的数量，先乘9，再除以10，得数为所求数。

◎ 译解

（一一）粟米∶豆类 =50∶45 ；约简可以得出，粟米∶豆类 =10∶9。

所求豆类 = 粟米 ×9÷10，3 斗 $\frac{1}{3}$ 升 =30 $\frac{1}{3}$ 升。

即 30 $\frac{1}{3}$ ×9÷10= $\frac{91}{3}$ ×9÷10= $\frac{819}{30}$ 升 =27 $\frac{3}{10}$ =2 斗 7 $\frac{3}{10}$ 升。

（一二）同理，粟米∶荅 =10∶9。

所求荅 = 粟米 ×9÷10，4 斗 1 $\frac{2}{3}$ 升 =41 $\frac{2}{3}$ 升。

即 41 $\frac{2}{3}$ ×9÷10= $\frac{125}{3}$ ×9÷10= $\frac{1125}{30}$ 升 =37 $\frac{1}{2}$ 升 =3 斗 7 $\frac{1}{2}$ 升。

（一三）同理，粟米∶麻 =10∶9。

所求麻 = 粟米 ×9÷10，5 斗 $\frac{2}{3}$ 升 =50 $\frac{2}{3}$ 升。

即 50 $\frac{2}{3}$ ×9÷10= $\frac{152}{3}$ ×9÷10= $\frac{1368}{30}$ 升 =45 $\frac{3}{5}$ =4 斗 5 $\frac{3}{5}$ 升。

（一四）同理，粟米∶麦 =10∶9。

所求麦 = 粟米 ×9÷10，10 斗 8 $\frac{2}{5}$ 升 =108 $\frac{2}{5}$ 升。

即 108 $\frac{2}{5}$ ×9÷10= $\frac{542}{5}$ ×9÷10= $\frac{4878}{50}$ 升 =97 $\frac{14}{25}$ 升 =9 斗 7 $\frac{14}{25}$ 升。

◎ 术解

以（一二）为例：

（1）现有粟米的重量为 4 斗 1 $\frac{2}{3}$ 升，先进行通分，得 $\frac{125}{3}$ 升。

（2）粟米∶荅 =50∶45=10∶9，得出 1 升粟米可以兑换 $\frac{9}{10}$ 升荅。

（3）最后求荅的重量， $\frac{125}{3}$ × $\frac{9}{10}$ = $\frac{1125}{30}$ 升 =37 $\frac{1}{2}$ 升 =3 斗 7 $\frac{1}{2}$ 升。

（4）这四种粮食的运算法则相同，其他不再进行累述。

▌ 原文

（一五）今有粟七斗五升七分升之四，欲为稻。问得几何？

答曰：为稻九斗三十五分升之二十四。

术曰：以粟求稻，六之，五而一。

◎ **译文**

（一五）现有粟米 7 斗 $5\frac{4}{7}$ 升，想要兑换为稻米。那么能兑换多少？

答：能兑换稻米 9 斗 $\frac{24}{35}$ 升。

运算法则：用粟米求稻米，先乘 6，再除以 5，得数为稻米数量。

◎ **译解**

（一五）粟米 : 稻米 =50:60=5:6。

所求稻米 = 粟米 ×6÷5，7 斗 $5\frac{4}{7}$ 升 $=75\frac{4}{7}$ 升。

即 $75\frac{4}{7} \times 6 \div 5 = \frac{529}{7} \times 6 \div 5 = \frac{3174}{35}$ 升 $=90\frac{24}{35}$ 升 $=9$ 斗 $\frac{24}{35}$ 升。

◎ **术解**

（1）先进行通分，7 斗 $5\frac{4}{7}$ 升 $= \frac{529}{7}$ 升。

（2）粟米 : 稻米 =50:60=5:6，得出 1 升粟米可以兑换 $\frac{6}{5}$ 升稻米。

（3）求稻米的重量，$\frac{529}{7} \times \frac{6}{5} = \frac{3174}{35}$ 升 $=90\frac{24}{35}$ 升 $=9$ 斗 $\frac{24}{35}$ 升。

▌ 原文

（一六）今有粟七斗八升，欲为豉。问得几何？

答曰：为豉九斗八升二十五分升之七。

术曰：以粟求豉，六十三之，五十而一。

◎ **译文**

（一六）现有粟米 7 斗 8 升，想要兑换为豆豉。那么能兑换多少？

答：能兑换豆豉 9 斗 $8\frac{7}{25}$ 升。

运算法则：用粟米求豆豉，先乘 63，再除以 50，得数为豆豉数量。

◎ **译解**

（一六）粟米 : 豆豉 =50:63。

所求豆豉 = 粟米 ×63÷50，7 斗 8 升 =78 升。

即，$78×63÷50=\frac{4914}{50}$ 升 $=98\frac{7}{25}$ 升 $=9$ 斗 $8\frac{7}{25}$ 升。

◎ **术解**

（1）粟米：豆豉 =50:63，得出 1 升粟米可以兑换 $\frac{50}{63}$ 升豆豉。

（2）求豆豉的重量，$78×\frac{63}{50}=98\frac{7}{25}$ 升 $=9$ 斗 $8\frac{7}{25}$ 升。

▌原文

（一七）今有粟五斗五升，欲为飧。问得几何？

答曰：为飧九斗九升。

术曰：以粟求飧，九之，五而一。

◎ **译文**

（一七）现有粟米 5 斗 5 升，想要兑换为饭食。那么能兑换多少？

答：能兑换饭食 9 斗 9 升。

运算法则：用粟米求饭食，先乘 9，再除以 5，得数为饭食数量。

◎ **译解**

（一七）粟米：饭食 =50:90=5:9。

所求饭食 = 粟米 ×9÷5，5 斗 5 升 =55 升。

即，$55×9÷5=\frac{495}{5}$ 升 $=99$ 升 $=9$ 斗 9 升。

◎ **术解**

（1）粟米：饭食 =5:9，得出 1 升粟米可以兑换 $\frac{9}{5}$ 升饭食。

（2）求饭食的重量，$55×\frac{9}{5}=\frac{55×9}{5}$，55 是 5 的倍数，先进行约简以便于计算，得出 $11×9$=99 升 =9 斗 9 升。

▎原文

（一八）今有粟四斗，欲为熟菽⁽¹⁾。问得几何？

答曰：为熟菽八斗二升五分升之四。

术曰：以粟求熟菽，二百七之，百而一。

◎ 注释

（1）熟菽：煮熟的豆类。

◎ 译文

（一八）现有粟米 4 斗，想要兑换为熟豆。能兑换多少？

答：能兑换熟豆 8 斗 $2\frac{4}{5}$ 升。

运算法则：用粟米求熟豆，先乘 207，再除以 100，得数为熟豆数量。

◎ 译解

（一八）粟米：熟豆 $=50{:}103\frac{1}{2}=100{:}207$。

所求熟豆 ＝ 粟米 ×207÷100，4 斗 =40 升。

即 $40\times207\div100=\frac{8280}{100}$ 升 $=82\frac{4}{5}$ 升 $=8$ 斗 $2\frac{4}{5}$ 升。

◎ 术解

（1）粟米：熟豆 =100:207，得出 1 升粟米可以兑换 $\frac{207}{100}$ 升熟豆。

（2）求熟豆数量 $40\times\frac{207}{100}=82\frac{4}{5}$ 升 $=8$ 斗 $2\frac{4}{5}$ 升。

▎原文

（一九）今有粟二斗，欲为蘖。问得几何？

答曰：为蘖七斗。

术曰：以粟求蘖，七之，二而一。

◎ **译文**

（一九）现有粟米 2 斗，想要兑换为酒醵。能兑换多少？

答：能兑换酒醵 7 斗。

运算法则：用粟米求酒醵，先乘 7，再除以 2，得数为酒醵数量。

◎ **译解**

（一九）粟米：酒醵 =50:175=2:7。

所求酒醵 = 粟米 ×7÷2，2 斗 =20 升。

即 $20 \times 7 \div 2 = \frac{140}{2} = 70$ 升 =7 斗。

◎ **术解**

（1）粟米：酒醵 =2:7，得出 1 升粟米可以兑换 $\frac{7}{2}$ 升酒醵。

（2）求酒醵数量：$20 \times \frac{7}{2} = \frac{20 \times 7}{2} = 10 \times 7 = 70$ 升 =7 斗。

原文

（二十）今有粝米十五斗五升五分升之二，欲为粟。问得几何？

答曰：为粟二十五斗九升。

术曰：以粝米求粟，五之，三而一。

◎ **译文**

（二十）现有粝米 15 斗 $5\frac{2}{5}$ 升，想要兑换为粟米。问能兑换多少？

答：能兑换粟米 25 斗 9 升。

运算法则：用粝米求粟米，先乘 5，再除以 3，得数为所求粟米数量。

◎ **译解**

（二十）所求粟米 = 粝米 ×5÷3，15 斗 $5\frac{2}{5}$ 升 $=155\frac{2}{5}$ 升。

$155\frac{2}{5} \times 5 \div 3 = 259$ 升 =25 斗 9 升。

◎ **术解**

（1）已知粟米：粝米 =50:30=5:3，得出粝米：粟米 =3:5。即 1 升粝米可以兑换 $\frac{5}{3}$ 粟米。

（2）粝米数为分数，先进行通分，$155\frac{2}{5} = \frac{777}{5}$。

（3）求粟米数，$\frac{777}{5} \times \frac{5}{3}$，约简后为 $\frac{777}{3}$ =259 升 =25 斗 9 升。

（4）此题是已知粝米求粟米，我们需要把之前的所有率进行换算。之后的几题亦是如此。

▌原文

（二一）今有粺米二斗，欲为粟。问得几何？

答曰：为粟三斗七升二十七分升之一。

术曰：以粺米求粟，五十之，二十七而一。

◎ **译文**

（二一）现有粺米 2 斗，想要兑换为粟米。能兑换多少？

答：能兑换粟米 3 斗 $7\frac{1}{27}$ 升。

运算法则：用粺米求粟米，先乘 50，再除以 27，得数为所求粟米数量。

◎ **译解**

（二一）所求粟米 = 粺米 ×50÷27，2 斗 =20 升。

$20 \times 50 \div 27 = 1000 \div 27 = 37\frac{1}{27}$ 升 =3 斗 $7\frac{1}{27}$ 升。

◎ **术解**

（1）已知粟米：粺米 =50:27，得出粺米：粟米 =27:50。即 1 升粺米可以兑换 $\frac{50}{27}$ 粟米。

（2）求粟米数，$20 \times \frac{50}{27} = \frac{1000}{27}$ 升 =$37\frac{1}{27}$ 升 =3 斗 $7\frac{1}{27}$ 升。

▌**原文**

（二二）今有糳米三斗少半升，欲为粟。问得几何？

答曰：为粟六斗三升三十六分升之七。

术曰：以糳米求粟，二十五之，十二而一。

◎ **译文**

（二二）现有糳米 3 斗 $\frac{1}{3}$ 升，想要兑换为粟米。能兑换多少？

答：能兑换粟米 6 斗 3 $\frac{7}{36}$ 升。

运算法则：用糳米求粟米，先乘 25，再除以 12，得数为所求粟米数量。

◎ **译解**

（二二）所求粟米 = 糳米 ×25÷12，3 斗 $\frac{1}{3}$ 升 =30 $\frac{1}{3}$ 升。

$30\frac{1}{3} \times 25 \div 12 = \frac{91}{3} \times 25 \div 12 = 63\frac{7}{36}$ 升 =6 斗 3 $\frac{7}{36}$ 升。

◎ **术解**

（1）已知粟米：糳米 =50:24=25:12，得出糳米：粟米 =12:25。即，1 升糳米可以兑换 $\frac{25}{12}$ 粟米。

（2）求粟米数，$30\frac{1}{3} \times \frac{25}{12} = \frac{91}{3} \times \frac{25}{12} = \frac{2275}{36}$ 升 =63 $\frac{7}{36}$ 升 =6 斗 3 $\frac{7}{36}$ 升。

▌**原文**

（二三）今有御米十四斗，欲为粟。问得几何？

答曰：为粟三十三斗三升少半升。

术曰：以御米求粟，五十之，二十一而一。

◎ **译文**

（二三）现有御米 14 斗，想要兑换为粟米。能兑换多少？

答：能兑换粟米 33 斗 3 $\frac{1}{3}$ 升。

运算法则：用御米求粟米，先乘 50，再除以 21，得数为所求粟米数量。

◎ 译解

（二三）所求粟米 = 御米 ×50÷21，14 斗 =140 升。

140 × 50 ÷ 21=7000 ÷ 21=333 $\frac{1}{3}$ 升 =33 斗 3 $\frac{1}{3}$ 升。

◎ 术解

（1）已知粟米：御米 =50:21，得出御米：粟米 =21:50。即 1 升御米可以兑换 $\frac{50}{21}$ 升粟米。

（2）求粟米数，140 × $\frac{50}{21}$ = $\frac{7000}{21}$ 升 =33 斗 3 $\frac{1}{3}$ 升。

▌原文

（二四）今有稻一十二斗六升一十五分升之一十四，欲为粟。问得几何？

答曰：为粟一十斗五升九分升之七。

术曰：以稻求粟，五之，六而一。

◎ 译文

（二四）现有稻米 12 斗 6 $\frac{14}{15}$ 升，想要兑换为粟米。能兑换多少？

答：能兑换粟米 10 斗 5 $\frac{7}{9}$ 升。

运算法则：用稻米求粟米，先乘 5，再除以 6，得数为所求粟米数量。

◎ 译解

（二四）所求粟米 = 稻米 ×5÷6，12 斗 6 $\frac{14}{15}$ 升 =126 $\frac{14}{15}$ 升。

126 $\frac{14}{15}$ × 5 ÷ 6= $\frac{1904}{15}$ × 5 ÷ 6=105 $\frac{7}{9}$ 升 =10 斗 5 $\frac{7}{9}$ 升。

◎ 术解

（1）已知粟米：稻米 =50:60=5:6，得出稻米：粟米 =6:5。即 1 升稻米可以兑换 $\frac{5}{6}$ 粟米。

（2）求粟米数，$126\frac{14}{15} \times \frac{5}{6} = \frac{1904}{15} \times \frac{5}{6} = \frac{1904 \times 5}{15 \times 6}$，约简后为 $\frac{952}{3 \times 3} = \frac{952}{9}$ 升 =10 斗 5$\frac{7}{9}$升。

▌原文

（二五）今有粝米一十九斗二升七分升之一，欲为粺米。问得几何？

答曰：为粺米一十七斗二升一十四分升之一十三。

术曰：以粝米求粺米，九之，十而一。

◎ 译文

（二五）现有粝米 19 斗 2$\frac{1}{7}$ 升，想要兑换为粺米。能兑换多少？

答：能兑换粺米 17 斗 2$\frac{13}{14}$ 升。

运算法则：用粝米求粺米，先乘 9，再除以 10，得数为所求粺米数量。

◎ 译解

（二五）所求粺米 = 粝米 ×9÷10，19 斗 2$\frac{1}{7}$ 升 =192$\frac{1}{7}$ 升。

$192\frac{1}{7} \times 9 \div 10 = \frac{1345}{7} \times 9 \div 10 = 172\frac{13}{14}$ 升 =17 斗 2$\frac{13}{14}$ 升。

◎ 术解

（1）用粝米求粺米，必须先知道粝米与粺米的比率。已知粟米：粝米 =50:30；粟米：粺米 =50:27，可得出粝米：粺米 =30:27=10:9。

（2）粝米数为分数，先通分，19 斗 2$\frac{1}{7}$ 升 = $\frac{1345}{7}$升。

（3）粝米：粺米 =10:9，得出 1 升粝米可以兑换 $\frac{9}{10}$ 升粺米。

求粺米数，$\frac{1345}{7} \times \frac{9}{10} = \frac{12105}{70} = \frac{2421}{14}$ 升 =172$\frac{13}{14}$ 升 =17 斗 2$\frac{13}{14}$ 升。

（4）此题是已知粝米求粺米，需要对所有率进行转换。之后的几题亦是如此。

▌原文

（二六）今有粝米六斗四升五分升之三，欲为粝饭。问得几何？

答曰：为粝饭一十六斗一升半。

术曰：以粝米求粝饭，五之，二而一。

◎ 译文

（二六）现有粝米 6 斗 4 $\frac{3}{5}$ 升，想要兑换为粝饭。能兑换多少？

答：能兑换粝饭 16 斗 1 $\frac{1}{2}$ 升。

运算法则：用粝米求粝饭，先乘 5，再除以 2，得数为所求粝饭数。

◎ 译解

（二六）所求粝饭 = 粝米 × 5 ÷ 2，6 斗 4 $\frac{3}{5}$ 升 =64 $\frac{3}{5}$ 升。

64 $\frac{3}{5}$ × 5 ÷ 2= $\frac{323}{5}$ × 5 ÷ 2=161 $\frac{1}{2}$ 升 =16 斗 1 $\frac{1}{2}$ 升。

◎ 术解

（1）用粝米求粝饭，已知粟米：粝米 =50:30；粟米：粝饭 =50:75，可得出粝米：粝饭 =30:75=2:5。

（2）粝米数为分数，先通分，6 斗 4 $\frac{3}{5}$ 升 = $\frac{323}{5}$ 升。

（3）粝米：粝饭 =2:5，得出 1 升粝米可以兑换 $\frac{5}{2}$ 升粝饭。

求粝饭数，$\frac{323}{5}$ × $\frac{5}{2}$ = $\frac{323}{2}$ 升 =161 $\frac{1}{2}$ 升 =16 斗 1 $\frac{1}{2}$ 升。

▌原文

（二七）今有粝饭七斗六升七分升之四，欲为飧。问得几何？

答曰：为飧九斗一升三十五分升之三十一。

术曰：以粝饭求飧，六之，五而一。

◎ 译文

（二七）现有粝饭 7 斗 6$\frac{4}{7}$ 升，想要兑换为饭食。能兑换多少？

答：能兑换饭食 9 斗 1$\frac{31}{35}$ 升。

运算法则：用粝饭求饭食，先乘 6，再除以 5，得数为所求饭食数。

◎ 译解

（二七）所求饭食 = 粝饭 ×6÷5，7 斗 6$\frac{4}{7}$ 升 =76$\frac{4}{7}$ 升。

76$\frac{4}{7}$ × 6 ÷ 5= $\frac{536}{7}$ × 6 ÷ 5=91$\frac{31}{35}$升 =9 斗 1$\frac{31}{35}$ 升。

◎ 术解

（1）用粝饭求饭食，已知粟米：粝饭 =50:75，粟米：饭食 =50:90，可得出粝饭：饭食 =75:90=5:6。

（2）粝饭数为分数，先通分，7 斗 6$\frac{4}{7}$ 升 = $\frac{536}{7}$升。

（3）粝饭：饭食 =5:6，得出 1 升粝饭可以兑换 $\frac{6}{5}$ 升饭食。

求饭食数，$\frac{536}{7}$ × $\frac{6}{5}$ = $\frac{3216}{35}$升 =91$\frac{31}{35}$ 升 =9 斗 1$\frac{31}{35}$ 升。

▌原文

（二八）今有菽一斗，欲为熟菽。问得几何？

答曰：为熟菽二斗三升。

术曰：以菽求熟菽，二十三之，十而一。

◎ 译文

（二八）现有豆类 1 斗，想要兑换为熟豆。能兑换多少？

答：能兑换熟豆 2 斗 3 升。

　　运算法则：用豆类求熟豆，先乘 23，再除以 10，得数为所求熟豆数。

◎ **译解**

　　（二八）所求熟豆 = 豆类 × 23 ÷ 10，1 斗 =10 升。

　　$10 \times 23 \div 10 = 23$ 升 $=2$ 斗 3 升。

◎ **术解**

　　（1）用豆类求熟豆，已知粟米：豆类 =50:45，粟米：熟豆 =50:103$\frac{1}{2}$ $=\frac{100}{207}$，可得出豆类：熟豆 =90:207=10:23。

　　（2）豆类：熟豆 =10:23，得出 1 升豆类可以兑换 $\frac{23}{10}$ 升熟豆。

　　求熟豆数，$10 \times \frac{23}{10} = 23$ 升 $=2$ 斗 3 升。

▌原文

　　（二九）今有菽二斗，欲为豉。问得几何？

　　答曰：为豉二斗八升。

　　术曰：以菽求豉，七之，五而一。

◎ **译文**

　　（二九）现有豆类 2 斗，想要兑换为豆豉。能兑换多少？

　　答：能兑换豆豉 2 斗 8 升。

　　运算法则：用豆类求豆豉，先乘 7，再除以 5，得数为所求豆豉数。

◎ **译解**

　　（二九）所求豆豉 = 豆类 × 7 ÷ 5，2 斗 =20 升。

　　$20 \times 7 \div 5 = 28$ 升 $=2$ 斗 8 升。

◎ 术解

（1）用豆类求豆豉，已知粟米：豆类 =50:45，粟米：豆豉 =50:63，可得出豆类：豆豉 =45:63=5:7。

（2）豆类：豆豉 =5:7，得出 1 升豆类可以兑换 $\frac{7}{5}$ 升豆豉。求豆豉数，$20 \times \frac{7}{5}$ =28 升 =2 斗 8 升。

▌原文

（三十）今有麦八斗六升七分升之三，欲为小麴，问得几何？

答曰：为小麴二斗五升一十四分升之一十三。

术曰：以麦求小麴，三之，十而一。

◎ 译文

（三十）现有麦 8 斗 6$\frac{3}{7}$ 升，想要兑换为小麴。能兑换多少？

答：能兑换小麴 2 斗 5$\frac{13}{14}$ 升。

运算法则：用麦求小麴，先乘 3，再除以 10，得数为所求小麴数。

◎ 译解

（三十）所求小麴 = 麦 ×3÷10，8 斗 6$\frac{3}{7}$ =86$\frac{3}{7}$ 升。

$86 \frac{3}{7} \times 3 \div 10 = \frac{605}{7} \times 3 \div 10 = \frac{1815}{70}$ 升 =25$\frac{13}{14}$ 升 =2 斗 5$\frac{13}{14}$ 升。

◎ 术解

（1）用麦求小麴，已知粟米：麦 =50:45，粟米：小麴 =50:13$\frac{1}{2}$=$\frac{100}{27}$，可得出麦：小麴 =90:27=10:3。

（2）麦：小麴 =10:3，得出 1 升麦可以兑换 $\frac{3}{10}$ 升小麴。求小麴数，86$\frac{3}{7}$ $\times \frac{3}{10} = \frac{605}{7} \times \frac{3}{10} = \frac{1815}{70}$升 =25$\frac{13}{14}$ 升 =2 斗 5$\frac{13}{14}$ 升。

▌原文

（三一）今有麦一斗，欲为大𪋸。问得几何？

答曰：为大𪋸一斗二升。

术曰：以麦求大𪋸，六之，五而一。

◎ 译文

（三一）现有麦1斗，想要兑换为大𪋸。能兑换多少？

答：能兑换大𪋸1斗2升。

运算法则：用麦求大𪋸，先乘6，再除以5，得数为所求大𪋸数。

◎ 译解

（三一）所求大𪋸=麦×6÷5，1斗=10升。

10×6÷5=12升=1斗2升。

◎ 术解

（1）用麦求大𪋸，已知粟米：麦=50:45，粟米：大𪋸=50:54，可得出麦：大𪋸=45:54=5:6。

（2）麦：大𪋸=5:6，得出1升麦可以兑换$\frac{6}{5}$升大𪋸。

求大𪋸数，$10 \times \frac{6}{5}$=12升=1斗2升。

▌原文

（三二）今有出钱[1]一百六十，买瓴甓[2]十八枚。问枚几何[3]？

答曰：一枚，八钱九分钱之八。

（三三）今有出钱一万三千五百，买竹二千三百五十个。问个几何？

答曰：一个，五钱四十七分钱之三十五。

经率术曰：以所买率[4]为法，所出钱数为实，实如法得一钱[5]。

◎ **注释**

（1）出钱：拿出钱。这里指用钱买物品。

（2）瓴甓：瓴，房屋上的砖瓦。这里指砖块。

（3）枚几何：枚，每枚、一枚。每枚多少钱。

（4）所买率：所卖物品的数量。

（5）一钱：每一个物品的钱数。即物品单价。

◎ **译文**

（三二）现有 160 钱，买 18 块砖，那么每块砖多少钱？

答：每块砖 $8\frac{8}{9}$ 钱。

（三三）又有 13500 钱，买 2350 根竹子。那么每根竹子多少钱？

答：每根竹子 $5\frac{35}{47}$ 钱。

求物品单价的运算法则：用所买物品数量为除数，所有钱数为被除数。被除数除以除数，得数为每个物品的单价。

◎ **译解**

（三二）求每块砖的单价 = 钱数 ÷ 数量 =160÷18=$8\frac{8}{9}$ 钱。

（三三）求每根竹子的单价 = 钱数 ÷ 数量 =13500÷2350=$5\frac{35}{47}$ 钱。

◎ **术解**

以（三二）为例：

（1）钱数为所有数，物品数量为所买率，1 枚为所求率。即被除数除以除数，得到每个物品的单价。

（2）每块砖的单价 = 钱数 ÷ 数量 =160÷18=$8\frac{8}{9}$ 钱。以下题目相同。

原文

（三四）今有出钱五千七百八十五，买漆⁽¹⁾一斛⁽²⁾六斗七升太半升。欲斗率之⁽³⁾，问斗几何。

答曰：一斗，三百四十五钱五百三分钱之一十五。

（三五）今有出钱七百二十，买缣⁽⁴⁾一匹二丈一尺。欲丈率之，问丈几何？

答曰：一丈，一百一十八钱六十一分钱之二。

（三六）今有出钱二千三百七十，买布九匹二丈七尺⁽⁵⁾。欲匹率之，问匹几何？

答曰：一匹，二百四十四钱一百二十九分钱之一百二十四。

（三七）今有出钱一万三千六百七十，买丝一石二钧一十七斤⁽⁶⁾。欲石率之，问石几何？

答曰：一石，八千三百二十六钱一百九十七分钱之一百七十八。

经率术曰：以所求率乘钱数为实，以所买率为法，实如法得一。

◎ **注释**

（1）漆：油漆。

（2）斛：我国古时容量单位。1斛=10斗=100升。北宋之后，1斛=5斗。这里取前者。

（3）斗率之：以斗为单位。即转化为斗。之后的"丈率""匹率""石率"也是如此。

（4）缣：我国古时一种丝织品，较细的绢。

（5）九匹二丈七尺：匹，古时丈量布匹的单位。1匹=4丈、1丈=10尺。

（6）一石二钧一十七斤：石和钧，古代计量重量的单位。1石=10斗=4钧，1钧=30斤。

◎ **译文**

（三四）现有 5785 钱，买 1 斛 6 斗 7 $\frac{2}{3}$ 升油漆。想要用斗来计算，那么每斗油漆多少钱？

答：每斗油漆 345 $\frac{15}{503}$ 钱。

（三五）现有 720 钱，买 1 匹 2 丈 1 尺缣。想要用丈来计算，那么每丈缣多少钱？

答：每丈缣 118 $\frac{2}{61}$ 钱。

（三六）现有 2370 钱，买 9 匹 2 丈 7 尺布。想要用匹来计算，那么每匹布多少钱？

答：每匹布 244 $\frac{124}{129}$ 钱。

（三七）现有 13670 钱，买 1 石 2 钧 17 斤丝。想要用石来计算，那么每石丝多少钱？

答：每石丝 8326 $\frac{178}{197}$ 钱。

运算法则：用所求率乘钱数作为被除数，物品数量作为除数。被除数除以除数，得数为物品单价。

◎ **译解**

（三四）求每斗油漆的单价 = 所求率 × 钱数 ÷ 物品数量。先转化为斗，1 斛 6 斗 7 $\frac{2}{3}$ 升 =16 $\frac{23}{30}$ 斗。

即 1 斗 ×5785 ÷ 16 $\frac{23}{30}$ =345 $\frac{15}{503}$ 钱。

（三五）同理，先转化为丈，1 匹 2 丈 1 尺 =6 $\frac{1}{10}$ 丈。

即 1 丈 ×720 ÷ 6 $\frac{1}{10}$ =720 ÷ $\frac{61}{10}$ = 118 $\frac{2}{61}$ 钱。

（三六）同理，先转化为匹，9 匹 2 丈 7 尺 =9 $\frac{27}{40}$ 匹。

即 1 匹 ×2370 ÷ 9 $\frac{27}{40}$ =2370 ÷ $\frac{387}{40}$ = 244 $\frac{124}{129}$ 钱。

（三七）同理，先转化为石，1 石 2 钧 17 斤 =1 $\frac{77}{120}$ 石。

即 1 石 ×13670 ÷ 1 $\frac{77}{120}$ =13670 ÷ $\frac{197}{120}$ = 8326 $\frac{178}{197}$ 钱。

◎ 术解

以（三五）为例：

（1）求每丈缣多少钱，须先进行转换，1 匹 =4 丈，1 丈 =10 尺，1 尺 $=\frac{1}{10}$ 丈。1 匹 2 丈 1 尺 =4+2+ $\frac{1}{10}$ 丈 =6 $\frac{1}{10}$ 丈。

（2）数量为分数，进行通分，6 $\frac{1}{10}$ 丈 = $\frac{61}{10}$ 丈。

（3）被除数除以除数，即 $720 \div \frac{61}{10} = \frac{7200}{61}$ 钱 $=118\frac{2}{61}$ 钱。

（4）这几题都需要先转换成所求率，使其数量单位统一。

▌原文

（三八）今有出钱五百七十六，买竹七十八个。欲其大小率之[1]，问各几何？

答曰：其四十八个，个七钱。其三十个，个八钱。

（三九）今有出钱一千一百二十，买丝一石二钧十八斤。欲其贵贱斤率之[2]，问各几何？

答曰：其二钧八斤，斤五钱。其一石一十斤，斤六钱。

（四十）今有出钱一万三千九百七十，买丝一石二钧二十八斤三两五铢[3]。欲其贵贱石率之，问各几何？

答曰：其一钧九两一十二铢，石八千五十一钱。其一石一钧二十七斤九两一十七铢，石八千五十二钱。

（四一）今有出钱一万三千九百七十，买丝一石二钧二十八斤三两五铢。欲其贵贱钧率之，问各几何？

答曰：其七斤一十两九铢，钧二千一十二钱。其一石二钧二十斤八两二十铢，钧二千一十三钱。

（四二）今有出钱一万三千九百七十，买丝一石二钧二十八斤三两五铢。欲其贵贱斤率之，问各几何？

答曰：其一石二钧七斤十两四铢，斤六十七钱。其二十斤九两一铢，斤六十八钱。

（四三）今有出钱一万三千九百七十，买丝一石二钧二十八斤三两五铢。欲其贵贱两率之，问各几何？

答曰：其一石一钧一十七斤一十四两一铢，两四钱。其一钧一十斤五两四铢，两五钱。

其率术曰：各置所买石、钧、斤、两以为法，以所率乘钱数为实，实如法而一。不满法者反以实减法^{（4）}，法贱实贵。其求石、钧、斤、两，以积铢各除法实，各得其积数，余各为铢。

◎ 注释

（1）大小率之：大，大竹。小，小竹。按照大小竹分别计算价格。按照取近似值的方式，不足近似整数为小，大于近似整数为大，两者相差为1。

（2）贵贱斤率之：按照贵贱两种丝进行计算。

（3）铢：我国古时重量单位。24铢 =1两，16两 =1斤。

（4）不满法者反以实减法：不满法者，即除不尽的情况。钱数除以数量，如果除不尽的话，就用除数减余数。

◎ 译文

（三八）现有576钱，买78根竹子。按照大小两种分别计算，那么可以买大小竹子各多少根？每根竹子分别多少钱？

答：可以买小竹子48根，每根7钱。还可以买大竹子30根，每根8钱。

（三九）现有1120钱，买1石2钧18斤丝。按照贵贱两种分别计算，那么可以买贵贱丝多少斤？每斤丝各多少钱？

答：可以买贱丝2钧8斤，每斤5钱。还可以买贵丝1石10斤，每斤6钱。

（四十）现有13970钱，买1石2钧28斤3两5铢丝。按照贵贱两种分别计算，那么可以买贵贱丝多少石？每石丝各多少钱？

答：可以买贱丝1钧9两12铢，每石8051钱。还可以买贵丝1石1钧27斤9两17铢，每石8052钱。

（四一）现有 13970 钱，买 1 石 2 钧 28 斤 3 两 5 铢丝。按照贵贱两种分别计算，那么可以买贵贱丝多少钧？每钧丝各多少钱？

答：可以买贱丝 7 斤 10 两 9 铢，每钧 2012 钱。还可以买贵丝 1 石 2 钧 20 斤 8 两 20 铢，每钧 2013 钱。

（四二）现有 13970 钱，买 1 石 2 钧 28 斤 3 两 5 铢丝。按照贵贱两种分别计算，那么可以买贵贱丝多少斤？每斤丝各多少钱？

答：可以买贱丝 1 石 2 钧 7 斤 10 两 4 铢，每斤 67 钱。还可以买贵丝 20 斤 9 两 1 铢，每斤 68 钱。

（四三）现有 13970 钱，买 1 石 2 钧 28 斤 3 两 5 铢丝。按照贵贱两种分别计算，那么可以买贵贱丝多少两？每两丝各多少钱？

答：可以买贱丝 1 石 1 钧 17 斤 14 两 1 铢，每两 4 钱。还可以买贵丝 1 钧 10 斤 5 两 4 铢，每两 5 钱。

贵贱两种价格的运算法则：分别列出所买物品数量作为除数，用所求率乘钱数作为被除数。被除数除以除数，如果除不尽，余数是贵的物品的数量。而除数减去余数，得数为贱的物品的数量。

◎ **译解**

（三八）求大小竹各多少根，用钱数除以数量 =567÷78=7 钱 / 根……30 钱；78-30=48 根。

因此，可以买小竹 48 根，每根 7 钱；大竹 30 根，每根 8 钱。

（三九）同理，求贵贱丝各多少斤，用钱数除以数量。先把数量折算为斤，1 石 2 钧 18 斤 =198 斤。1120÷198=5 钱 / 斤……130 钱，198-130=68 斤。

因此，可以买贱丝 68 斤，即 2 钧 8 斤，每斤 5 钱；贵丝 130 斤，即 1 石 10 斤，每斤 6 钱。

（四十）同理，求贵贱丝各多少石，用钱数除以数量。先把数量折算为石，1 石 2 钧 28 斤 3 两 5 铢 $=\frac{79949}{46080}$ 石。13970÷$\frac{79949}{46080}$ =8050 钱 / 石……68201 钱。

因此，可以买贱丝 1 钧 9 两 12 铢，每石 8051 钱；贵丝 1 石 1 钧 27 斤 9

两 17 铢，每石 8052 钱。

（四一）同理，求贵贱丝各多少钧，用钱数除以数量。先把数量折算为钧，1 石 2 钧 28 斤 3 两 5 铢 = $\dfrac{79949}{11520}$ 钧。13970 ÷ $\dfrac{79949}{11520}$ =2012 钱 / 钧 ……77012 钱。

因此，可以买贱丝 7 斤 10 两 9 铢，每钧 2012 钱；贵丝 1 石 2 钧 20 斤 8 两 20 铢，每钧 2013 钱。

（四二）同理，求贵贱丝各多少斤，用钱数除以数量。先把数量折算为斤，1 石 2 钧 7 斤 10 两 4 铢 = $\dfrac{79949}{384}$ 斤。13970 ÷ $\dfrac{79949}{384}$ =67 钱 / 斤……7897 钱。

因此，可以买贱丝 1 石 2 钧 7 斤 10 两 4 铢，每斤 67 钱；贵丝 20 斤 9 两 1 铢，每斤 68 钱。

（四三）同理，求贵贱丝各多少两，用钱数除以数量。先把数量折算为两，1 石 2 钧 28 斤 3 两 5 铢 = $\dfrac{79949}{24}$ 两。13970 ÷ $\dfrac{79949}{24}$ =4 钱 / 两……15484 钱。

因此，可以买贱丝 1 石 1 钧 17 斤 14 两 1 铢，每两 4 钱；贵丝 1 钧 10 斤 5 两 4 铢，每两 5 钱。

◎ 术解

以（三九）为例：

（1）求贵贱丝各多少斤，先把数量转化为斤，1 石 =120 斤，1 钧 =30 斤。1 石 2 钧 18 斤 =120+60+18=198 斤。

（2）用钱数除以数量。1120 ÷ 198=5 钱 / 斤……130 钱。

（3）余数为 130，可知可买贵丝 130 斤。除数 - 余数 =198-130=68 斤，为贱丝的数量。

130 斤 =1 石 10 斤；68 斤 =2 钧 8 斤。

（4）商为 5，则贱丝单价为 5 钱每斤；贵丝单价为 6 钱每斤。

（5）涉及石、钧、斤、两的转化，计算前必须先进行折算。有分数的必须进行通分。

原文

（四四）今有出钱一万三千九百七十，买丝一石二钧二十八斤三两五铢。欲其贵贱铢率之，问各几何？

答曰：其一钧二十斤六两十一铢，五铢一钱。其一石一钧七斤一十二两一十八铢，六铢一钱。

（四五）今有出钱六百二十，买羽二千一百翭[1]。欲其贵贱率之，问各几何？

答曰：其一千一百四十翭，三翭一钱。其九百六十翭，四翭一钱。

（四六）今有出钱九百八十，买矢簳[2]五千八百二十枚。欲其贵贱率之，问各几何？

答曰：其三百枚，五枚一钱。其五千五百二十枚，六枚一钱。

反其率术[3]曰：以钱数为法，所率为实，实如法而一。不满法者反以实减法，法少，实多。二物各以所得多少之数乘法实，即物数。

◎ 注释

（1）翭：羽毛的根部。这里指计量箭羽。

（2）矢簳：矢，箭头。簳，箭杆。这里泛指箭杆。

（3）反其率术：与"其率"相反。这里指求一钱可以买多少数量的物品。

◎ 译文

（四四）现有13970钱，买1石2钧28斤3两5铢丝。按照贵贱两种分别计算，那么可以买贵贱丝多少铢？每钱可以各买多少铢丝？

答：可以买贱丝1石1钧7斤12两18铢，每钱可以买6铢；还可以买贵丝1钧20斤6两11铢，每钱可以买5铢。

（四五）现有620钱，买2100支箭羽，按照贵贱两种分别计算，那么可以买贵贱箭羽多少支？每钱可以各买多少支箭羽？

答：可以买贱箭羽 960 支，每钱可以买 4 支；还可以买贵箭羽 1140 支，每钱可以买 3 支。

（四六）现有 980 钱，买 5820 支箭杆，按照贵贱两种分别计算，那么可以买贵贱箭杆多少支？每钱可以各买多少支箭杆？

答：可以买贱箭杆 5520 支，每钱可以买 6 支；还可以买贵羽箭 300 支，每钱可以买 5 支。

求每钱购买物品数量的运算法则：用钱数作为除数，所买物品数作为被除数，被除数除以除数。如果除不尽，余数为贱的物品的钱数；除数是总钱数，除数减去余数为贵的物品的钱数。用每钱买的物品数量乘所得数量，即为所求相应物品钱数。

◎ **译解**

（四四）1 石 2 钧 28 斤 3 两 5 铢 =79949 铢，求每钱买多少铢，

即 79949÷13970=5 铢 / 钱……10099 铢；13970-10099=3871 钱；

得出贵丝每钱买 5 铢；贱丝每钱买 6 铢；

贵丝：3871×5=19355 铢 =1 钧 20 斤 6 两 11 铢，贱丝：10099×6=60594 铢 =1 石 1 钧 7 斤 12 两 18 铢。

（四五）求每钱买多少箭羽，物品数量 ÷ 钱数 =2100÷620=3 支 / 钱……240 支；

得出贵箭羽每钱买 3 支；贱箭羽每钱买 4 支；

贵箭羽：(620-240)×3=1140 支，贱箭羽：240×4=960 支。

（四六）同理，5820÷980=5 支 / 钱……920 支；

得出贵箭杆每钱买 5 支；贱箭杆每钱买 6 支；

贱箭杆：920×6=5520 支，贵箭杆：(980-920)×5=300 支。

◎ **术解**

以（四六）为例：

（1）求每钱可买贵贱箭杆多少支，用箭杆数量除以钱数。5820÷980=5支／钱……920支。

（2）由此得知，每钱可以买5支贵箭杆，按照大小近似值相差1的原则，每钱可买贱箭杆6支。

（3）根据运算法则，余数为可买贱箭杆的钱数，每钱买的数量乘钱数，即为所求贱的箭杆数，即920×6=5520支。贵的箭杆数量，（980-920）×5=300支。也可用总数量减去贱的箭杆数量，5820-5520=300支。

（4）前面运算法则求物品单价，而这里求每钱能买多少物品，两者相反。因此，物品单价越高，每钱可买的数量越少；反之。

卷三

衰分

今有牛、马、羊食人苗，苗主责之粟五斗。羊主曰："我羊食半马。"马主曰："我马食半牛。"今欲衰偿之，问各出几何？

答曰：牛主出二斗八升七分升之四；马主出一斗四升七分升之二；羊主出七升七分升之一。

术曰：置牛四、马二、羊一，各自为列衰，副并为法。以五斗乘未并者各自为实。实如法得一斗。

今有甲持钱五百六十，乙持钱三百五十，丙持钱一百八十，凡三人俱出关，关税百钱。欲以钱数多少衰出之，问各几何？

答曰：甲出五十一钱一百九分钱之四十一；乙出三十二钱一百九分钱之一十二；丙出一十六钱一百九分钱之五十六。

▌ 原文

衰分⁽¹⁾术曰：各置列衰⁽²⁾，副⁽³⁾并为法，以所分乘未并者各自为实，实如法而一。不满法者，以法命之。

◎ 注释

（1）衰分：衰，依次微弱、减少。衰分，按比例进行分配。

（2）各置列衰：置，列出，排列。衰，这里指分配率。

（3）副：另外，然后。

◎ 译文

按比例分配的运算法则：分别列出各分配率，然后取各分配率之和作为除数，所分配的总数乘各分配率作为被除数。被除数除以除数，如果除不尽，用分数表示。

▌ 原文

（一）今有大夫、不更、簪袅、上造、公士⁽¹⁾，凡⁽²⁾五人，共猎得五鹿。欲以爵次⁽³⁾分之，问各得几何？

答曰：大夫得一鹿三分鹿之二；不更得一鹿三分鹿之一；簪袅得一鹿；上造得三分鹿之二；公士得三分鹿之一。

术曰：列置爵数⁽⁴⁾，各自为衰，副并为法。以五鹿乘未并者，各自为实，实如法得一鹿。

◎ 注释

（1）大夫、不更、簪袅、上造、公士：我国古代官阶，这五个官阶是按照从高到低的顺序排列的。

（2）凡：一共，总共。

（3）爵次：爵位、官阶的次序。

（4）列置爵数：按照爵位次序列出各自分配的数。即，大夫 5、不更 4、簪裹 3、上造 2、公士 1。

◎ 译文

（一）现有大夫、不更、簪裹、上造、公士 5 人，共狩猎 5 只鹿。按照爵位的次序进行分配，那么每人各得多少只?

答：大夫得 $1\frac{2}{3}$ 只，不更得 $1\frac{1}{3}$ 只，簪裹得 1 只，上造得 $\frac{2}{3}$ 只，公士得 $\frac{1}{3}$ 只。

运算法则：按照爵位次序分别列出所得数，各自作为分配率，各分配率的和作为除数，用 5 只鹿乘各自比率作为被除数。被除数除以除数，得数为每人所得数量。

◎ 译解

（一）五人分配率相加作为除数，5+4+3+2+1=15；

5 只鹿乘各自分配率作为被除数，5×5=25，5×4=20，5×3=15，5×2=10，5×1=5；

被除数除以除数，$25 \div 15 = 1\frac{2}{3}$，$20 \div 15 = 1\frac{1}{3}$，$15 \div 15 = 1$，$10 \div 15 = \frac{2}{3}$，$5 \div 15 = \frac{1}{3}$。

即大夫得 $1\frac{2}{3}$ 只，不更得 $1\frac{1}{3}$ 只，簪裹得 1 只，上造得 $\frac{2}{3}$ 只，公士得 $\frac{1}{3}$ 只。

◎ 术解

（1）先把五人的分配率相加，5+4+3+2+1=15。

（2）把 1 看作基础数，每人为 $\frac{1}{15}$。

共得 5 鹿，$5 \times \frac{1}{15} = \frac{1}{3}$，即每人每份为 $\frac{1}{3}$。

（3）用各自分配率，乘每人每份的数量，即每人所得份数。

即 $5 \times \frac{1}{3} = \frac{5}{3} = 1\frac{2}{3}$，$4 \times \frac{1}{3} = \frac{4}{3} = 1\frac{1}{3}$，$3 \times \frac{1}{3} = 1$，$2 \times \frac{1}{3} = \frac{2}{3}$，$1 \times \frac{1}{3} = \frac{1}{3}$。

得出，大夫得 $1\frac{2}{3}$ 只，不更得 $1\frac{1}{3}$ 只，簪褭得 1 只，上造得 $\frac{2}{3}$ 只，公士得 $\frac{1}{3}$ 只。

▌ 原文

（二）今有牛、马、羊食人苗[1]。苗主责[2]之粟五斗。羊主曰："我羊食半马[3]。"马主曰："我马食半牛。"今欲衰偿[4]之，问各出几何？

答曰：牛主出二斗八升七分升之四；马主出一斗四升七分升之二；羊主出七升七分升之一。

术曰：置牛四、马二、羊一，各自为列衰，副并为法。以五斗乘未并者各自为实，实如法得一斗。

◎ **注释**

（1）食人苗：偷吃他人的禾苗。

（2）责：责令，要求。

（3）半马：马的一半。

（4）偿：赔偿，补偿。

◎ **译文**

（二）现有牛、马、羊偷吃他人禾苗，禾苗主人要求赔偿 5 斗粟。羊主人说："我的羊吃的禾苗是马的一半。"马主人说："我的马吃的禾苗是牛的一半。"按照比率进行赔偿，各自赔偿多少？

答：牛主人应赔偿 2 斗 $8\frac{4}{7}$ 升，马主人应赔偿 1 斗 $4\frac{2}{7}$ 升，羊主人应赔偿 $7\frac{1}{7}$ 升。

运算法则：用牛 4、马 2、羊 1 作为各自分配率，比率之和作为除数。用 5 斗乘各自比率作为被除数，被除数除以除数，得数为各自赔偿的数量。

◎ **译解**

（二）牛、马、羊分配率相加作为除数，4+2+1=7；5斗=50升；

5斗乘各自比率作为被除数，50×4=200，50×2=100，50×1=50；

被除数除以除数，$200÷7=28\frac{4}{7}$升$=2$斗$8\frac{4}{7}$升，$100÷7=14\frac{2}{7}$升$=1$斗$4\frac{2}{7}$升，$50÷7=\frac{50}{7}=7\frac{1}{7}$升。

即牛主人赔偿2斗$8\frac{4}{7}$升粟，马主人赔偿1斗$4\frac{2}{7}$升粟，羊主人赔偿$7\frac{1}{7}$升粟。

◎ **术解**

（1）已知，羊食半马、马食半牛，得出羊是马的$\frac{1}{2}$，马是牛的$\frac{1}{2}$。以1为基础数，牛、马、羊分别是1、$\frac{1}{2}$、$\frac{1}{4}$。转化后为4、2、1；得出每份为$\frac{1}{7}$。

（2）共赔偿5斗，5斗=50升。$50×\frac{1}{7}=\frac{50}{7}$，即每只动物每份为$\frac{50}{7}$。

（3）用各自分配率乘$\frac{50}{7}$，即所应赔偿数量。

$4×\frac{50}{7}=\frac{200}{7}$升$=28\frac{4}{7}$升$=2$斗$8\frac{2}{7}$升，$2×\frac{50}{7}=\frac{100}{7}$升$=14\frac{2}{7}$升$=1$斗$4\frac{2}{7}$升，$1×\frac{50}{7}=\frac{50}{7}$升$=7\frac{1}{7}$升。

原文

（三）今有甲持钱[1]五百六十，乙持钱三百五十，丙持钱一百八十，凡三人俱[2]出关，关税百钱。欲以钱数多少衰出之，问各几何？

答曰：甲出五十一钱一百九分钱之四十一；乙出三十二钱一百九分钱之一十二；丙出一十六钱一百九分钱之五十六。

术曰：各置钱数为列衰，副并为法，以百钱乘未并者，各自为实，实如法得一钱。

◎ **注释**

（1）持钱：持，拿，拿出。

（2）俱：全，都。

◎ **译文**

（三）现甲有 560 钱，乙有 350 钱，丙有 180 钱。三人一起出关，关税共为 100 钱。按照钱数的多少比率进行交税，那么每人各交多少钱？

答：甲应付 $51\frac{41}{109}$ 钱，乙应付 $32\frac{12}{109}$ 钱，丙应付 $16\frac{56}{109}$ 钱。

运算法则：各自所持钱数为分配比率，各比率之和为除数。100 钱乘各自比率作为被除数，被除数除以除数，得数为每人应付钱数。

◎ **译解**

（三）三人分配比率分别为：560 、350、180，560+350+180=1090，作为除数；

$100 \times 560 = 56000$，$100 \times 350 = 35000$，$100 \times 180 = 18000$，作为被除数；

被除数除以除数 $56000 \div 1090 = 51\frac{41}{109}$ 钱，$35000 \div 1090 = 32\frac{12}{109}$ 钱，$18000 \div 1090 = 16\frac{56}{109}$ 钱。

◎ **术解**

（1）三人的分配率分别为 560 、350、180，560+350+180=1090，每份为 $\frac{1}{1090}$。

（2）得出每人各占 $560 \times \frac{1}{1090} = \frac{56}{109}$，$350 \times \frac{1}{1090} = \frac{35}{109}$，$180 \times \frac{1}{1090} = \frac{56}{109}$。

（3）共付关税 100 钱，乘各自比率，即为应付关税。

$100 \times \frac{56}{109} = \frac{5600}{109}$ 钱 $= 51\frac{41}{109}$ 钱，$100 \times \frac{35}{109} = \frac{3500}{109} = 32\frac{12}{109}$ 钱，$100 \times \frac{18}{109} = \frac{1800}{109}$ 钱 $= 16\frac{56}{109}$ 钱。

▎**原文**

（四）今有女子善织[1]，日自倍[2]，五日织五尺。问日织几何？

答曰：初日织一寸三十一分寸之十九^{（3）}；次日织三寸三十一分寸之七；次日织六寸三十一分寸之十四；次日织一尺二寸三十一分寸之二十八；次日织二尺五寸三十一分寸之二十五。

术曰：置一、二、四、八、十六为列衰，副并为法，以五尺乘未并者，各自为实，实如法得一尺。

◎ 注释

（1）善织：善，擅长。织，织布。

（2）日自倍：日，每日。即每日增长一倍。

（3）尺、寸的换算原则，1 尺 =10 寸。

◎ 译文

（四）现有一女子擅长织布，织布量每日增长一倍。5 天共织 5 尺，那么每日各织多少？

答：第 1 天织 $1\frac{19}{31}$ 寸，第 2 天织 $3\frac{7}{31}$ 寸，第 3 天织 $6\frac{14}{31}$ 寸，第 4 天织 1 尺 $2\frac{28}{31}$ 寸，第 5 天织 2 尺 $5\frac{25}{31}$ 寸。

运算法则：取 1、2、4、8、16 分别为分配比率，各比率之和为除数。用 5 尺乘各自比率作为被除数。被除数除以除数，得数为每天所织布数。

◎ 译解

（四）5 天的分配比率分别为：1、2、4、8、16，1+2+4+8+16=31，作为除数；

5 尺 =50 寸，50×1=50、50×2=100、50×4=200、50×8=400、50×16=800，作为被除数；

被除数除以除数为每天所织布数。第 1 天所织布：$50÷31=1\frac{19}{31}$ 寸；第 2 天所织布：$100÷31=3\frac{7}{31}$ 寸；第 3 天所织布：$200÷31=6\frac{14}{31}$ 寸；第 4 天所织布：$400÷31=12\frac{28}{31}$ 寸 =1 尺 $2\frac{28}{31}$ 寸；第 5 天所织布：$800÷31=25\frac{25}{31}$ 寸 =2 尺 $5\frac{25}{31}$ 寸。

◎ **术解**

（1）5 天的分配比率分别为，1、2、4、8、16，1+2+4+8+16=31，得出每份为 $\frac{1}{31}$。

（2）每天所占份数为，$\frac{1}{31}$、$\frac{2}{31}$、$\frac{4}{31}$、$\frac{8}{31}$、$\frac{16}{31}$。

（3）共有 5 匹布，每天所织布 =5 匹 × 每天所占份数，5 匹 =50 尺。即每天所织布数为：

第 1 天：$50 \times \frac{1}{31} = \frac{50}{31}$ 寸 =1 $\frac{19}{31}$ 寸；第 2 天：$50 \times \frac{2}{31} = \frac{100}{3}$ 寸 =3 $\frac{7}{31}$ 寸；第 3 天：$50 \times \frac{4}{31} = \frac{200}{31}$ 寸 =6 $\frac{14}{31}$ 寸；第 4 天：$50 \times \frac{8}{31} = \frac{400}{31}$ 寸 =12 $\frac{28}{31}$ 寸 =1 尺 2 $\frac{28}{31}$ 寸；第 5 天：$50 \times \frac{16}{31} = \frac{800}{31}$ 寸 =25 $\frac{25}{31}$ 寸 =2 尺 5 $\frac{25}{31}$ 寸。

（4）也可用另一种计算方法：求出第 1 天后，按照每天增加一倍进行计算。即 1 $\frac{19}{31}$ ×2=3 $\frac{7}{31}$ 寸；3 $\frac{7}{31}$ ×2=6 $\frac{14}{31}$ 寸；6 $\frac{14}{31}$ ×2=12 $\frac{28}{31}$ 寸；12 $\frac{28}{31}$ ×2=25 $\frac{25}{31}$ 寸。

原文

（五）今有北乡算[1]八千七百五十八，西乡算七千二百三十六，南乡算八千三百五十六。凡三乡，发徭[2]三百七十八人。欲以算数多少衰出之，问各几何？

答曰：北乡遣[3]一百三十五人一万二千一百七十五分人之一万一千六百三十七；西乡遣一百一十二人一万二千一百七十五分人之四千四；南乡遣一百二十九人一万二千一百七十五分人之八千七百九。

术曰：各置算数为列衰，副并为法，以所发徭人数乘未并者，各自为实，实如法得一人。

◎ **注释**

（1）算：古代征收的徭役、人头税。这里指符合服徭役的人员。

（2）发徭：徭，徭役。派遣徭役。

（3）遣：派，派遣，

◎ **译文**

（五）现北乡有需服徭役人数 8758 人，西乡有需服徭役 7236 人，南乡有需服徭役 8356 人。三乡共需派徭役 378 人，按照各乡人数比率进行分配，每乡应派遣多少人？

答：北乡应派 $135\frac{11637}{12175}$ 人，西乡应派 $112\frac{4004}{12175}$ 人，南乡应派 $129\frac{8709}{12175}$ 人。

运算法则：列出各乡需服徭役数比率，各比率之和为除数。用应派徭役数乘各比率作为被除数。被除数除以除数，得数为各乡应派人数。

◎ **译解**

（五）各乡需服徭役数比率分别为：8758、7236、8356，8758+7236+8356=24350 人，和为被除数。

应派徭役数乘各比率作为被除数，即 378×8758=3310524、378×7236=2735208、378×8356=3158568。

被除数除以除数，为各乡应派人数，即北乡，3310524÷24350=$135\frac{11637}{12175}$ 人；西乡，2735208÷24350=$112\frac{4004}{12175}$ 人；南乡，3158568÷24350=$129\frac{8709}{12175}$ 人。

◎ **术解**

（1）各乡需服徭役数比率分别为：8758、7236、8356，8758+7236+8356=24350；

（2）每乡占总数比率为，$\frac{8758}{24350}=\frac{4379}{12175}$，$\frac{7236}{24350}=\frac{3618}{12175}$，$\frac{8356}{24350}=\frac{4178}{12175}$。

（3）共派 378 人，乘各乡所占比率，即为各乡应派人数。

北乡，$378×\frac{4379}{12175}=\frac{1655262}{12175}$ 人 $=135\frac{11637}{12175}$ 人；西乡，$378×\frac{3618}{12175}=\frac{1367604}{12175}$ 人 $=112\frac{4004}{12175}$ 人；南乡，$378×\frac{4178}{12175}=\frac{1579284}{12175}$ 人 $=129\frac{8709}{12175}$ 人。

原文

（六）今有稟粟^{（1）}，大夫、不更、簪褭、上造、公士，凡五人，一十五斗。今有大夫一人后来^{（2）}，亦当稟五斗。仓^{（3）}无粟，欲以衰出之，问各几何？

答曰：大夫出一斗四分斗之一；不更出一斗；簪褭出四分斗之三；上造出四分斗之二；公士出四分斗之一。

术曰：各置所稟粟斛斗数，爵次均之，以为列衰，副并而加后来大夫亦五斗，得二十以为法。以五斗乘未并者各自为实，实如法得一斗。

◎ 注释

（1）稟粟：稟，赐予，给予。这里指给官员发放粟米。

（2）大夫一人后来：指另外来了一位大夫。

（3）仓：仓廪，米仓。

◎ 译文

（六）现给大夫、不更、簪褭、上造、公士5人发放粟米，一共有15斗粟米。之后又来了一位大夫，也应发放5斗。米仓已经没有粟米，按照爵位分配比率退还。那么，五人各应退还多少粟米？

答：大夫应退还 $1\frac{1}{4}$ 斗，不更应退还1斗，簪褭应退还 $\frac{3}{4}$ 斗、上造应退还 $\frac{2}{4}$ 斗，公士应退还 $\frac{1}{4}$ 斗。

运算法则：列出要发放的粟米斗数，按照爵位次序进行分配，所分斗数为分配率。各比率之和，再加上后来的大夫的分配率5，总数20为除数。用5斗乘各自分配率作为被除数，被除数除以除数，得数为每人应退还斗数。

◎ 译解

（六）先列出各爵位所分比率，大夫、不更、簪褭、上造、公士分别为

5、4、3、2、1。

求和，5+4+3+2+1=15；

再加上另外一大夫的比率，15+5=20，作为除数；

用 5 斗 乘 各 自 比 率，作 为 被 除 数。5×5=25，5×4=20，5×3=15，5×2=10，5×1=5；

被除数除以除数，即为各爵位须退还的数量。

大夫，25÷20=$1\frac{1}{4}$斗；不更，20÷20=1斗；簪裹，15÷20=$\frac{3}{4}$斗；上造，10÷20=$\frac{1}{2}$斗；公士，5÷20=$\frac{1}{4}$斗。

◎ **术解**

（1）列出各爵位所分比率，大夫、不更、簪裹、上造、公士分别为5、4、3、2、1。

求和，5+4+3+2+1=15。

（2）再加上另外一位大夫的比率。15+5=20。

（3）求各爵位应退还的比率，5÷20=$\frac{1}{4}$，4÷20=$\frac{1}{5}$，3÷20=$\frac{3}{20}$，2÷20=$\frac{1}{10}$，1÷20=$\frac{1}{20}$。

（4）用 5 斗乘各自的比率，即大夫，5×$\frac{1}{4}$=$1\frac{1}{4}$斗；不更，5×$\frac{1}{5}$=1斗；簪裹5×$\frac{3}{20}$=$\frac{3}{4}$斗；上造，5×$\frac{1}{10}$=$\frac{1}{2}$斗；公士，5×$\frac{1}{20}$=$\frac{1}{4}$斗。

原文

（七）今有禀粟五斛，五人分之，欲令三人得三，二人得二。问各几何？

答曰：三人，人得一斛一斗五升十三分升之五；二人，人得七斗六升十三分升之十二。

术曰：置三人，人三；二人，人二，为列衰。副并为法。以五斛乘未并者各自为实，实如法得一斛。

◎ **译文**

（七）现发放 5 斛粟米，共发给 5 个人，其中 3 人每人得 3 份，2 人每人得 2 份。问每人各得多少？

答：得 3 份的 3 人，每人得 1 斛 1 斗 5 $\frac{5}{13}$ 升；得 2 份的 2 人，每人得 7 斗 6 $\frac{12}{13}$ 升。

运算法则：列出 3 人每人 3，2 人每人 2 作为分配比率。各比率之和作为除数。用 5 斛乘各自比率为被除数。被除数除以除数，得数为每人所得数。

◎ **译解**

（七）列出 5 人各自比率：3、3、3、2、2，3+3+3+2+2=13，和作为除数；

5 斛乘各自比率为被除数，5 斛 =500 升。500×3=1500、500×2=1000；

被除数除以除数，1500÷13=115 $\frac{5}{13}$ 升 =1 斛 1 斗 5 $\frac{5}{13}$ 升，1000÷13= 76 $\frac{12}{13}$ 升 =7 斗 6 $\frac{12}{13}$ 升。

◎ **术解**

（1）5 人各自比率：3、3、3、2、2，和为 3+3+3+2+2=13。

（2）得 3 份的 3 人所占比率为 $\frac{3}{13}$，得 2 份的 2 人所占比率为 $\frac{3}{13}$。

（3）5 斛 =50 斗 =500 升，乘各自比率，即为每人所得数量。3 人各得，$500 \times \frac{3}{13} = \frac{1500}{13}$ 升 =115 $\frac{5}{13}$ 升 =1 斛 1 斗 5 $\frac{5}{13}$ 升。2 人各得，$500 \times \frac{2}{13} = \frac{1000}{13}$ 升 =76 $\frac{12}{13}$ 升 =7 斗 6 $\frac{12}{13}$ 升。

▌ **原文**

反衰术⁽¹⁾ 曰：列置衰而令相乘，动者为不动者衰⁽²⁾。

◎ **注释**

（1）反衰术：与之前的"列衰"相反。即分配比率的倒数为比率。

（2）动者为不动者衰：动者，变动的数。不动者，不变的数。反衰，一般为分数，分数分母乘分子的积为"动者"，原来的分数为"不动者"。举例，$\frac{1}{2}$、$\frac{1}{3}$、$\frac{1}{4}$的分子分母互乘，$1×3×4=12$、$1×2×4=8$、$1×2×3=6$为"动者"，$\frac{1}{2}$、$\frac{1}{3}$、$\frac{1}{4}$为"不动者"。这句话的意思是12、8、6为$\frac{1}{2}$、$\frac{1}{3}$、$\frac{1}{4}$的分配比率。

◎ 译文

按照反比率分配的运算法则：列出分配比率的倒数，各分子分母交互相乘，积为相应的分配比率。

▌原文

（八）今有大夫、不更、簪褭、上造、公士，凡五人，共出百钱。欲令高爵出少[1]，以次渐多[2]，问各几何？

答曰：大夫出八钱一百三十七分钱之一百四；不更出一十钱一百三十七分钱之一百三十；簪褭出一十四钱一百三十七分钱之八十二；上造出二十一钱一百三十七分钱之一百二十三；公士出四十三钱一百三十七分钱之一百九。

术曰：置爵数，各自为衰，而反衰之，副并为法。以百钱乘未并者各自为实，实如法得一钱。

◎ 注释

（1）高爵出少：爵位高的出钱少。

（2）以次渐多：随着爵位越低，出钱就越多。

◎ 译文

（八）现有大夫、不更、簪褭、上造、公士五人，共出100钱。按照爵位次序分配，爵位越高出钱越少，爵位越低出钱越多。那么，每人应出多少钱？

答：大夫出$8\frac{104}{137}$钱，不更出$10\frac{130}{137}$钱，簪褭出$14\frac{82}{137}$钱，上造出

$21\frac{123}{137}$ 钱，公士出 $43\frac{109}{137}$ 钱。

运算法则：按照爵位列出分配比率，取其倒数作为反比率。各反比率之和作为除数，用 100 钱乘各比率作为被除数。被除数除以除数，得数为每人所出钱数。

◎ **译解**

（八）各爵位比率为：5、4、3、2、1，反比率为：$\frac{1}{5}$、$\frac{1}{4}$、$\frac{1}{3}$、$\frac{1}{2}$、1。

和为除数，$\frac{1}{5}+\frac{1}{4}+\frac{1}{3}+\frac{1}{2}+1=\frac{137}{60}$；

100 钱乘各自比率为被除数，$100\times\frac{1}{5}=20$，$100\times\frac{1}{4}=25$，$100\times\frac{1}{3}=\frac{100}{3}$，$100\times\frac{1}{2}=50$，$100\times1=100$；

被除数除以除数为每人所出钱数，大夫，$20\div\frac{137}{60}=\frac{1200}{137}$ 钱 $=8\frac{104}{137}$ 钱；不更，$25\div\frac{137}{60}=\frac{1500}{137}$ 钱 $=10\frac{130}{137}$ 钱；簪褭，$\frac{100}{3}\div\frac{137}{60}=\frac{6000}{411}=14\frac{82}{137}$ 钱；上造，$50\div\frac{137}{60}=\frac{3000}{137}$ 钱 $=21\frac{123}{137}$ 钱；公士，$100\div\frac{137}{60}=\frac{6000}{137}$ 钱 $=43\frac{109}{137}$ 钱。

◎ **术解**

（1）各爵位比率为：5、4、3、2、1，反比率为：$\frac{1}{5}$、$\frac{1}{4}$、$\frac{1}{3}$、$\frac{1}{2}$、1。

（2）按照"反衰术"得出各比率为，$1\times4\times3\times2\times1=24$，$1\times5\times3\times2\times1=30$，$1\times5\times4\times2\times1=40$，$1\times5\times4\times3\times1=60$，$1\times5\times4\times3\times2=120$。和为 $24+30+40+60+120=274$。

（3）各人所占比率为，$\frac{24}{274}=\frac{12}{137}$，$\frac{30}{274}=\frac{15}{137}$，$\frac{40}{274}=\frac{20}{137}$，$\frac{60}{274}=\frac{30}{137}$，$\frac{120}{274}=\frac{60}{137}$。

（4）用 100 钱乘各人所占比率，即为每人所出钱数。大夫，$100\times\frac{12}{137}=\frac{1200}{137}$ 钱 $=8\frac{104}{137}$ 钱；不更，$100\times\frac{15}{137}=\frac{1500}{137}$ 钱 $=10\frac{130}{137}$ 钱；簪褭，$100\times\frac{20}{137}=\frac{2000}{137}=14\frac{82}{137}$ 钱；上造，$100\times\frac{30}{137}=\frac{3000}{137}$ 钱 $=21\frac{123}{137}$ 钱；公士，$100\times\frac{60}{137}=\frac{6000}{137}$ 钱 $=43\frac{109}{137}$ 钱。

▌原文

（九）今有甲持粟三升，乙持粝米三升，丙持粝饭三升。欲令合而分之[1]，问各几何？

答曰：甲二升一十分升之七；乙四升一十分升之五；丙一升一十分升之八。

术曰：以粟率五十、粝米率三十、粝饭率七十五为衰，而反衰之，副并为法。以九升乘未并者各自为实，实如法得一升。

◎ 注释

（1）合而分之：加在一起再重新分配。

◎ 译文

（九）现甲有 3 升粟米，乙有 3 升粝米，丙有 3 升粝饭。把它们合在一起重新分配，问每人各分多少？

答：甲分得 $2\frac{7}{10}$ 升，乙得 $4\frac{5}{10}$ 升，丙得 $1\frac{8}{10}$ 升。

运算法则：用粟米 50，粝米 30，粝饭 75 作为分配比率，取其倒数作为反比率，各比率之和作为除数。用 9 升乘各自比率为被除数。被除数除以除数，得数为每人可分得数量。

◎ 译解

（九）粟米 50，粝米 30，粝饭 75，可得出反比率为 $\frac{1}{50}$、$\frac{1}{30}$、$\frac{1}{75}$。各比率之和为除数，$\frac{1}{50}+\frac{1}{30}+\frac{1}{75}=\frac{3+5+2}{150}=\frac{10}{150}=\frac{1}{15}$。

9 乘各比率为被除数，$9\times\frac{1}{50}=\frac{9}{50}$，$9\times\frac{1}{30}=\frac{3}{10}$，$9\times\frac{1}{75}=\frac{3}{25}$。

被除数除以除数，为各自可分数量。甲，$\frac{9}{50}\div\frac{1}{15}=\frac{135}{50}$升$=2\frac{7}{10}$升；乙，$\frac{3}{10}\div\frac{1}{15}=\frac{45}{10}$升$=4\frac{5}{10}$升；丙，$\frac{3}{25}\div\frac{1}{15}=\frac{45}{25}$升$=1\frac{8}{10}$升。

◎ 术解

（1）粟米 50，粝米 30，粝饭 75，可得出反比率为 $\frac{1}{50}$、$\frac{1}{30}$、$\frac{1}{75}$。

（2）按照"反衰术"得出各比率为，1×30×75=2250，1×50×75=3750，1×50×30=1500。和为，2250+3750+1500=7500。

（3）各人所占比率为，$\frac{2250}{7500}=\frac{3}{10}$，$\frac{3750}{7500}=\frac{1}{2}$，$\frac{1500}{7500}=\frac{1}{5}$。

（4）用9升乘各自所占比率，即为所分数量。甲，$9×\frac{3}{10}=\frac{27}{10}$升$=2\frac{7}{10}$升；乙，$9×\frac{1}{2}=\frac{9}{2}$升$=4\frac{1}{2}$升$=4\frac{5}{10}$升；丙，$9×\frac{1}{5}=\frac{9}{5}$升$=1\frac{4}{5}$升$=1\frac{8}{10}$升。

▍原文

（一○）今有丝一斤，价直[1]二百四十。今有钱一千三百二十八，问得丝几何？

答曰：五斤八两一十二铢五分铢之四。

术曰：以一斤价数[2]为法，以一斤乘今有钱数为实，实如法得丝数。

◎ 注释

（1）价直：即"价值"。

（2）一斤价数：每斤的价格。

◎ 译文

（一○）现有1斤丝，价值240钱。那么1328钱可买多少丝？

答：可买5斤8两$12\frac{4}{5}$铢。

运算法则：用一斤价格作为除数，1斤乘钱数为被除数。被除数除以除数，得数为可买丝的数量。

◎ 译解

（一○）1斤240钱作为除数，1斤=16两=384铢。

384×1328=509952钱，作为被除数。

被除数除以除数为可买丝的数量。509952÷240=$2124\frac{4}{5}$铢=5斤8两

$12\frac{4}{5}$ 铢。

◎ **术解**

（1）根据题意，1斤240钱，求每钱可买多少，1斤 =16两 =384铢。即 $\frac{384}{240}$。

（2）1328钱乘每钱可买的数量，得数为所求数量，即 $1328 \times \frac{384}{240}$ $= \frac{509952}{240}$ 铢 =5斤8两 $12\frac{4}{5}$ 铢。

（3）注意单位的换算，以便于计算。同时，此题之后不再是"衰分"问题。

▍**原文**

（一一）今有丝一斤，价直三百四十五。今有丝七两一十二铢，问得钱几何？

答曰：一百六十一钱三十二分钱之二十三。

术曰：以一斤铢数为法，以一斤价数乘七两一十二铢为实，实如法得钱数。

◎ **译文**

（一一）现有1斤丝，价值345钱。那么7两12铢丝，价值多少钱？

答：$161\frac{23}{32}$ 钱。

运算法则：1斤换算为铢数作为除数，1斤价格乘所有铢数作为被除数。被除数除以除数，得数为所得钱数。

◎ **译解**

（一一）1斤 =384铢，作为除数；

7两12铢 =180铢，345×180=62100作为被除数；

被除数除以除数为所得钱数，即 62100÷384=$161\frac{23}{32}$ 钱。

◎ 术解

（1）先进行单位的换算，1 斤 =384 铢，7 两 12 铢 =180 铢。

（2）384 铢丝价值 345 钱，那么每铢的数钱为，$345 \div 384 = \frac{345}{384}$。

（3）180 铢的钱数为，$180 \times \frac{345}{384} = \frac{62100}{384}$ 钱 $= 161\frac{23}{32}$ 钱。

▌原文

（一二）今有缣一丈，价直一百二十八。今有缣一匹九尺五寸，问得钱几何？

答曰：六百三十三钱五分钱之三。

术曰：以一丈寸数为法，以价钱数乘今有缣寸数为实，实如法得钱数。

◎ 译文

（一二）现有 1 丈缣，价值 128 钱。那么 1 匹 9 尺 5 寸缣价值多少？

答：$633\frac{3}{5}$ 钱。

运算法则：1 丈换算为寸数作为除数，1 丈缣的价格乘所有寸数作为被除数。被除数除以除数，得数为所求钱数。

◎ 译解

（一二）1 丈 =100 寸，作为被除数；

1 匹 =4 丈，1 丈 =10 尺，1 尺 =10 寸；1 匹 9 尺 5 寸 =495 寸；

价格乘所有寸数作为被除数，即 128×495=63360 ；

被除数除以除数为所求钱数，63360÷100=$633\frac{3}{5}$ 钱。

◎ 术解

（1）先进行单位换算，1 丈 =100 寸，1 匹 9 尺 5 寸 =495 寸。

（2）100 寸缣价值 128 钱，那么每寸的数钱为，$128 \div 100 = \frac{128}{100}$。

（3）495 寸的钱数为，$495 \times \frac{128}{100} = \frac{63360}{100}$ 钱 $=633\frac{3}{5}$ 钱。

原文

（一三）今有布一匹，价直一百二十五。今有布二丈七尺，问得钱几何？

答曰：八十四钱八分钱之三。

术曰：以一匹尺数为法，今有布尺数乘价钱为实，实如法得钱数。

◎ 译文

（一三）现有 1 匹布，价值 125 钱。那么 2 丈 7 尺布价值多少钱？

答：$84\frac{3}{8}$ 钱。

运算法则：1 匹布换算为尺数为除数，1 匹布的尺数乘价格作为被除数。被除数除以除数，得数为所求钱数。

◎ 译解

（一三）1 匹 =40 尺，作为被除数；

1 丈 =10 尺，2 丈 7 尺 =27 尺；

价格乘所有尺数作为被除数，即 125×27=3375；

被除数除以除数为所求钱数，3375÷40=$84\frac{3}{8}$ 钱。

◎ 术解

（1）先进行单位换算，1 匹 =40 尺，2 丈 7 尺 =27 尺。

（2）40 尺价值 125 钱，那么每尺的数钱为，$125 \div 40 = \frac{125}{40} = \frac{25}{8}$。

（3）27 尺的钱数为，$27 \times \frac{25}{8} = \frac{675}{8}$ 钱 $=84\frac{3}{8}$ 钱。

▮ 原文

（一四）今有素一匹一丈，价直六百二十五。今有钱五百，问得素几何？

答曰：得素一匹。

术曰：以价直为法，以一匹一丈尺数乘今有钱数为实，实如法得素数。

◎ 译文

（一四）现有1匹1丈素，价值625钱。那么500钱可买多少素？

答：1匹。

运算法则：用布的价格作为除数，现有布匹数换算为尺数，乘所有钱数为被除数。被除数除以除数，得数为所求素的数量。

◎ 译解

（一四）1匹1丈 =50尺，50×500=25000作为被除数；

被除数除以除数为所求素的数量，即 25000÷625=40 尺 =1 匹。

◎ 术解

（1）1匹1丈 =50尺，价值为 625 钱，那么每钱可买素的数量为，50÷625 $=\frac{2}{25}$。

（2）现有 500 钱，可买素的数量为，$500×\frac{2}{25}=\frac{1000}{25}$尺 =40 尺 =1 匹。

▮ 原文

（一五）今有与[1]人丝一十四斤，约[2]得缣一十斤。今与人丝四十五斤八两，问得缣几何？

答曰：三十二斤八两。

术曰：以一十四斤两数为法，以一十斤乘今有丝两数为实，实如法得缣数。

◎ **注释**

（1）与：给予，赠予。这里指与人交换。

（2）约：约定。

◎ **译文**

（一五）现有 14 斤丝，约定与人交换 10 斤缣。那么用 45 斤 8 两丝，可与人换得多少缣？

答：可换得 32 斤 8 两。

运算法则：用 14 斤换算的两数为除数，10 斤乘现所有的丝数量为被除数。被除数除以除数，得数为可换得的缣数。

◎ **译解**

（一五）14 斤 =224 两，作为除数；

10 斤 =160 两，45 斤 8 两 =728 两，160×728=116480，作为被除数；

被除数除以除数为可换得缣数，即 116480÷224=520 两 =32 斤 8 两。

◎ **术解**

（1）先进行单位换算，14 斤 =224 两，10 斤 =160 两，45 斤 8 两 =728 两。

（2）224 两丝换 160 两缣，那么 1 两丝换多少缣，即 $160÷224=\dfrac{160}{224}=\dfrac{5}{7}$。

（3）那么，728 两丝可换得缣数为，$728×\dfrac{5}{7}$ =520 两 =32 斤 8 两。

▌ 原文

（一六）今有丝一斤，耗[1]七两。今有丝二十三斤五两，问耗几何？

答曰：一百六十三两四铢半。

术曰：以一斤展十六两⁽²⁾为法，以七两乘今有丝两数为实，实如法得耗数。

◎ **注释**

（1）耗：消耗，减损。这里指生丝晒干后的损耗。

（2）一斤展十六两：即1斤转换为16两。

◎ **译文**

（一六）现有丝1斤，晒干后损耗7两。那么23斤5两，损耗多少？

答：163两4$\frac{1}{2}$铢。

运算法则：1斤换算为16两作为除数，7两乘现有丝数量为被除数。被除数除以除数，得数为损耗数量。

◎ **译解**

（一六）1斤=16两，作为除数；

23斤5两=373两，7×373=2611，作为被除数；

被除数除以除数为损耗数量，即2611÷16=163$\frac{3}{16}$两=163两4$\frac{1}{2}$铢。

◎ **术解**

（1）1斤=16两，23斤5两=373两。

（2）1斤丝晒干后损耗7两，1两损耗为$\frac{7}{16}$。

（3）373两的损耗为，373×$\frac{7}{16}$=$\frac{2611}{16}$=163$\frac{3}{16}$两。

（4）1两=24铢，$\frac{3}{16}$两=$\frac{3}{16}$×24=$\frac{75}{16}$铢=4$\frac{1}{2}$铢。得出，损耗为163两4$\frac{1}{2}$铢。

▌原文

（一七）今有生丝三十斤，干之^{（1）}，耗三斤十二两。今有干丝一十二斤，问生丝几何？

答曰：一十三斤一十一两十铢七分铢之二。

术曰：置生丝两数，除耗数，余，以为法。三十斤乘干丝两数为实，实如法得生丝数。

◎ 注释

（1）干之：晒干。

◎ 译文

（一七）现有30斤生丝，晒干后损耗3斤12两。现有12斤干丝，那么需多少生丝？

答：13斤11两10$\frac{2}{7}$铢。

运算法则：用生丝减去损耗，余数作为除数。用30斤乘现有的干丝数作为被除数。被除数除以除数，得数为所需生丝数量。

◎ 译解

（一七）30斤=480两，3斤12两=60两，12斤=192两。

480-60=420，为除数；480×192=92160，作为被除数；

被除数除以除数为所需生丝数，即92160÷420=219$\frac{3}{7}$两=13斤11两10$\frac{2}{7}$铢。

◎ 术解

（1）30斤=480两，3斤12两=60两，12斤=192两。

（2）先求干丝率，用生丝减去损耗，再除以480。即480-60=420，420÷480=$\frac{7}{8}$。

（3）干丝数除以干丝率，即为所需生丝数量。$192 \div \frac{7}{8} = \frac{192 \times 8}{7} = \frac{1536}{7}$两 $= 219\frac{3}{7}$两 $= 13$ 斤 11 两 $10\frac{2}{7}$ 铢。

▌ 原文

（一八）今有田一亩，收粟六升太半升。今有田一顷二十六亩一百五十九步[1]，问收粟几何？

答曰：八斛四斗四升一十二分升之五。

术曰：以亩二百四十步为法，以六升太半升乘今有田积步为实，实如法得粟数。

◎ 注释

（1）一顷二十六亩一百五十九步：1 顷 =100 亩，1 亩 =240 平方步。

◎ 译文

（一八）现有 1 亩田，收 $6\frac{2}{3}$ 升粟米。那么 1 顷 26 亩 159 平方步收多少粟米？

答：8 斛 4 斗 4 $\frac{5}{12}$ 升。

运算法则：用 1 亩化为步数作为除数，现有粟米数乘现有田的亩数为被除数。被除数除以除数，得数为所求粟米数。

◎ 译解

（一八）1 亩 =240 平方步，作为除数；

1 顷 26 亩 159 平方步 $= 126\frac{159}{240}$ 亩 =30399 平方步，$6\frac{2}{3} \times 30399 = \frac{20}{3} \times 30399$ $= \frac{607980}{3}$，作为被除数；

被除数除以除数为所求粟米数，即 $\frac{607980}{3} \div 240 = \frac{607980}{720}$ 升 $= 844\frac{5}{12}$ 升 $= 8$ 斛 4 斗 4 $\frac{5}{12}$ 升。

◎ **术解**

（1）1 亩 =240 平方步，1 顷 =100 亩；1 顷 26 亩 159 平方步 =126 $\frac{159}{240}$ 亩。

（2）已知 1 亩收 6 $\frac{2}{3}$ 升，126 $\frac{159}{240}$ 亩所收升数为，6 $\frac{2}{3}$ × 126 $\frac{159}{240}$ = $\frac{20}{3}$

× $\frac{30399}{240}$ = $\frac{607980}{720}$ 升 =844 $\frac{5}{12}$ 升 =8 斛 4 斗 4 $\frac{5}{12}$ 升。

▍原文

（一九）今有取保[1]一岁[2]，价钱二千五百。今先取一千二百，问当作日几何？

答曰：一百六十九日二十五分日之二十三。

术曰：以价钱为法，以一岁三百五十四日乘先取钱数为实，实如法得日数。

◎ **注释**

（1）取保：犯人找保证人或交纳保证金后取得人身自由。

（2）一岁：一年。这里一年为 354 日。

◎ **译文**

（一九）现犯人取保 1 年的保证金为 2500 钱。现在交纳保证金 1200 钱，可取保多少日？

答：169 $\frac{23}{25}$ 日。

运算法则：用 1 年的保证金作为除数，1 年 354 日乘现所有钱数为被除数。被除数除以除数，得数为所求日数。

◎ **译解**

（一九）1 年 =354 日，354 × 1200=424800，作为被除数；2500 钱作为除数；被除数除以除数为所求日数，即 424800 ÷ 2500=169 $\frac{23}{25}$ 日。

◎ 术解

（1）1 年 =354 日，保证金为 2500 钱。354÷2500=$\frac{177}{1250}$，为每钱可保多少日。

（2）现有 1200 钱，乘每钱可保的日数，即为所求日数。1200×$\frac{177}{1250}$=169$\frac{23}{25}$ 日。

（3）可用另一种方法计算，2500÷354=$\frac{1250}{177}$，为每日需多少钱。1200÷$\frac{1250}{177}$=169$\frac{23}{25}$ 日，即为 1200 钱可保 169$\frac{23}{25}$ 日。

▌原文

（二十）今有贷人[1]千钱，月息三十。今有贷人七百五十钱，九日归之[2]，问息几何？

答曰：六钱四分钱之三。

术曰：以月三十日乘千钱为法。以息三十乘今所贷钱数，又以九日乘之，为实，实如法得一钱。

◎ 注释

（1）贷人：贷，贷款。向他人贷款。

（2）归之：归还，还款。

◎ 译文

（二十）现向他人贷款 1000 钱，每月利息为 30 钱。那么现贷款 750 钱，9 日还款，应付利息是多少？

答：6$\frac{3}{4}$ 钱。

运算法则：用每月 30 日乘 1000 钱作为除数。每月利息 30 钱乘所贷钱数，再乘 9 天作为被除数。被除数除以除数，得数为应付利息。

◎ **译解**

（二十）30 日乘 1000 钱作为除数，30×1000=30000；

每月利息乘所贷钱数乘所贷日数作为被除数，30×750×9=202500；

被除数除以除数为应付利息，202500÷30000=$6\frac{3}{4}$ 钱。

◎ **术解**

（1）1 月 =30 日，利息为 30 钱。每日平均利息为 30÷30=1 钱。

（2）贷款数为 1000 钱，则每钱每日的利息率为，$1 \div 1000 = \frac{1}{1000}$。

（3）贷款 750 钱，9 日的利息为，$750 \times 9 \times \frac{1}{1000} = \frac{6750}{1000}$ 钱 =$6\frac{3}{4}$ 钱。

卷四

少广

少广术曰：置全步及分母子，以最下分母遍乘诸分子及全步，各以其母除其子，置之于左。命通分者，又以分母遍乘诸分子及已通者，皆通而同之，并之为法。置所求步数，以全步积分乘之为实。实如法而一，得从步。

今有田广一步半。求田一亩，问从几何？

答曰：一百六十步。

术曰：下有半，是二分之一。以一为二，半为一，并之得三，为法。置田二百四十步，亦以一为二乘之，为实。实如法得从步。

今有田广一步半、三分步之一、四分步之一。求田一亩，问从几何？

答曰：一百一十五步五分步之一。

术曰：下有四分，以一为一十二，半为六，三分之一为四，四分之一为三，并之得二十五，以为法。置田二百四十步，亦以一为一十二乘之，为实。实如法而一，得从步。

▍原文

少广^{（1）}术曰：置全步^{（2）}及分母子，以最下分母遍^{（3）}乘诸分子及全步，各以其母除其子，置之于左。命通分者，又以分母遍乘诸分子及已通者，皆通而同之，并之为法。置所求步数，以全步积分乘之为实。实如法而一，得从步。

◎ **注释**

（1）少广：少，少量。广，长方形的宽。少广，这里指由长方形的面积或体积，求其中一边的长。

（2）全步：整数部分。

（3）遍：全部。

◎ **译文**

求长方形的长边的运算法则：列出步数的整数部分及分数的分子分母，用最大的分母乘所有分子和整数部分。各分子除以其分母进行约分，得数放在左边，然后将能通分的分数进行通分，并进行约分。用其次的分母乘所有分子和已经通分的数，使得各分母相同，并把它们的和作为除数。所求步数乘整数部分作为被除数。被除数除以除数，得数为长的步数。

◎ **原文**

（一）今有田广一步半。求田一亩，问从几何？

答曰：一百六十步。

术曰：下有半，是二分之一^{（1）}。以一为二，半为一，并之得三^{（2）}，为法。置田二百四十步，亦以一为二乘之，为实。实如法得从步。

◎ **注释**

（1）下有半，是二分之一：列在下面的分母为 2，即 $\frac{1}{2}$。

（2）以一为二，半为一，并之得三：把1化为2，$\frac{1}{2}$化为1，和为3。

◎ **译文**

（一）现有田宽为$1\frac{1}{2}$步。面积为1亩，那么长是多少？

答：160步。

运算法则：列在下面的分母为2，把1化为2，$\frac{1}{2}$化为1，和为3作为除数。1亩化为240平方步，乘1所化的整数2作为被除数。被除数除以除数，得数为长边的步数。

◎ **译解**

（一）2+1=3，作为除数；

240×2=480平方步，作为被除数；

被除数除以除数，得数为所求长边的步数，即480÷3=160步。

◎ **术解**

（1）1亩=240平方步，长方形面积 = 长 × 宽，得出长 = 面积 ÷ 宽。

（2）即240÷$1\frac{1}{2}$=240÷$\frac{3}{2}$=240×$\frac{2}{3}$=240×2÷3。

（3）240×2÷3=160步，与题中运算法则相符。即长为160步。

原文

（二）今有田广一步半、三分步之一。求田一亩，问从几何？

答曰：一百三十步一十一分步之一十。

术曰：下有三分，以一为六，半为三，三分之一为二，并之得一十一为法。置田二百四十步，亦以一为六乘之，为实。实如法得从步。

◎ **译文**

（二）现有两块田宽分别为 $1\frac{1}{2}$ 步、$\frac{1}{3}$ 步。田面积总共为 1 亩，长边是多少？

答：$130\frac{10}{11}$ 步。

运算法则：列在下面的分母为 3，把 1 化为 6，$\frac{1}{2}$ 化为 3，$\frac{1}{3}$ 化为 2，和为 11 作为除数。1 亩化为 240 平方步，乘 1 所化的整数 6 作为被除数。被除数除以除数，得数为长边的步数。

◎ **译解**

（二）6+3+2=11，作为除数；

240×6=1440 平方步，作为被除数；

被除数除以除数，得数为所求长边数，即 $1440÷11=130\frac{10}{11}$ 步。

◎ **术解**

（1）1 亩 =240 平方步，长方形面积 = 长 × 宽，得出长 = 面积 ÷ 宽。

（2）最大的分母为 3，先用 3 通分，然后再用 2 通分。通分后的和为 $\frac{11}{6}$。即 $240÷(1\frac{1}{2}+\frac{1}{3})=240÷\frac{11}{6}=240×\frac{6}{11}=240×6÷11=130\frac{10}{11}$ 步。

原文

（三）今有田广一步半、三分步之一、四分步之一。求田一亩，问从几何？

答曰：一百一十五步五分步之一。

术曰：下有四分，以一为一十二，半为六，三分之一为四，四分之一为三，并之得二十五，以为法。置田二百四十步，亦以一为一十二乘之，为实。实如法而一，得从步。

◎ **译文**

（三）现有3块田，宽分别为 $1\frac{1}{2}$ 步、$\frac{1}{3}$ 步、$\frac{1}{4}$ 步。田面积共为1亩，那么长边是多少？

答：$115\frac{1}{5}$ 步。

运算法则：列在下面的分母为4，把1化为12，$\frac{1}{2}$ 化为6，$\frac{1}{3}$ 化为4，$\frac{1}{4}$ 化为3，和为25作为除数。1亩化为240平方步，乘1所化的整数12作为被除数。被除数除以除数，得数为长边的步数。

◎ **译解**

（三）12+6+4+3=25，作为除数；

240×12=2880平方步，作为被除数；

被除数除以除数，得数为所求长边数，即 $2880÷25=115\frac{1}{5}$ 步。

◎ **术解**

（1）1亩=240平方步，长方形面积＝长×宽，得出长＝面积÷宽。

（2）最大的分母为4，先用4通分，然后用3通分，再用2通分，最后通分后的和为 $\frac{25}{12}$。

即 $240÷(1\frac{1}{2}+\frac{1}{3}+\frac{1}{4})=240÷\frac{25}{12}=240×\frac{12}{25}=115\frac{1}{5}$ 步。

原文

（四）今有田广一步半、三分步之一、四分步之一、五分步之一。求田一亩，问从几何？

答曰：一百五步一百三十七分步之一十五。

术曰：下有五分，以一为六十，半为三十，三分之一为二十，四分之一为一十五，五分之一为一十二，并之得一百三十七，以为法。置田二百四十步，亦以一为六十乘之，为实。实如法得从步。

◎ 译文

（四）现有 4 块田，宽分别为 $1\frac{1}{2}$ 步、$\frac{1}{3}$ 步、$\frac{1}{4}$ 步、$\frac{1}{5}$ 步。田面积共为 1 亩，那么长边是多少？

答：$105\frac{15}{137}$ 步。

运算法则：列在下面的分母为 5，把 1 化为 60，$\frac{1}{2}$ 化为 30，$\frac{1}{3}$ 化为 20，$\frac{1}{4}$ 化为 15，$\frac{1}{5}$ 化为 12，和为 137 作为除数。1 亩化为 240 平方步，乘 1 所化的整数 60 作为被除数。被除数除以除数，得数为长边的步数。

◎ 译解

（四）60+30+20+15+12=137，作为除数；

240×60=14400 平方步，作为被除数；

被除数除以除数，得数为所求长边数，即 $14400÷137=105\frac{15}{137}$ 步。

◎ 术解

（1）1 亩 =240 平方步，长方形面积 = 长 × 宽，得出长 = 面积 ÷ 宽。

（2）最大的分母为 5，先用 5 通分，然后分别用 4、3、2 进行通分，通分后的和为 $\frac{137}{60}$。即 $240÷(1\frac{1}{2}+\frac{1}{3}+\frac{1}{4}+\frac{1}{5})=240÷\frac{137}{60}=240×\frac{60}{137}=105\frac{15}{137}$ 步。

原文

（五）今有田广一步半、三分步之一、四分步之一、五分步之一、六分步之一。求田一亩，问从几何？

答曰：九十七步四十九分步之四十七。

术曰：下有六分，以一为一百二十，半为六十，三分之一为四十，四分之一为三十，五分之一为二十四，六分之一为二十，并之得二百九十四以为法。置田二百四十步，亦以一为一百二十乘之，为实。实如法得从步。

◎ **译文**

（五）现有5块田，宽分别为 $1\frac{1}{2}$ 步、$\frac{1}{3}$ 步、$\frac{1}{4}$ 步、$\frac{1}{5}$ 步、$\frac{1}{6}$ 步。田面积共为1亩，那么长边是多少？

答：$97\frac{47}{49}$ 步。

运算法则：列在下面的分母为6，把1化为120，$\frac{1}{2}$ 化为60，$\frac{1}{3}$ 化为40，$\frac{1}{4}$ 化为30，$\frac{1}{5}$ 化为24，$\frac{1}{6}$ 化为20，和为294作为除数。1亩化为240平方步，乘1所化的整数120作为被除数。被除数除以除数，得数为长边的步数。

◎ **译解**

（五）120+60+40+30+24+20=294，作为除数；

240×120=28800 平方步，作为被除数；

被除数除以除数，得数为所求长边数，即 $28800÷294=97\frac{47}{49}$ 步。

◎ **术解**

（1）1亩=240平方步，长方形面积＝长×宽，得出长＝面积÷宽。

（2）最大的分母为6，先用6通分，然后分别用5、4、3、2进行通分，最后通分后的和为 $\frac{294}{120}$。

（3）即 $240÷\left(1\frac{1}{2}+\frac{1}{3}+\frac{1}{4}+\frac{1}{5}+\frac{1}{6}\right)=240÷\frac{294}{120}=240×\frac{120}{294}=\frac{240×120}{294}=97\frac{47}{49}$ 步。

原文

（六）今有田广一步半、三分步之一、四分步之一、五分步之一、六分步之一、七分步之一。求田一亩，问从几何？

答曰：九十二步一百二十一分步之六十八。

术曰：下有七分，以一为四百二十，半为二百一十，三分之一为一百四十，四分之一为一百五，五分之一为八十四，六分之一为七十，七分之一为六十，并之得一千八十九，以为法。置田二百四十步，亦以一为四百二十乘之，为实。实如法得从步。

◎ **译文**

（六）现有 6 块田，宽分别为 $1\frac{1}{2}$ 步、$\frac{1}{3}$ 步、$\frac{1}{4}$ 步、$\frac{1}{5}$ 步、$\frac{1}{6}$ 步、$\frac{1}{7}$ 步。田面积共为 1 亩，那么长边是多少？

答：$92\frac{68}{121}$ 步。

运算法则：列在下面的分母为 7，把 1 化为 420，$\frac{1}{2}$ 化为 210，$\frac{1}{3}$ 化为 140，$\frac{1}{4}$ 化为 105，$\frac{1}{5}$ 化为 84，$\frac{1}{6}$ 化为 70，$\frac{1}{7}$ 化为 60，和为 1089 作为除数。1 亩化为 240 平方步，乘 1 所化的整数 420 作为被除数。被除数除以除数，得数为长边的步数。

◎ **译解**

（六）420+210+140+105+84+70+60=1089，作为除数；

240×420=100800 平方步，作为被除数；

被除数除以除数，得数为所求长边数，即 $100800÷1089=92\frac{68}{121}$ 步。

◎ **术解**

（1）1 亩 =240 平方步，长方形面积 = 长 × 宽，得出长 = 面积 ÷ 宽。

（2）最大的分母为 7，先用 7 通分，然后分别用 6、5、4、3、2 进行通分，最后通分后的和为 $\frac{1089}{420}$。

（3）即 $240÷\left(1\frac{1}{2}+\frac{1}{3}+\frac{1}{4}+\frac{1}{5}+\frac{1}{6}+\frac{1}{7}\right)=240÷\frac{1089}{420}=240×\frac{420}{1089}$ $=\frac{240×420}{1089}=92\frac{68}{121}$ 步。

▌**原文**

（七）今有田广一步半、三分步之一、四分步之一、五分步之一、六分步之一、七分步之一、八分步之一。求田一亩，问从几何？

答曰：八十八步七百六十一分步之二百三十二。

术曰：下有八分，以一为八百四十，半为四百二十，三分之一为二百八十，四分之一为二百一十，五分之一为一百六十八，六分之一为一百四十，七分之一为一百二十，八分之一为一百五，并之得二千二百八十三，以为法。置田二百四十步，亦以一为八百四十乘之，为实。实如法得从步。

◎ 译文

（七）现有7块田，宽分别为 $1\frac{1}{2}$ 步、$\frac{1}{3}$ 步、$\frac{1}{4}$ 步、$\frac{1}{5}$ 步、$\frac{1}{6}$ 步、$\frac{1}{7}$ 步、$\frac{1}{8}$ 步。田面积共为1亩，那么长边是多少？

答：$88\frac{232}{761}$ 步。

运算法则：列在下面的分母为8，把1化为840，$\frac{1}{2}$ 化为420，$\frac{1}{3}$ 化为280，$\frac{1}{4}$ 化为210，$\frac{1}{5}$ 化为168，$\frac{1}{6}$ 化为140，$\frac{1}{7}$ 化为120，$\frac{1}{8}$ 化为105，和为2283作为除数。1亩化为240平方步，乘1所化的整数840作为被除数。被除数除以除数，得数为长边的步数。

◎ 译解

（七）840+420+280+210+168+140+120+105=2283，作为除数；

240×840=201600平方步，作为被除数；

被除数除以除数，得数为所求长边数，即 $201600 \div 2283 = 88\frac{232}{761}$ 步。

◎ 术解

（1）1亩=240平方步，长方形面积＝长×宽，得出长＝面积÷宽。

（2）最大的分母为8，先用8通分，然后分别用7、6、5、4、3、2进行通分，最后通分后的和为 $\frac{2283}{840}$。

（3）即 $240 \div \left(1\frac{1}{2} + \frac{1}{3} + \frac{1}{4} + \frac{1}{5} + \frac{1}{6} + \frac{1}{7} + \frac{1}{8}\right) = 240 \div \frac{2283}{840} = 240 \times \frac{840}{2283} = \frac{201600}{2283}$ 步 $=88\frac{232}{761}$ 步。

原文

（八）今有田广一步半、三分步之一、四分步之一、五分步之一、六分步之一、七分步之一、八分步之一、九分步之一。求田一亩，问从几何？

答曰：八十四步七千一百二十九分步之五千九百六十四。

术曰：下有九分，以一为二千五百二十，半为一千二百六十，三分之一为八百四十，四分之一为六百三十，五分之一为五百四，六分之一为四百二十，七分之一为三百六十，八分之一为三百一十五，九分之一为二百八十，并之得七千一百二十九，以为法。置田二百四十步，亦以一为二千五百二十乘之，为实。实如法得从步。

◎ **译文**

（八）现有 8 块田，宽分别为 $1\frac{1}{2}$ 步、$\frac{1}{3}$ 步、$\frac{1}{4}$ 步、$\frac{1}{5}$ 步、$\frac{1}{6}$ 步、$\frac{1}{7}$ 步、$\frac{1}{8}$ 步、$\frac{1}{9}$ 步。田面积共为 1 亩，那么长边是多少？

答：$84\frac{5964}{7129}$ 步。

运算法则：列在下面的分母为 9，把 1 化为 2520，$\frac{1}{2}$ 化为 1260，$\frac{1}{3}$ 化为 840，$\frac{1}{4}$ 化为 630，$\frac{1}{5}$ 化为 504，$\frac{1}{6}$ 化为 420，$\frac{1}{7}$ 化为 360，$\frac{1}{8}$ 化为 315，$\frac{1}{9}$ 化为 280，和为 7129 作为除数。1 亩化为 240 平方步，乘 1 所化的整数 2520 作为被除数。被除数除以除数，得数为长边的步数。

◎ **译解**

（八）2520+1260+840+630+504+420+360+315+280=7129，作为除数；

240×2520=604800 平方步，作为被除数；

被除数除以除数，得数为所求长边数，即 $604800 \div 7129 = 84\frac{5964}{7129}$ 步。

◎ **术解**

（1）1 亩 =240 平方步，长方形面积 = 长 × 宽，得出长 = 面积 ÷ 宽。

（2）最大的分母为9，先用9通分，然后分别用8、7、6、5、4、3、2进行通分，最后通分后的和为$\frac{7129}{2520}$。

（3）即$240 \div (1\frac{1}{2} + \frac{1}{3} + \frac{1}{4} + \frac{1}{5} + \frac{1}{6} + \frac{1}{7} + \frac{1}{8} + \frac{1}{9}) = 240 \div \frac{7129}{2520} = 240 \times \frac{2520}{7129} = \frac{604800}{7129}$步$= 84\frac{5964}{7129}$步。

▌原文

（九）今有田广一步半、三分步之一、四分步之一、五分步之一、六分步之一、七分步之一、八分步之一、九分步之一、十分步之一。求田一亩，问从几何？

答曰：八十一步七千三百八十一分步之六千九百三十九。

术曰：下有一十分，以一为二千五百二十，半为一千二百六十，三分之一为八百四十，四分之一为六百三十，五分之一为五百四，六分之一为四百二十，七分之一为三百六十，八分之一为三百一十五，九分之一为二百八十，十分之一为二百五十二，并之得七千三百八十一，以为法。置田二百四十步，亦以一为二千五百二十乘之，为实。实如法得从步。

◎译文

（九）现有9块田，宽分别为$1\frac{1}{2}$步、$\frac{1}{3}$步、$\frac{1}{4}$步、$\frac{1}{5}$步、$\frac{1}{6}$步、$\frac{1}{7}$步、$\frac{1}{8}$步、$\frac{1}{9}$步、$\frac{1}{10}$步。田面积共为1亩，那么长边是多少？

答：$81\frac{6939}{7381}$步。

运算法则：列在下面的分母为10，把1化为2520，$\frac{1}{2}$化为1260，$\frac{1}{3}$化为840，$\frac{1}{4}$化为630，$\frac{1}{5}$化为504，$\frac{1}{6}$化为420，$\frac{1}{7}$化为360，$\frac{1}{8}$化为315，$\frac{1}{9}$化为280，$\frac{1}{10}$化为252，和为7381作为除数。1亩化为240平方步，乘1所化的整数2520作为被除数。被除数除以除数，得数为长边的步数。

◎ **译解**

（九）2520+1260+840+630+504+420+360+315+280+252=7381，作为除数；

240×2520=604800 平方步，作为被除数；

被除数除以除数，得数为所求长边数，即 604800÷7381=81$\frac{6939}{7381}$ 步。

◎ **术解**

（1）1 亩 =240 平方步，长方形面积 = 长 × 宽，得出长 = 面积 ÷ 宽。

（2）最大的分母为 10，先用 10 通分，然后分别用 9、8、7、6、5、4、3、2 进行通分，最后通分后的和为 $\frac{7381}{2520}$。

（3）即 240÷（1$\frac{1}{2}$+$\frac{1}{3}$+$\frac{1}{4}$+$\frac{1}{5}$+$\frac{1}{6}$+$\frac{1}{7}$+$\frac{1}{8}$+$\frac{1}{9}$+$\frac{1}{10}$）=240÷$\frac{7381}{2520}$=$\frac{240×2520}{7381}$=$\frac{604800}{7381}$ 步 =81$\frac{6939}{7381}$ 步。

◎ **原文**

（一○）今有田广一步半、三分步之一、四分步之一、五分步之一、六分步之一、七分步之一、八分步之一、九分步之一、十分步之一、十一分步之一。求田一亩，问从几何？

答曰：七十九步八万三千七百一十一分步之三万九千六百三十一。

术曰：下有一十一分，以一为二万七千七百二十，半为一万三千八百六十，三分之一为九千二百四十，四分之一为六千九百三十，五分之一为五千五百四十四，六分之一为四千六百二十，七分之一为三千九百六十，八分之一为三千四百六十五，九分之一为三千八十，一十分之一为二千七百七十二，一十一分之一为二千五百二十，并之得八万三千七百一十一，以为法。置田二百四十步，亦以一为二万七千七百二十乘之，为实。实如法得从步。

◎ **译文**

（一〇）现有 10 块田，宽分别为 $1\frac{1}{2}$ 步、$\frac{1}{3}$ 步、$\frac{1}{4}$ 步、$\frac{1}{5}$ 步、$\frac{1}{6}$ 步、$\frac{1}{7}$ 步、$\frac{1}{8}$ 步、$\frac{1}{9}$ 步、$\frac{1}{10}$ 步、$\frac{1}{11}$ 步。田面积共为 1 亩，那么长边是多少？

答：$79\frac{39631}{83711}$ 步。

运算法则：列在下面的分母为 11，把 1 化为 27720，$\frac{1}{2}$ 化为 13860，$\frac{1}{3}$ 化为 9240，$\frac{1}{4}$ 化为 6930，$\frac{1}{5}$ 化为 5544，$\frac{1}{6}$ 化为 4620，$\frac{1}{7}$ 化为 3960，$\frac{1}{8}$ 化为 3465，$\frac{1}{9}$ 化为 3080，$\frac{1}{10}$ 化为 2772，$\frac{1}{11}$ 化为 2520，和为 83711 作为除数。1 亩化为 240 平方步，乘 1 所化的整数 27720 作为被除数。被除数除以除数，得数为长边的步数。

◎ **译解**

（一〇）27720+13860+9240+6930+5544+4620+3960+3465+3080+2772+2520=83711，作为除数；

240×27720=6652800 平方步，作为被除数；

被除数除以除数，得数为所求长边数，即 6652800÷83711=$79\frac{39631}{83711}$ 步。

◎ **术解**

（1）1 亩 =240 平方步，长方形面积 = 长 × 宽，得出长 = 面积 ÷ 宽。

（2）最大的分母为 11，先用 11 通分，然后分别用 10、9、8、7、6、5、4、3、2 进行通分，最后通分后的和为 $\frac{83711}{27720}$。

（3）即 $240÷(1\frac{1}{2}+\frac{1}{3}+\frac{1}{4}+\frac{1}{5}+\frac{1}{6}+\frac{1}{7}+\frac{1}{8}+\frac{1}{9}+\frac{1}{10}+\frac{1}{11})=240÷\frac{83711}{27720}$
$=\frac{240×27720}{83711}=\frac{6652800}{83711}$ 步 $=79\frac{39631}{83711}$ 步。

■ **原文**

（一一）今有田广一步半、三分步之一、四分步之一、五分步之一、六分步之一、七分步之一、八分步之一、九分步之一、十分步之一、十一分步之一、十二分步之一。求田一亩，问从几何？

答曰：七十七步八万六千二十一分步之二万九千一百八十三。

术曰：下有一十二分，以一为八万三千一百六十，半为四万一千五百八十，三分之一为二万七千七百二十，四分之一为二万七百九十，五分之一为一万六千六百三十二，六分之一为一万三千八百六十，七分之一为一万一千八百八十，八分之一为一万三百九十五，九分之一为九千二百四十，一十分之一为八千三百一十六，十一分之一为七千五百六十，十二分之一为六千九百三十，并之得二十五万八千六十三，以为法。置田二百四十步，亦以一为八万三千一百六十乘之，为实。实如法得从步。

◎ **译文**

（一）现有 11 块田，宽分别为 $1\frac{1}{2}$ 步、$\frac{1}{3}$ 步、$\frac{1}{4}$ 步、$\frac{1}{5}$ 步、$\frac{1}{6}$ 步、$\frac{1}{7}$ 步、$\frac{1}{8}$ 步、$\frac{1}{9}$ 步、$\frac{1}{10}$ 步、$\frac{1}{11}$ 步、$\frac{1}{12}$ 步。田面积共为 1 亩，那么长边是多少？

答：$77\frac{29183}{86021}$ 步。

运算法则：列在下面的分母为 12，把 1 化为 83160，$\frac{1}{2}$ 化为 41580，$\frac{1}{3}$ 化为 27720，$\frac{1}{4}$ 化为 20790，$\frac{1}{5}$ 化为 16632，$\frac{1}{6}$ 化为 13860，$\frac{1}{7}$ 化为 11880，$\frac{1}{8}$ 化为 10395，$\frac{1}{9}$ 化为 9240，$\frac{1}{10}$ 化为 8316，$\frac{1}{11}$ 化为 7560，$\frac{1}{12}$ 化为 6930，和为 258063 作为除数。1 亩化为 240 平方步，乘 1 所化的整数 83160 作为被除数。被除数除以除数，得数为长边的步数。

◎ **译解**

（一）

83160+41580+27720+20790+16632+13860+11880+10395+9240+8316+7560+6930=258063，作为除数；

240×83160=19958400 平方步，作为被除数；

被除数除以除数，得数为所求长边数，即 $19958400 \div 258063 = 77\frac{29183}{86021}$ 步。

◎ 术解

（1）1 亩 =240 平方步，长方形面积 = 长 × 宽，得出长 = 面积 ÷ 宽。

（2）最大的分母为 12，先用 12 通分，然后分别用 11、10、9、8、7、6、5、4、3、2 进行通分，最后通分后的和为 $\frac{258063}{83160}$。

（3）即 $240 \div (1\frac{1}{2} + \frac{1}{3} + \frac{1}{4} + \frac{1}{5} + \frac{1}{6} + \frac{1}{7} + \frac{1}{8} + \frac{1}{9} + \frac{1}{10} + \frac{1}{11} + \frac{1}{12}) = 240 \div \frac{258063}{83160} = \frac{240 \times 83160}{258063} = \frac{19958400}{258063}$ 步 $= 77\frac{29183}{86021}$ 步。

▌原文

（一二）今有积五万五千二百二十五步。问为方[1]几何？

答曰：二百三十五步。

（一三）又有积二万五千二百八十一步。问为方几何？

答曰：一百五十九步。

（一四）又有积七万一千八百二十四步。问为方几何？

答曰：二百六十八步。

（一五）又有积五十六万四千七百五十二步四分步之一。问为方几何？

答曰：七百五十一步半。

（一六）又有积三十九亿七千二百一十五万六百二十五步。问为方几何？

答曰：六万三千二十五步。

开方术[2]曰：置积为实。借一算步之，超一等[3]。议所得，以一乘[4]所借一算为法，而以除[5]。除已，倍法为定法。其复除。折法而下[6]。复置借算步之如初，以复议一乘之，所得副，以加定法，以除。以所得副从定法。复除折下如前。若开之不尽者为不可开，当以面命之[7]。若实有分者，通分内子为定实。乃开之，讫[8]，开

其母报除。若母不可开者，又以母乘定实，乃开之，讫，令如母
而一。

◎ **注释**

（1）方：开方，即求正方形的边长。

（2）开方术：开平方的运算法则。

（3）借一算步之，超一等：算，算筹。超，超越、超过。等，数位。即
借一个算筹，把它向前进两位。

（4）一乘：乘一次。

（5）而以除：除，这里指相减。

（6）折法而下：折，折损。使除数折算退一位。

（7）以面命之：命，命名。以这个数为面积的正方形边长来命名，即正
方形的边长。

（8）讫：完结，截止。

◎ **译文**

（一二）现有田面积为 55225 平方步。如果是正方形，那么其边长是
多少？

答：235 步。

（一三）又有田面积为 25281 平方步。如果是正方形，那么其边长是
多少？

答：159 步。

（一四）又有田面积为 71824 平方步。那么如果是正方形，其边长是
多少？

答：268 步。

（一五）又有田面积为 $564752\frac{1}{4}$ 平方步。那么如果是正方形，其边长是
多少？

答：751$\frac{1}{2}$步。

（一六）又有田面积为3972150625平方步。那么如果是正方形，其边长是多少?

答：63025步。

开平方的运算法则：用面积作为被除数，借一个算筹，把它的末位向前移两位，移动两次。用所得数自相乘再与算筹相乘，作为除数，而相减。相减后，把除数加倍，作为"定法"。然后再作除法，按照以下步骤折算除数：再借一算筹，向之前那样移位，用所得数与算筹相乘，所得的数加"定法"，再作减法。如果再作除法，像之前那样退一位。

如果有开不尽的数，取平方根的近似值，即正方形的边长。如果被开方数有分数，用整数与分母相乘，再加分子进行通分，作为"定实"，然后再开方。然后再对分母开方作为除数。如果分母开不尽，再用分母乘"定实"，再开方。计算完毕，再除以分母，得数为边长。

◎ **译解**

（一二）正方形面积 = 边长^2，边长 = $\sqrt{\text{面积}}$ = $\sqrt{55225}$ =235步。

（一三）同理，边长 = $\sqrt{25281}$ =159步。

（一四）同理，边长 = $\sqrt{71824}$ =268步。

（一五）同理，边长 = $\sqrt{564752\frac{1}{4}}$ =751$\frac{1}{2}$步。

（一六）同理，边长 = $\sqrt{3972150625}$ =63025步。

◎ **术解**

以（一二）为例：

（1）面积55225为被除数，借一算筹，算筹是100，从个位向移动两次，即移动四位，到万位为止。万位是5。

（2）2×2<5<2×3，得出初商是2。因为借算在万位，初商2应放在百位。

（3）用初商自乘1次，再与算筹相乘，2×2×10000=40000，为除数。被除数减去得数，55225-40000=15225。

（4）以倍数为定法，即2×2=4作为"定法"，向后移动到千位，为4000。因为求平方根为十位，也须移动借算到百位，即15。

（5）被除数千位上的数字是15，且4×3<15<4×4，得出次商为3，并把它放在十位上。

（6）用3乘借算，3×100=300，得数和"定法"相加，4000+300=4300，再乘次商，4300×3=12900。用被除数减去得数，15225-12900=2325。

（7）再次作除法：把得数和"定法"相加，430+30=460。求个位平方根，将借算移到个位，十位上的数是232，46×5<232<46×6，得出三商为5。得数和定法相加，460+5=465。

（8）用三商与得数相乘，即5×465=2325，2325-2325=0。因此，235为55225的平方根，即正方形边长为235。

▌原文

（一七）今有积一千五百一十八步四分步之三。问为圆周$^{(1)}$几何？

答曰：一百三十五步。

（一八）今有积三百步。问为圆周几何？

答曰：六十步。

开圆术$^{(2)}$曰：置积步数，以十二乘之，以开方除之，即得周。

◎ 注释

（1）圆周：圆形田的周长。

（2）开圆术：圆面积开方的运算方法。即求圆周长的运算法则。

◎ 译文

（一七）现有田面积为$1518\frac{3}{4}$平方步。如果田为圆形，那么其周长是

多少？

答：135 步。

（一八）现有田面积为 300 平方步。如果田为圆形，那么其周长是多少？

答：60 步。

圆面积开方求周长的运算法则：面积乘 12，开平方求平方根，得数为圆周长。

◎ **译解**

（一七）周长 $=\sqrt{面积 \times 12}=\sqrt{1518\frac{3}{4} \times 12}=\sqrt{18225}=135$ 步。

（一八）同理，周长 $=\sqrt{300 \times 12}=\sqrt{3600}=60$ 步。

◎ **术解**

以（一八）为例：

（1）圆面积 $=\pi \times 半径^2$，周长 $=2 \times \pi \times 半径$。$\pi=3$。

（2）半径 $=\sqrt{\dfrac{面积}{\pi}}$，周长 $=2 \times \pi \times \sqrt{\dfrac{面积}{\pi}}$；即半径 $=\sqrt{\dfrac{300}{3}}=10$ 步。

周长 $=2 \times 3 \times 10=60$ 步。

（3）根据以上算式，把 2 和 π 至于根号，即周长 $=\sqrt{面积 \times 12}$。

▍原文

（一九）今有积一百八十六万八百六十七尺。问为立方[1]几何？

答曰：一百二十三尺。

（二十）今有积一千九百五十三尺八分尺之一。问为立方几何？

答曰：一十二尺半。

（二一）今有积六万三千四百一尺五百一十二分尺之四百四十七。问为立方几何？

答曰：三十九尺八分尺之七。

（二二）又有积一百九十三万七千五百四十一尺二十七分尺之一十七。问为立方几何？

答曰：一百二十四尺太半尺。

开立方术[2]曰：置积为实。借一算步之，超二等。议所得，以再乘所借一算为法，而除之。除已，三之为定法。复除，折而下。以三乘所得数置中行。复借一算置下行。步之，中超一，下超二位。复置议，以一乘中，再乘下，皆副以加定法。以定法除。除已，倍下、并中从定法。复除，折下如前。开之不尽者，亦为不可开。若积有分者，通分内子为定实。定实乃开之，讫，开其母以报除。若母不可开者，又以母再乘定实，乃开之。讫，令如母而一。

◎ **注释**

（1）立方：立方体开立方，即求立方体的边长。

（2）开立方术：开立方的运算法则。

◎ **译文**

（一九）现有体积为1860867立方尺。如果是立方体，那么其边长是多少？

答：123尺。

（二十）又有体积为$1953\frac{1}{8}$立方尺。如果是立方体，那么其边长是多少？

答：$12\frac{1}{2}$尺。

（二一）又有体积为$63401\frac{447}{512}$立方尺。如果是立方体，那么其边长是多少？

答：$39\frac{7}{8}$尺。

（二二）又有体积为$1937541\frac{17}{27}$立方尺。如果是立方体，那么其边长是多少？

答：$124\frac{2}{3}$ 尺。

开立方的运算法则：体积作为被除数，加一个算筹，向前移动三位，移动两次。所得数，用它的 2 次方乘所借算筹，作为除数。被除数除以除数。相减后，除数乘 3 作为"定法"；再次作除法，按照以下步骤进行运算：用 3 乘初商，放在中行，再借一算筹放在下行，然后把中行的数向前移动两位，下行的数移动三位；再次作除法，第二个所得数，用它的 2 次方乘下行的数。加上"定法"，再用被开方数除以"定法"。相减后，下行的数加倍，加上中行的数，加入"定法"。再次作除法，像之前那样折损、退位。

如果开方开不尽，次数为不可开。如果被开方数有分数，用整数乘分母加分子作为"定实"，然后"定实"再开立方。计算完毕，对分母开立方，再作除法。如果分母不可开方，再用分母乘"定实"，再开立方。最后再用分母除，得数为立方体边长。

◎ 译解

（一九）边长 = $\sqrt[3]{体积}$ = $\sqrt[3]{1860867}$ =123 尺。

（二十）同理，边长 = $\sqrt[3]{1953\frac{1}{8}}$ =$12\frac{1}{2}$ 尺。

（二一）同理，边长 = $\sqrt[3]{63401\frac{447}{512}}$ =$39\frac{7}{8}$ 尺。

（二二）同理，边长 = $\sqrt[3]{1937541\frac{17}{27}}$ =$124\frac{2}{3}$ 尺。

◎ 术解

以（一九）为例：

（1）体积 1860867 立方尺为被除数，借一算筹，算筹是百万，从个位向前移到百万位。百万位上的数字是 1，则初商是 1。

（2）用初商 1 自乘 1 次，再乘算筹，1×1×1000000=1000000，得数为除数。用除数乘初商，再用被除数减去得数，即 1860867-1000000=860867。

（3）用 3 乘除数，退 2 位作为"定法"，即 3×1000000=3000000，退两位为 300000。

（4）再作除法，按照之前的步骤。用3乘所得数放在中行，退1位；借一算筹放在下行，退3位。即被除数为860867，除数为3，3放在中行，退到十万位。借算筹退3位，为1000。

（5）用定法300000除被除数860867，次商为2。用2乘中行30000，得数为60000。

（6）次商自乘1次，再乘下行，即 $2 \times 2 \times 1000 = 4000$。再将两数与"定法"相加，即 $60000 + 4000 + 300000 = 364000$，作为"定法"。次商乘"定法"，即 $2 \times 364000 = 728000$。再用被除数减去"定法"，$860867 - 728000 = 132867$。

（7）再作除法。被除数为132867，用次商2乘下行数，$2 \times 4000 = 8000$。把得数和中行数与"定法"相加，$8000 + 60000 + 364000 = 432000$。

（8）用3乘两次再乘所得数放在中行，$3 \times 3 \times 4000 = 36000$，退2位为360；算筹放在下行，退3位，为1。

（9）132867除以43200，三商为3。用3乘1次再乘中行数，即 $3 \times 360 = 1080$。三商乘下行，即 $3 \times 3 = 9$。两数相乘与"定法"相加，$1080 + 9 + 43200 = 44289$。

用末位商3乘得数，再用被除数去减，即 $132867 - 3 \times 44289 = 0$。得出，1860867开立方后，得数为123。即立方体边长为123。

▌原文

（二三）今有积四千五百尺。问为立圆径^{（1）}几何？

答曰：二十尺。

（二四）又有积一万六千四百四十八亿六千六百四十三万七千五百尺。问为立圆径几何？

答曰：一万四千三百尺。

开立圆术^{（2）}曰：置积尺数，以十六乘之，九而一，所得开立方除之，即丸^{（3）}径。

◎ 注释

（1）立圆径：立圆，即球形。求球形的直径。

（2）开立圆术：球形体积开立方的运算法则。

（3）丸：这里指球形。

◎ 译文

（二三）现有体积 4500 立方尺。如果是球形，那么其直径是多少？

答：20 尺。

（二四）现有体积 1644866437500 立方尺。如果是球形，那么其直径是多少？

答：14300 尺。

球形开立方的运算法则：用球形体积乘 16，再除以 9，得数开立方，即为球体的直径。

◎ 译解

（二三）直径 $= \sqrt[3]{\text{体积} \times 16 \div 9} = \sqrt[3]{4500 \times 16 \div 9} = 20$ 尺。

（二四）同理，直径 $= \sqrt[3]{1644866437500 \times 16 \div 9} = 14300$ 尺。

◎ 术解

以（二三）为例：

（1）假设球体积为 V，直径为 R，用公式来表示，$V = \frac{4}{3}\pi\left(\frac{R}{2}\right)^3$。得出 $R = \sqrt[3]{V \times 6 \div \pi}$。

（2）$\pi = 3$，$R = \sqrt[3]{V \times 6 \div \pi} = \sqrt[3]{4500 \times 6 \div 3} = 20.800$ 尺 ≈ 20 尺。

（3）古时计算结果与现在有误差，古时 π 取 3，现在 π 取 3.14。同时，古人是按照近似正方体的运算方法来求圆的体积，因此我们要取约数。

卷五

商功

今有堤下广二丈，上广八尺，高四尺，袤一十二丈七尺。问积几何？

答曰：七千一百一十二尺。

冬程人功四百四十四尺。问用徒几何？

答曰：一十六人一百一十一分人之二。

今有委粟平地，下周一十二丈，高二丈。问积及为粟几何？

答曰：积八千尺。为粟二千九百六十二斛二十七分斛之二十六。

今有委菽依垣，下周三丈，高七尺。问积及为菽各几何？

答曰：积三百五十尺。为菽一百四十四斛二百四十三分斛之八。

今有委米依垣内角，下周八尺，高五尺。问积及为米几何？

答曰：积三十五尺九分尺之五。为米二十一斛七百二十九分斛之六百九十一。

原文

（一）今有穿地⁽¹⁾，积一万尺。问为坚、壤⁽²⁾各几何？

答曰：为坚七千五百尺，为壤一万二千五百尺。

术曰：穿地四，为壤五，为坚三，为墟⁽³⁾四。以穿地求壤，五之；求坚，三之，皆四而一。以壤求穿，四之；求坚，三之，皆五而一。以坚求穿，四之；求壤，五之，皆三而一。

◎ 注释

（1）穿地：挖土，掘地。

（2）坚、壤：坚，坚实的土。壤，松软的土，沃土。

（3）墟：挖土之后留下的坑。

◎ 译文

（一）现挖土 10000 立方尺，如果折算成坚实的土、松软的土各多少？

答：坚实的土为 7500 立方尺，松软的土为 12500 立方尺。

运算法则：挖土为 4，折算成松土为 5，坚土为 3，坑为 4。用挖土折算松土，乘 5；折算成坚土，乘 3，然后都除以 4。用松土折算挖土，乘 4；折算为坚土，乘 3，然后都除以 5。用坚土折算挖土，乘 4；折算为松土，乘 5，然后都除以 3。

◎ 译解

（一）挖土分别折算成坚土、松土，

根据运算法则，坚土 = 挖土 ×3÷4=10000×3÷4=7500 立方尺；

松土 = 挖土 ×5÷4=10000×5÷4=12500 立方尺。

◎ 术解

（1）根据题目，挖土：坚土：松土 =4:3:5，得出坚土 = 挖土 ×3÷4，松土 = 挖土 ×5÷4。

（2）已知挖土量为 10000 立方尺，则坚土 =10000×3÷4=7500 立方尺，松土 =10000×5÷4=12500 立方尺。

原文

城⁽¹⁾、垣⁽²⁾、堤、沟、堑⁽³⁾、渠⁽⁴⁾，皆同术。

术曰：并上下广而半之，以高若深乘之，又以袤乘之，即积尺。

（二）今有城下广四丈，上广二丈，高五丈，袤⁽⁵⁾一百二十六丈五尺。问积几何？

答曰：一百八十九万七千五百尺。

（三）今有垣下广三尺，上广二尺，高一丈二尺，袤二十二丈五尺八寸。问积几何？

答曰：六千七百七十四尺。

（四）今有堤下广二丈，上广八尺，高四尺，袤一十二丈七尺。问积几何？

答曰：七千一百一十二尺。

冬程人功⁽⁶⁾四百四十四尺。问用徒⁽⁷⁾几何？

答曰：一十六人一百一十一分人之二。

术曰：以积尺为实，程功⁽⁸⁾尺数为法，实如法而一，即用徒人数。

◎ **注释**

（1）城：城墙。

（2）垣：矮墙、短墙。

（3）堑：深沟，这里指护城河。

（4）渠：水渠。

（5）袤：南北的距离。这里指城、垣等长度。

（6）冬程人功：冬，冬天。程，规定。人，每人。功，成绩、功绩，这里指工作量。冬季每人得日工作量。

（7）徒：人，工作者。

（8）程功：每个人的工作量。

◎ **译文**

城、垣、堤、沟、堑、渠，都运用同一运算法则。

运算方法：上底加下底，得数除以 2，再乘高或深。最后再乘长度，得数为所求体积的尺数。

（二）现有城墙，下底为 4 丈，上底为 2 丈，高为 5 丈，纵长为 126 丈 5 尺。那么，这段城墙的体积是多少？

答：1897500 立方尺。

（三）现有矮墙，下底为 3 尺，上底为 2 尺，高为 1 丈 2 尺，纵长为 22 丈 5 尺 8 寸。那么，这段矮墙的体积是多少？

答：6774 立方尺。

（四）现有堤坝，下底为 2 丈，上底为 8 尺，高为 4 尺，纵长为 12 丈 7 尺。那么，这段堤坝的体积是多少？

答：7112 立方尺。

冬季规定每人日工作量为 444 立方尺，那么这段堤坝需要多少人？

答：$16\frac{2}{111}$ 人。

运算法则：用体积作为被除数，所规定的每人日工作量作为除数。被除数除以除数，得数为所需人数。

◎ **译解**

（二）体积 =[（上底 + 下底）× 高]÷2× 纵长，1 丈 =10 尺，126 丈 =1260 尺。

即体积 =[（20+40）×50]÷2×1265=1897500 立方尺。

（三）同理，1 丈 2 尺 =12 尺，22 丈 5 尺 8 寸 =$225\frac{4}{5}$ 尺，

体积 =[（3+2）×12]÷2×225$\frac{4}{5}$=6774 立方尺。

（四）同理，2 丈 =20 尺，12 丈 7 尺 =127 尺，

体积 =[（20+8）×4]÷2×127=7112 立方尺。

所需人数 = 体积 ÷ 每人日工作量 =7112÷444=16$\frac{2}{111}$人。

◎ 术解

以（四）为例：

（1）先进行单位换算，2 丈 =20 尺，12 又 7 尺 =127 尺。

（2）假设体积为 V，上底为 a，下底为 b，高为 h，长为 l。V=[（a+b）×h]÷2×1，通过转换，$V=\frac{1}{2}$ ×（a+b）hl。

（3）得出，$V=\frac{1}{2}$ ×（8+20）×4×127=7112 立方尺。

（4）所需人数 = 体积 ÷ 每人日工作量 =7112÷444=$\frac{1778}{111}$=16$\frac{2}{111}$人。

▌原文

（五）今有沟上广一丈五尺，下广一丈，深五尺，袤七丈。问积几何？

答曰：四千三百七十五尺。

春程人功[1]七百六十六尺，并出土功[2]五分之四，定功[3]六百一十二尺五分尺之四。问用徒几何？

答曰：七人三千六十四分人之四百二十七。

术曰：置本人功[4]，去其五分之一，余为法。以沟积尺为实。实如法而一，得用徒人数。

◎ 注释

（1）春程人功：春季所规定的每人日工作量。

（2）出土功：所挖土的工作量。

（3）定功：定，确定。所确定的工作量，即实际工作量。

（4）本人功：本，原本，原来。原本每人的日工作量。

◎ 译文

（五）现有水沟，上底为 1 丈 5 尺，下底为 1 丈，深为 5 尺，纵长为 7 丈。那么这段水沟的容积是多少？

答：4375 立方尺。

春季所规定的每人日工作量为 766 立方尺，减去所挖土量的 $\frac{1}{5}$，实际日挖土量为 $612\frac{4}{5}$ 立方尺。那么，挖完这些土，需要多少人？

答：$7\frac{427}{3064}$ 人。

运算法则：列出原来每人日工作量，减去其 $\frac{1}{5}$，余数为除数。水沟的容积为被除数，被除数除以除数，得数为所需人数。

◎ 译解

（五）1 丈 5 尺 =15 尺，1 丈 =10 尺，7 丈 =70 尺，

体积 $= \frac{1}{2} \times (15+10) \times 5 \times 70 = 4375$ 立方尺。

所需人数 $= 4375 \div (766 - 766 \times \frac{1}{5}) = 4375 \div (766 - \frac{766}{5}) = 4375 \div 612\frac{4}{5}$ $= 7\frac{427}{3064}$ 人。

◎ 术解

（1）1 丈 5 尺 =15 尺，1 丈 =10 尺，7 丈 =70 尺，体 积 $= \frac{1}{2} \times (15+10) \times 5 \times 70 = 4375$ 立方尺。

（2）根据题意，减去 $\frac{1}{5}$，即是原来的 $\frac{4}{5}$，$677 \times \frac{4}{5} = 612\frac{4}{5}$。

（3）题中给出"定功"为 $612\frac{4}{5}$，实际上已给出答案，是题意的重复。求所需人数，直接用体积除以"定功"便可。

（4）即 $4375 \div 612\frac{4}{5} = 7\frac{427}{3064}$ 人。

原文

（六）今有堑上广一丈六尺三寸，下广一丈，深六尺三寸，衺一十三丈二尺一寸。问积几何？

答曰：一万九百四十三尺八寸。

夏程人功八百七十一尺。并出土功五分之一，沙砾水石[1]之功作太半，定功二百三十二尺一十五分尺之四。问用徒几何？

答曰：四十七人三千四百八十四分人之四百九。

术曰：置本人功，去其出土功五分之一，又去沙砾水石之功太半，余为法。以堑积尺为实。实如法而一，即用徒人数。

◎ 注释

（1）沙砾水石：这里指沙石泥土。

◎ 译文

（六）现有护城河，上底为 1 丈 6 尺 3 寸，下底为 1 丈，深为 6 尺 3 寸，纵长为 13 丈 2 尺 1 寸。那么这段护城河的容积是多少？

答：10943 立方尺 800 立方寸。

夏季所规定的每人日工作量为 871 立方尺，减去所挖土量的 $\frac{1}{5}$，再减去所挖沙石泥土量的 $\frac{2}{3}$，实际日挖土量为 $232\frac{4}{15}$ 立方尺。那么挖好护城河，需要多少人？

答：$47\frac{409}{3484}$ 人。

运算法则：列出原来每人日工作量，减去出土量的 $\frac{1}{5}$，再减去除去沙石泥土的 $\frac{2}{3}$，余数为除数。护城河的容积为被除数。被除数除以除数，得数为所需人数。

◎ 译解

（六）1 丈 6 尺 3 寸 =163 寸，1 丈 =100 寸，6 尺 3 寸 =63 寸，13 丈 2 尺

1 寸 =1321 寸，

体积 =[（163+100）×63]÷2×1321=10943824$\frac{1}{2}$立方寸 =10943 立方尺 824$\frac{1}{2}$立方寸。

古人为了计算简便，把 824$\frac{1}{2}$立方寸进行约简，约等于 800 立方寸。因而，护城河的容积约为 10943 立方尺 800 立方寸。

10943 立方尺 800 立方寸 =10943$\frac{4}{5}$立方尺。

所需人数 =10943$\frac{4}{5}$÷[871-871×$\frac{1}{5}$-$\frac{2}{3}$×（871-871×$\frac{1}{5}$）]=10943$\frac{4}{5}$÷232$\frac{4}{15}$=47$\frac{409}{3484}$人。

◎ **术解**

（1）1 丈 6 尺 3 寸 =163 寸，1 丈 =100 寸，6 尺 3 寸 =63 寸，13 丈 2 尺 1 寸 =1321 寸，

体积 =$\frac{1}{2}$×[（163+100）×63]×1321=10943824$\frac{1}{2}$立方寸 =10943 立方尺 824$\frac{1}{2}$立方寸 ≈10943 立方尺 800 立方寸。

（2）根据题意，减去 $\frac{1}{5}$，即是原来的 $\frac{4}{5}$，871×$\frac{4}{5}$=696$\frac{4}{5}$。再减去其 $\frac{2}{3}$，即为得数的 $\frac{1}{3}$，696$\frac{4}{5}$×$\frac{1}{3}$=232$\frac{4}{15}$。

（3）所需人数为，10943$\frac{4}{5}$÷232$\frac{4}{15}$=47$\frac{409}{3484}$人。

（4）与"五"相同，题中"定功"为实际上的工作量，求所需人数，直接用体积除以"定功"便可。

原文

（七）今有穿渠上广一丈八尺，下广三尺六寸，深一丈八尺，袤五万一千八百二十四尺。问积几何？

答曰：一千七万四千五百八十五尺六寸。

秋程人功三百尺，问用徒几何？

答曰：三万三千五百八十二人。功内少[1]一十四尺四寸。

一千人先到，问当受衰^{（2）}几何？

答曰：一百五十四丈三尺二寸八十一分寸之八。

术曰：以一人功尺数，乘先到人数为实。并渠上下广而半之，以深乘之为法。实如法得衰尺。

◎ **注释**

（1）功内少：少，不足，缺少。指总工作量不足的部分。

（2）受衰：能挖的长度。

◎ **译文**

（七）现有水渠，上底为1丈8尺，下底为3尺6寸，深为1丈8尺，纵长为51824尺。那么这段沟渠的容积是多少？

答：10074585立方尺600立方寸。

秋季所规定的每人日工作量为300立方尺，那么，挖好水渠，需要多少人？

答：33582人。其中不足部分为14立方尺400立方寸。

如果1000人先开挖，可以挖多长？

答：154丈3尺2$\frac{8}{81}$寸。

运算法则：用1人日工作量乘先到的人数，作为被除数。沟渠的上下底之和除以2，再乘深作为除数。被除数除以除数，得数为所求长度。

◎ **译解**

（七)1丈8尺=180寸,3尺6寸=36寸,1丈8尺=180寸,51824尺=518240寸，

水渠的容积=[（180+36）×180]÷2×518240=10074585600立方寸=10074585立方尺600立方寸。

所需人数=容积÷每人日工作量=10074585$\frac{3}{5}$÷300=33581$\frac{119}{125}$人，通过四舍五入，约等于33582人。

因人数进行了四舍五入，比实际上多了 $\frac{6}{125}$ 人，因此需计算出工程量不足的部分，即 $300 \times \frac{6}{125} = \frac{1800}{125} = 14\frac{2}{5}$ 立方尺 =14 立方尺 400 立方寸。

1000 人先开工，所挖长度 $=1000 \times 300 \div [(18+3\frac{2}{5}) \div 2 \times 18]=300000 \div 194\frac{2}{5}=$ $15432\frac{8}{81}$ 寸 =154 丈 3 尺 $2\frac{8}{81}$ 寸。

◎ **术解**

此题术解与译解相同，不再进行累述。

▌ **原文**

（八）今有方堡墒[1]，方一丈六尺，高一丈五尺。问积几何？

答曰：三千八百四十尺。

术曰：方[2]自乘，以高乘之，即积尺。

◎ **注释**

（1）方堡墒：墒，堡，土堆，土城。墒，土堡。方堡墒即长方体形状的土堡。

（2）方：长方体的底边长。

◎ **译文**

（八）现有长方体的土堡，底面为正方形，边长为 1 丈 6 尺，高为 1 丈 5 尺。那么这土堡的体积是多少？

答：3840 立方尺。

运算法则：底面边长互乘，再乘高，得数为所求土堡体积。

◎ **译解**

（八）体积 = 边长 × 边长 × 高，1 丈 6 尺 =16 尺，1 丈 5 尺 =15 尺。

体积 =16×16×15=3840 立方尺。

◎ **术解**

（1）先进行单位换算，1 丈 6 尺 =16 尺，1 丈 5 尺 =15 尺。

（2）假设体积为 V，边长为 a，高为 h，$V=a^2 \times h=16^2 \times 15=3840$ 立方尺。

（3）此题只交代底面为正方形，因此得出土堡为四棱柱，侧面可能为长方形或菱形。但是，此运算法则皆适应。若为正方体，则高与边长相等。计算公式为 $V=a^3$。

▌**原文**

（九）今有圆堡墙，周四丈八尺，高一丈一尺。问积几何？

答曰：二千一百一十二尺。

术曰：周自相乘，以高乘之，十二而一。

◎ **译文**

（九）现有圆柱形土堡，底面周长为 4 丈 8 尺，高为 1 丈 1 尺，那么该土堡体积是多少？

答：2112 立方尺。

运算法则：周长自乘，再乘高，除以 12，得数为体积。

◎ **译解**

（九）圆柱体积 = 周长 × 周长 × 高 ÷12，4 丈 8 尺 =48 尺，1 丈 1 尺 =11 尺。

体积 =48 × 48 × 11 ÷ 12=2112 立方尺。

◎ **术解**

（1）4 丈 8 尺 =48 尺，1 丈 1 尺 =11 尺。

（2）圆柱体积 = 底面积 × 高，圆面积 =π × 半径^2，而周长 =2π × 半径。得出，半径 = 周长 ÷2π，π=3，半径 =48÷（2×3）=8。

（3）体积 =π × 半径^2× 高 =3×8×8×11=2112 立方尺。

▮ 原文

（一〇）今有方亭[1]，下方五丈，上方四丈，高五丈。问积几何？

答曰：一十万一千六百六十六尺太半尺。

术曰：上下方相乘，又各自乘，并之，以高乘之，三而一。

◎ 注释

（1）方亭：方台，这里指两底面为正方形的棱柱体。

◎ 译文

（一〇）现有方台，下底边长为5丈，上底边长为4丈，高为5丈。那么该方台的体积是多少？

答：$101666\frac{2}{3}$ 立方尺。

运算法则：上底边和下底边相乘，再各自互相乘，得数相加，再乘高，除以3。得数为方台体积。

◎ 译解

（一〇）方台体积 =（上底 × 下底 + 上底 × 上底 + 下底 × 下底）× 高 ÷3，

5 丈 =50 尺，4 丈 =40 尺。

体积 =（50×40+50×50+40×40)×50÷3=6100×50÷3=$101666\frac{2}{3}$ 立方尺。

◎ 术解

（1）5 丈 =50 尺，4 丈 =40 尺。

（2）体积 =（上底面积 + 下底面积 + 上下底边长的积）× 高 × $\frac{1}{3}$，假设体积 V，上底边为 a，下底边为 b，高为 h，$V=\frac{1}{3}(a^2+b^2+ab)h$。

（3）体积 = $\frac{1}{3}$ ×（$40^2+50^2+40×50$)×50=$101666\frac{2}{3}$ 立方尺。

（4）由以上计算过程可看出，上底面积即为上底互乘，下底面积即为下底互乘，与题目中运算法则相符。

原文

（一）今有圆亭，下周三丈，上周二丈，高一丈。问积几何？

答曰：五百二十七尺九分尺之七。

术曰：上、下周相乘，又各自乘，并之，以高乘之，三十六而一。

◎ 译文

（一）现有圆亭，下底周长为 3 丈，上底周长为 2 丈，高为 1 丈。那么该圆亭的体积是多少？

答：$527\frac{7}{9}$ 立方尺。

运算法则：上、下底周长相乘，再各自互乘，得数相加，再乘高，除以36。得数为圆台体积。

◎ 译解

（一）圆台体积 =（上底周长 × 下底周长 + 上底周长 × 上底周长 + 下底周长 × 下底周长）× 高 ÷36，3 丈 =30 尺，2 丈 =20 尺，1 丈 =10 尺，

体积 =（20×30+30×30+20×20）× 10 ÷36=1900×10÷36=$527\frac{7}{9}$ 立方尺。

◎ 术解

（1）3 丈 =30 尺，2 丈 =20 尺，1 丈 =10 尺。

（2）圆台体积 =（上底周长^2+下底周长^2+上底周长 × 下底周长）× 高 ÷36，

体积 =（20^2+30^2+20×30）× 10 ÷36=$527\frac{7}{9}$ 立方尺。

（3）也可用另一种计算方式：圆面积 =π× 半径^2，周长 =2π× 半径。得出，半径 = 周长 ÷2π，π=3。上底半径 =20÷（2×3）=$\frac{10}{3}$，下底半径 =30÷（2×3）=5。

（4）圆台体积 = π × [（上底半径 + 下底半径）÷2]² × 高 =3 × [（ $\frac{10}{3}$ +5）÷2]² × 10=527 $\frac{7}{9}$ 立方尺。

原文

（一二）今有方锥[1]，下方二丈七尺，高二丈九尺。问积几何？

答曰：七千四十七尺。

术曰：下方自乘，以高乘之，三而一。

◎ 注释

（1）方锥：正四棱锥，底面为正方形，侧面为等腰三角形。

◎ 译文：

（一二）现有正四棱锥，底面边长为 2 丈 7 尺，高为 2 丈 9 尺，那么该正四棱锥的体积是多少？

答：7047 立方尺。

运算法则：底边互相乘，再乘高，除以 3，得数为该正四棱锥体积。

◎ 译解

（一二）正四棱锥体积 = 边长 × 边长 × 高 ÷3，2 丈 7 尺 =27 尺，2 丈 9 尺 =29 尺。

体积 =27 × 27 × 29 ÷3=7047 立方尺。

◎ 术解

（1）2 丈 7 尺 =27 尺，2 丈 9 尺 =29 尺。

（2）边长 × 边长 = 底面面积，得出正四棱锥体积 = 底面面积 × 高 ÷3。

由底面面积 × 高 = 正方体体积，得出正四棱锥体积 = $\frac{1}{3}$ 正方体体积。

（3）即体积 = $\frac{1}{3}$ 底面面积 × 高 = $\frac{1}{3}$ × 27 × 27 × 29=7047 立方尺。

（4）如四棱锥侧面不是等腰三角形，此公式也适用。

▍原文

（一三）今有圆锥，下周三丈五尺，高五丈一尺。问积几何？

答曰：一千七百三十五尺一十二分尺之五。

术曰：下周自乘，以高乘之，三十六而一。

◎ 译文

（一三）现有圆锥，下底周长为 3 丈 5 尺，高为 5 丈 1 尺。那么该圆锥的体积是多少？

答：$1735\frac{5}{12}$ 立方尺。

运算法则：下底周长互乘，再乘高，除以 36，得数为圆锥体积。

◎ 译解

（一三）圆锥体积 = 周长 × 周长 × 高 ÷36，3 丈 5 尺 =35 尺，5 丈 1 尺 = 51 尺。

体积 =35 × 35 × 51 ÷ 36=$1735\frac{5}{12}$ 立方尺。

◎ 术解

（1）3 丈 5 尺 =35 尺，5 丈 1 尺 =51 尺。

（2）底面面积 =π × 半径^2，周长 =2π × 半径。得出，半径 =35÷（2×3）= $\frac{35}{6}$ 尺。

（3）圆锥体积 = $\frac{1}{3}$ 圆柱体积 = $\frac{1}{3}$ × 底面积 × 高 = $\frac{1}{3}$ × 3 × $\left(\frac{35}{6}\right)^2$ × 51= $\frac{1225}{36}$ × 51= $\frac{62475}{36}$ 立方尺 =$1735\frac{5}{12}$ 立方尺。

（4）通过计算得出，与题目中法则周长 × 周长 × 高 ÷36 相符。同时，底面周长的平方是底面面积的 12 倍。

▌原文

（一四）今有堑堵⁽¹⁾，下广二丈，袤一十八丈六尺，高二丈五尺。问积几何？

答曰：四万六千五百尺。

术曰：广袤相乘，以高乘之，二而一。

◎ **注释**

（1）堑堵：两底面为直角三角形的直三棱柱。

◎ **译文**

（一四）现有直三棱柱，下底的直角边长宽为 2 丈，长为 18 丈 6 尺，高为 2 丈 5 尺。那么该三棱柱的体积是多少？

答：46500 立方尺。

运算法则：底边宽乘长，再乘高，除以 2。得数为该三棱柱的体积。

◎ **译解**

（一四）三棱柱体积 = 宽 × 长 × 高 ÷2，2 丈 =20 尺，18 丈 6 尺 =186 尺，2 丈 5 尺 =25 尺。

体积 =20×186×25÷2=46500 立方尺。

◎ **术解**

（1）两底面为直角三角形的直三棱柱，实际上是长方体沿着底面对角线斜切而成，体积为长方体的一半。即直三棱柱体积 $= \frac{1}{2}$ 长方体体积。

（2）长方体体积 = 宽 × 长 × 高，因此直三棱柱体积 $= \frac{1}{2}$ × 宽 × 长 × 高。体积 $= \frac{1}{2}$ ×20×186×25=46500 立方尺。

（3）也可用三角形面积 × 高，来计算三棱柱的体积。直角三角形面积 $= \frac{1}{2} \times$ 边长 $\times$ 边长 $= \frac{1}{2} \times 20 \times 186$，体积 $= \frac{1}{2} \times 20 \times 186 \times 25 = 46500$ 立方尺。

▌原文

（一五）今有阳马[1]，广五尺，袤七尺，高八尺。问积几何？

答曰：九十三尺少半尺。

术曰：广袤相乘，以高乘之，三而一。

◎ 注释

（1）阳马：底面为长方形或正方形，一条侧棱垂直于底面的四棱锥。

◎ 译文

（一五）现有四棱锥，底面的宽为 5 尺，长为 7 尺，高为 8 尺。那么，该四棱锥的体积是多少？

答：$93\frac{1}{3}$ 立方尺。

运算法则：宽乘长，再乘高，除以 3，得数为四棱锥的体积。

◎ 译解

（一五）四棱锥体积 = 宽 × 长 × 高 $\div 3 = 5 \times 7 \times 8 \div 3 = \frac{280}{3}$ 立方尺 $= 93\frac{1}{3}$ 立方尺。

◎ 术解

（1）前面已知，正四棱锥体积 $= \frac{1}{3}$ 底面积 × 高，此公式也适用于"阳马"。只是，阳马的高即其中一棱边，垂直于底面。

（2）阳马体积 $= \frac{1}{3}$ 底面积 × 高，底面积 = 宽 × 长，即体积 $= \frac{1}{3} \times$ 宽 × 长 × 高 $= \frac{1}{3} \times 57 \times 8 = 93\frac{1}{3}$ 立方尺。

（3）阳马体积 $= \frac{1}{3}$ 正方体或长方体体积。

▌原文

（一六）今有鳖臑⁽¹⁾，下广五尺，无袤，上袤四尺，无广，高七尺。问积几何？

答曰：二十三尺少半尺。

术曰：广袤相乘，以高乘之，六而一。

◎ 注释

（1）鳖臑：即三角锥，四个面都是直角三角形的三棱椎。

◎ 译文

（一六）现有三角锥，下底宽为 5 尺，无长。上底长为 4 尺，无宽。高为 7 尺。那么，该三棱锥的体积是多少？

答：$23\frac{1}{3}$ 立方尺。

运算法则：宽乘长，再乘高，除以 6，得数为三棱锥体积。

◎ 译解

三棱锥体积 = 宽 × 长 × 高 ÷6=5 × 4 × 7 ÷6=$\frac{140}{6}$立方尺 =$23\frac{1}{3}$ 立方尺。

◎ 术解

（1）把阳马从中间切开，可得到两个鳖臑，得出鳖臑体积 = $\frac{1}{2}$ 阳马体积。

阳马体积 = $\frac{1}{3}$ 长方体体积，因此，鳖臑体积 = $\frac{1}{6}$ 长方体体积 = $\frac{1}{6}$ × 长 × 宽 × 高 = $\frac{1}{6}$ ×5 × 4 × 7=$23\frac{1}{3}$ 立方尺。

（2）实际上，长方体，方锥、堑堵、阳马、鳖臑有相应的关系。假设一长方体的体积为 1，那么把长方体从地面对角线斜着切开，可以得到 2 个堑堵；把堑堵从侧面对角线斜着切开可以得到一个阳马、一个鳖臑；而阳马从底面对角线切开，可以得到两个鳖臑。

（3）得出，方锥 = $\frac{1}{3}$ 长方体，堑堵 = $\frac{1}{2}$ 长方体，阳马 = $\frac{1}{3}$ 长方体，鳖臑

$= \dfrac{1}{6}$ 长方体。

▋ 原文

（一七）今有羡除⁽¹⁾，下广六尺，上广一丈，深三尺，末广⁽²⁾八尺，无深，袤七尺。问积几何？

答曰：八十四尺。

术曰：并三广，以深乘之，又以袤乘之，六而一。

◎ 注释

（1）羡除：隧道。这里指三面为等腰梯形，其他两侧面为直角三角形的五面体。

（2）末广：末端的宽。

◎ 译文

（一七）现有五面体，前段下底宽为 6 尺，上底宽为 1 丈，深为 3 尺。末端的宽为 8 尺，无深，长为 7 尺。那么这五面体的体积是多少？

答：84 立方尺。

运算法则：三个宽相加，乘深，再乘长，除以 6，得数为五面体体积。

◎ 译解

五面体体积 =（下底宽 + 上底宽 + 末端宽）× 深 × 长 ÷6，1 丈 =10 尺，

体积 =（6+10+8）×3×7÷6=84 立方尺。

◎ 术解

此五面体的形状，上面平下面斜，即 2 个鳖臑和 1 个堑堵的形状。得出，羡除体积 =2 个鳖臑体积 + 堑堵体积。

▌原文

（一八）今有刍甍⁽¹⁾，下广三丈，袤四丈，上袤二丈，无广，高一丈。问积几何？

答曰：五千尺。

术曰：倍下袤，上袤从之，以广乘之，又以高乘之，六而一。

◎ 注释

（1）刍甍：茅草屋的屋顶。这里指底面为矩形、上底为一条线的五面体。

◎ 译文

（一八）现有屋脊状的五面体，底面宽为 3 丈，长为 4 丈；上底长为 2 丈，无宽，高为 1 丈。那么该五面体的体积是多少？

答：5000 立方尺。

运算法则：下底长的 2 倍，加上底长，和乘下底宽，再乘高，除以 6，得数为五面体体积。

◎ 译解

屋脊形五面体体积 =（下底长 ×2+ 上底长）× 下底宽 × 高 ÷6，

3 丈 =30 尺，4 丈 =40 尺，2 丈 =20 尺，1 丈 =10 尺，

体积 =（40×2+20）×30×10÷6=100×30×10÷6=30000÷6=5000 立方尺。

▌原文

刍童⁽¹⁾、曲池⁽²⁾、盘池⁽³⁾、冥谷⁽⁴⁾，皆同术。

术曰：倍上袤，下袤从之，亦倍下袤，上袤从之，各以其广乘之，并，以高若⁽⁵⁾深乘之，皆六而一。其曲池者，并上中、外周而半之，以为上袤；亦并下中、外周而半之，以为下袤。

（一九）今有刍童，下广二丈，袤三丈，上广三丈，袤四丈，高三丈。问积几何？

答曰：二万六千五百尺。

（二十）今有曲池，上中周二丈，外周四丈，广一丈，下中周一丈四尺，外周二丈四尺，广五尺，深一丈。问积几何？

答曰：一千八百八十三尺三寸少半寸。

（二一）今有盘池，上广六丈，袤八丈，下广四丈，袤六丈，深二丈。问积几何？

答曰：七万六百六十六尺太半尺。

负土[6]注来七十步，其二十步上下棚除[7]。棚除二当平道五[8]，踟蹰[9]之间十加一，载输[10]之间三十步，定一返[11]一百四十步。土笼积一尺六寸，秋程人功行五十九里半。问人到[12]积尺、用徒各几何？

答曰：人到二百四尺。用徒三百四十六人一百五十三分人之六十二。

术曰：以一笼积尺乘程行步数为实。注来上下，棚除二当平道五。置定注来步数，十加一，及载输之间三十步以为法。除之，所得即一人所到尺。以所到约积尺，即用徒人数。

◎ **注释**

（1）刍童：上下底都为长方形的草堆。即长方体的草堆。

（2）曲池：上下底都为扇形的水池。

（3）盘池：上下底都为盘子形的水池。

（4）冥谷：上下底都为长方形的墓穴。即长方体墓穴。

（5）若：或者。

（6）负土：负，背，背负。这里指用背筐运土。

（7）棚除：棚，楼阁。除，台阶。上下楼台和台阶。

（8）棚除二当平道五：上楼台和台阶2步相当于平道的5步。

（9）踌躇：走路不稳的样子，这里指因为背着土筐而步履维艰。

（10）载输：载，装。输，卸。

（11）一返：往返一次。

（12）人到：每人的日运土量。

◎ **译文**

刍童、曲池、盘池、冥谷，都适用于这一运算法则。

运算法则：上底长乘2，加下底长；下底长乘2，加上底长；得数分别乘各自的宽；得数再次相加，再乘高或深，除以6。

曲池，将上底中周长加外周长之和除以2，作为上底长；用下底中周长加外周长之和除以2，作为下底长。

（一九）现有长方体草堆，下底宽为2丈，长为3丈；上底宽3丈，长4丈；高为3丈。那么它的体积是多少？

答：26500立方尺。

（二十）现有扇形水池，上底中周长为2丈，外周长为4丈，宽为1丈；下底中周长为1丈4尺，外周长为2丈4尺，宽为5尺；深为1丈。那么它的容积是多少？

答：1883立方尺333$\frac{1}{3}$立方寸。

（二一）现有盘形水池，上底宽为6丈，长为8丈；下底宽4丈，长6丈；深为2丈。那么它的容积是多少？

答：70666$\frac{2}{3}$立方尺。

背筐运土往返一次需要70步，其中20步是上下楼梯，上下楼梯的2步相当于平道的5步；背土负重，步履蹒跚，每10步相当于11步；装卸土的时间为30步，因此往返一次共140步。土筐的容积为1立方尺600立方寸，秋季规定每人日工作量为59$\frac{1}{2}$里。那么，每人每天运输的土是多少立方尺？运完这些土需要多少人？

答：每人每天运输的土为204立方尺；需要346$\frac{62}{153}$人。

运算法则：用 1 筐土的容积乘每人每天的步数，得数作为被除数；上下楼梯 2 步按 5 步计算；列出往返的步数，满 10 就加 1，再加上装卸时间的 30 步，得数作为除数。被除数除以除数，得数为每人每天运输的土的容积。用盘池的容积除以每人每天运输的容积，得数为所需人数。

◎ 译解

（一九）2 丈 =20 尺，4 丈 =40 尺。

体积 =[（上底长 ×2+ 下底长）× 宽 +（下底长 ×2+ 上底长）× 宽]× 深 ÷6=[（40×2+30）×30+（30×2+40）×20]×30÷6=（3300+2000）×30÷6=26500 立方尺。

（二十）2 丈 =20 尺，4 丈 =40 尺，1 丈 =10 尺，1 丈 4 尺 =14 尺，2 丈 4 尺 =24 尺。

根据运算法则，曲池的上底长 =（上底中周长 + 上底外周长）÷2=（20+40）÷2=30 尺，下底长 =（下底中周长 + 下底外周长）÷2=（14+24）÷2=19 尺。

同理，体积 =[（30×2+19）×10+（19×2+30）×5]×10÷6=（790+340）×10÷6=1883$\frac{1}{3}$ 立方尺。$\frac{1}{3}$ 立方尺 =333$\frac{1}{3}$ 立方寸，得出 1883 立方尺 333$\frac{1}{3}$ 立方寸。

（二一）6 丈 =60 尺，8 丈 =80，4 丈 =40 尺，6 丈 =60 尺，2 丈 =20 尺，

同理，容积 =[（80×2+60）×60+（60×2+80）×40]×20÷6=（13200+8000）×20÷6=70666$\frac{2}{3}$ 立方尺。

所需人数 = 体积 ÷ 每人每天运土量，每人每天运土量 = 土筐容积 × 所规定的步数 ÷ 往返一次的步数，往返一次的步数 =（70-20+20×$\frac{5}{2}$）×$\frac{11}{10}$+30=100×$\frac{11}{10}$+30=110+30=140 步。

1 里 =300 步，所规定的步数为 59$\frac{1}{2}$ 里 =17850 步。

得出，每人日运土量 =1$\frac{3}{5}$ ×17850÷140=204 立方尺。所需人数 =70666$\frac{2}{3}$÷204=346$\frac{62}{153}$人。

◎ **术解**

以（二一）为例：

（1）先求盘池的容积，6 丈 =60 尺，8 丈 =80 尺，4 丈 =40 尺，2 丈 =20 尺，容积 =[（80×2+60）×60+（60×2+80）×40]×20÷6=（13200+8000）×20÷6= $70666\frac{2}{3}$ 立方尺。

（2）求每人每天运土的体积，根据计算法则，必须先求所规定的步数，以及往返一次的步数。

（3）往返一次的步数，由上下楼阁和台阶相当于平道5步，得出上下台阶的步数是平道的 $\frac{5}{2}$，即 $20×\frac{5}{2}$ =50步。背筐时，步履维艰，10步相当于11步，即相当于平道的 $\frac{11}{10}$。

（4）根据运算法则，还需要加装卸时的30步，即往返一次的步数 =（70-20+50）× $\frac{11}{10}$ +30=140步。实际上题中已经给出往返一次为140步，此为题意的重复。

（5）每人每天运土量 = 土筐容积 × 所规定的步数 ÷ 往返一次的步数，1 里 =300 步，$59\frac{1}{2}$ =$59\frac{1}{2}$ ×300=17850步。得出，每人每天运土量 =$1\frac{3}{5}$ ×17850÷140=204立方尺。

（6）所需人数 = 体积 ÷ 每人每天运土量 =$70666\frac{2}{3}$ ÷204=$346\frac{62}{153}$人。

（7）注意，（二十）中一千八百八十三尺三寸少半寸，尺为立方尺，寸为立方寸。1 立方尺 =1000 立方寸，三寸少半寸实际上为 $333\frac{1}{3}$ 立方寸。

▌原文

（二二）今有冥谷，上广二丈，袤七丈，下广八尺，袤四丈，深六丈五尺。问积几何？

答曰：五万二千尺。

载土 [1] 注来二百步，载输之间一里，程行五十八里，六人共车，车载三十四尺七寸。问人到积尺及用徒各几何？

答曰：人到二百一尺五十分尺之十三。用徒二百五十八人一万六十三分人之三千七百四十六。

术曰：以一车积尺乘程行步数为实。置今注来步数，加载输之间一里，以车六人乘之，为法。除之，所得即一人所到尺。以所到约积尺，即用徒人数。

◎ **注释**

（1）载土：用车来运输土。

◎ **译文**

（二二）现有冥谷上底宽为2丈，长为7丈；下底宽为8尺，长为4丈；深为6丈5尺。那么它的容积是多少？

答：52000立方尺。

用车运输泥土，每次往返200步，装卸的时间折算为1里，每人每日的全程为58里；现6个人推一辆车，每辆车可装载34立方尺700立方寸。那么每人每天运输多少土？运完这些土需要多少人？

答：每人每天可运 $201\frac{13}{50}$ 立方尺；需要 $258\frac{3746}{10063}$ 人。

运算法则：用每车可装载的容积乘每人每日的步数，作为被除数。列出往返的步数，加上装载的1里，再乘每车所需的6人，得数为除数。被除数除以除数，得数为每人每天运输的数量。用冥谷的容积除以每人每天的运输量，得数为所需人数。

◎ **译解：**

（二二）冥谷容积 =[（上底长×2+下底长）× 宽 +（下底长×2+上底长）× 宽]× 深 ÷6，

2丈 =20尺，7丈 =70尺，4丈 =40尺，6丈5尺 =65尺。

容积 =[（70×2+40）×20+（40×2+70）×8]×65÷6=（3600+1200）×65÷6=52000立方尺。

每人日运输量=（每车容积 × 每人日步数）÷（往返步数 × 每车所需人数），

1 里 =300 步，每人日步数 =58 里 =58×300=17400 步，往返的步数 =200+300=500 步，34 立方尺 700 立方寸 =34 $\frac{7}{10}$ 立方尺，

每人日运输量 =34 $\frac{7}{10}$ ×17400÷（500×6）=603780÷3000=201 $\frac{13}{50}$ 立方尺。

所需人数 = 冥谷容积 ÷ 每人日运输量 =52000÷201 $\frac{13}{50}$=258 $\frac{3746}{10063}$ 人。

◎ 术解

此题术解与译解相同，不再累述。

注意，题中出现分数，应进行通分再作除法。同时，题中车载 34 尺七寸，计算时应转变为立方尺、立方寸，34 立方尺 700 立方寸 =34 $\frac{7}{10}$ 立方尺，7 寸为 700 立方寸。

▋ 原文

（二三）今有委粟平地⁽¹⁾，下周一十二丈，高二丈。问积及为粟几何？

答曰：积八千尺。为粟二千九百六十二斛二十七分斛之二十六。

（二四）今有委菽依垣⁽²⁾，下周三丈，高七尺。问积及为菽各几何？

答曰：积三百五十尺。为菽一百四十四斛二百四十三分斛之八。

（二五）今有委米依垣内角⁽³⁾，下周八尺，高五尺。问积及为米几何？

答曰：积三十五尺九分尺之五。为米二十一斛七百二十九分斛之六百九十一。

委粟术⁽⁴⁾ 曰：下周自乘，以高乘之，三十六而一。其依垣者，

十八而一。其依垣内角者，九而一。

　　程粟一斛，积二尺七寸。其米一斛，积一尺六寸五分寸之一。其菽、荅、麻、麦一斛，皆二尺四寸十分寸之三。

◎ 注释

（1）委粟平地：委，堆放，堆积。在平地堆放粟米，粟米堆形成圆锥。

（2）委菽依垣：依，靠着，挨着。靠着墙堆放豆类，豆类堆形成半个圆锥。

（3）委米依垣内角：内角，墙的内角。靠着墙的内角堆积米，米堆形成 $\frac{1}{4}$ 个圆锥。

（4）委粟术：计算粟米堆体积的运算法则。

◎ 译文

（二三）现将粟米堆放在平地，下周长为 12 丈，高为 2 丈。那么这堆粟米的体积是多少？这堆粟米的重量是多少？

答：体积为 8000 立方尺；粟米的重量为 $2962\frac{26}{27}$ 斛。

（二四）现将豆类靠着墙堆放，下周长为 3 丈，高为 7 尺。那么这堆豆类的体积是多少？这堆豆类的重量是多少？

答：体积为 350 立方尺；豆类的重量为 $144\frac{8}{243}$ 斛。

（二五）现将米堆放在墙内角，下周长为 8 尺，高为 5 尺。那么这堆米的体积是多少？这堆米的重量是多少？

答：体积为 $35\frac{5}{9}$ 立方尺；米的重量为 $21\frac{691}{729}$ 斛。

堆放粟米的运算法则：下周长自相乘，再乘高，除以 36，得数为所求粟米体积。当靠着墙堆放时，除以 18；当靠着墙内角堆放时，除以 9。

古时规定，1 斛粟米 =2 立方尺 700 立方寸；1 斛米 =1 立方尺 620 立方寸；1 斛豆类、小豆、麻、麦的体积都为 =2 立方尺 430 立方寸。

◎ **译解**

（二三）粟米体积 = 周长 × 周长 × 高 ÷36，12 丈 =120 尺，2 丈 =20 尺，体积 =120×120×20÷36=8000 立方尺。

1 斛粟米 =2 立方尺 700 立方寸 =2$\frac{7}{10}$ 立方尺，所求粟米量 = 体积 ÷1 斛粟米的体积 =8000÷2$\frac{7}{10}$ =2962$\frac{26}{27}$ 斛。

（二四）豆类体积 = 周长 × 周长 × 高 ÷18，3 丈 =30 尺，体积 =30×30×7÷18=350 立方尺。

1 斛豆类 =2 立方尺 430 立方寸 =2$\frac{43}{100}$ 立方尺，

同理，350÷2$\frac{43}{100}$ =144$\frac{8}{243}$ 斛。

（二五）米体积 = 周长 × 周长 × 高 ÷9=8×8×5÷9=35$\frac{5}{9}$ 立方尺。

1 斛米 =1 立方尺 620 立方寸 =1$\frac{31}{50}$ 立方尺，

同理，35$\frac{5}{9}$ ÷1$\frac{31}{50}$ =$\frac{320}{9}$ ÷$\frac{81}{50}$ =$\frac{320×50}{9×81}$ =$\frac{16000}{729}$ 斛 =21$\frac{691}{729}$ 斛。

◎ **术解**

以（二四）为例：

（1）外周长为 3 丈 =30 尺，根据题意，靠墙堆放豆类实际上为半圆锥，周长是圆锥周长的一半。按照圆锥体积计算，周长应乘 2，即 30×2=60。

（2）圆锥 = 周长 × 周长 × 高 ÷36=60×60×7÷36=700 立方尺。

（3）半圆锥的体积 =700÷2=350 立方尺。

（4）根据计算过程，半圆锥体积 =（30×2）×（30×2）×7÷36÷2=30×30×2×2×7÷（36×2），约简后为，30×30×7÷18，与题中运算法则相符。

（5）所求豆类数量 = 体积 ÷1 斛豆类的体积 =350÷2$\frac{43}{100}$ =144$\frac{8}{243}$ 斛。

（6）注意，二尺七寸 =2 立方尺 700 立方寸，一尺六寸五分寸之一 =1 立方尺 620 立方寸，二尺四寸十分寸之三 =2 立方尺 430 立方寸。

▌ 原文

（二六）今有穿地，袤一丈六尺，深一丈，上广六尺，为垣[1]积五百七十六尺。问穿地下广几何？

答曰：三尺五分尺之三。

术曰：置垣积尺，四之为实。以深、袤相乘，又以三之为法。所得倍之，减上广，余即下广。

◎ 注释

（1）为垣：这里指把所挖的土筑成墙。

◎ 译文

（二六）现挖坑，长为1丈6尺，深为1丈，上底宽为6尺。用所挖的土筑墙，体积为576立方尺，那么所挖坑的下底宽是多少？

答：$3\frac{3}{5}$ 尺。

运算法则：所挖土筑墙的体积乘4，得数为被除数。深乘长，再乘3，得数为除数。被除数除以除数，得数乘2，再减去上底宽。得数为下底宽。

◎ 译解

下底宽=（墙体积×4）÷（深×长×3）÷2-上底宽，

1丈6尺=16尺，1丈=10尺，

下底宽=（576×4）÷（10×16×3）×2-6=2304÷480×2-6=$4\frac{4}{5}$×2-6=$9\frac{3}{5}$-6=$3\frac{3}{5}$尺。

◎ 术解

（1）1丈6尺=16尺，1丈=10尺。

（2）已知所挖坑的上下底面都是长方形，且上下底面长不同，得出其形状是侧面是等腰梯形的直棱柱，体积=（上底宽+下底宽）×长×深÷2。

（3）得出，下底宽=墙体积×2÷长÷深-上底宽。

（4）又因为古时规定，挖坑为4，筑墙的土为坚土，挖坑：坚土 =4:3，已知坚土为 576 立方尺，那么挖坑体积 $=576 \times \frac{4}{3} =576 \times \frac{4}{3}$。

（5）进而得出，下底宽 $=576 \times \frac{4}{3} \times 2 \div 16 \div 10-6= \frac{576 \times 4 \times 2}{3 \times 16 \times 10} -6=9\frac{3}{5} -6= 3\frac{3}{5}$ 尺。

▌原文

（二七）今有仓[1]，广三丈，袤四丈五尺，容粟[2]一万斛。问高几何？

答曰：二丈。

术曰：置粟一万斛积尺为实。广袤相乘为法。实如法而一，得高尺。

◎ 注释

（1）仓：粮仓。这里指长方体粮仓。

（2）容粟：容，容纳。这里指可容纳的粟米容积。

◎ 译文

（二七）现有长方体粮仓，宽为 3 丈，长为 4 丈 5 尺。该粮仓能容纳 10000 斛粟米，那么其高是多少？

答：2 丈。

运算法则：把粟米的斛数换算为体积，作为被除数。宽乘长作为除数。被除数除以除数，得数为粮仓的高。

◎ 译解

（二七）10000 斛粟米 =27000 立方尺，作为体积，3 丈 =30 尺，4 丈 5 尺 =45 尺，

高 = 体积 ÷（宽 × 长）=27000 ÷（30 × 45）=20 尺 =2 丈。

◎ 术解

（1）根据题意，此粮仓为长方体，得出体积＝长 × 宽 × 高。高＝体积 ÷（宽 × 长）=27000÷（30×45）=20 尺 =2 丈。

（2）注意单位的换算，1 斛粟米 =2 立方尺 7000 立方寸，10000 斛粟米 =27000 立方尺。

▌原文

（二八）今有圆囷[1]，高一丈三尺三寸少半寸，容米二千斛。问周几何？

答曰：五丈四尺。

术曰：置米积尺，以十二乘之，令高而一，所得，开方除之，即周。

◎ 注释

（1）圆囷：古代圆柱形的粮仓。

◎ 译文

（二八）现有圆柱体粮仓，高为 1 丈 3 尺 3 $\frac{1}{3}$ 寸。该粮仓可容纳米 2000 斛，那么其周长是多少？

答：5 丈 4 尺。

运算法则：将米的斛数换算为体积，乘 12，再除以高。得数开平方，即为所求周长。

◎ 译解

（二八）2000 斛 =3240 立方尺 =3240000 立方寸，1 丈 3 尺 3 $\frac{1}{3}$ 寸 =133 $\frac{1}{3}$ 寸，

周长 $= \sqrt{3240000 \times 12 \div 133\frac{1}{3}} = \sqrt{291600} = 540$ 寸 =5 丈 4 尺。

◎ **术解**

（1）2000 斛 =3240 立方尺 =3240000 立方寸，1 丈 3 尺 3 $\frac{1}{3}$ 寸 =133 $\frac{1}{3}$ 寸。

（2）圆柱体积 = 周长 × 周长 × 高 ÷12，得出周长 = $\sqrt{体积 \times 12 \div 高}$ = $\sqrt{3240000 \times 12 \div 133\frac{1}{3}}$ =540 寸 =5 丈 4 尺。

（3）也可先求出半径，已知体积 =π× 半径 ^{2}× 高，π=3，半径 = $\sqrt{体积 \div 高 \div 3}$ = $\sqrt{3240000 \times 12 \div 133\frac{1}{3}}$ =90 尺。

（4）周长 =2×π× 半径 =2×3×90=540 尺 =5 丈 4 尺。

卷六

均输

均输术曰：令县户数，各如其本行道日数而一，以为衰。甲衰一百二十五，乙、丙衰各九十五，丁衰六十一，副并为法。以赋粟、车数乘未并者，各自为实。实如法得一车。有分者上下辈之。以二十五斛乘车数，即粟数。

今有均赋粟，甲县二万五百二十户，粟一斛二十钱，自输其县；乙县一万二千三百一十二户，粟一斛一十钱，至输所二百里；丙县七千一百八十二户，粟一斛一十二钱，至输所一百五十里；丁县一万三千三百三十八户，粟一斛一十七钱，至输所二百五十里；戊县五千一百三十户，粟一斛一十三钱，至输所一百五十里。凡五县赋，输粟一万斛。一车载二十五斛，与僦一里一钱。欲以县户输粟，令费劳等。

原文

（一）今有均输⁽¹⁾粟：甲县一万户，行道八日；乙县九千五百户，行道十日；丙县一万二千三百五十户，行道十三日；丁县一万二千二百户，行道二十日，各到输所⁽²⁾。凡四县赋，当输二十五万斛，用车一万乘⁽³⁾。欲以道里远近，户数多少，衰出之。问粟、车各几何？

答曰：甲县粟八万三千一百斛，车三千三百二十四乘。乙县粟六万三千一百七十五斛，车二千五百二十七乘。丙县粟六万三千一百七十五斛，车二千五百二十七乘。丁县粟四万五百五十斛，车一千六百二十二乘。

均输术曰：令县户数，各如其本行道日数而一，以为衰。甲衰一百二十五，乙、丙衰各九十五，丁衰六十一，副并为法。以赋粟、车数乘未并者，各自为实。实如法得一车。有分者上下辈之⁽⁴⁾。以二十五斛乘车数，即粟数。

◎ 注释

（1）均输：分摊及运输。

（2）输所：收纳运送来的赋粟的地方。

（3）乘：量词，古代马匹拉的车一辆为一乘。

（4）有分者上下辈之：有分子的情况下，根据分子、分母进行四舍五入。如 $25\frac{8}{17}$，$8 < \frac{17}{2}$，根据四舍五入，约等于 25；又如 $36\frac{27}{50}$，$27 > \frac{50}{2}$，根据四舍五入，约等于 37。

◎ 译文

现要按照户数征收公粮，分摊运输公粮的车辆：甲县有 10000 户，距离收粮所有 8 日的路程；乙县有 9500 户，距离收粮所有 10 日的路程；丙县有 12350 户，距离收粮所有 13 日的路程；丙县有 12200 户，距离收粮所有 20 日的路程。四县上缴的公粮总计 250000 斛，运粮车总计 10000 辆。现在按照道路的远近，各县户数的多少，按比例分摊。问每个县城运送的粮食、运粮车辆各有多少？

答：甲县运送的粟有 83100 斛，运粮车 3324 ；乙县运送的粟有 63175 斛，运粮车 2527 辆；丙县运送的粟有 63175 斛，运粮车 2527 辆；丁县运送的粟有 40550 斛，运粮车为 1622 辆。

运算法则：用各县的户数各除以各县运输路程的天数，以此各作衰数。甲县的衰数为 125，乙县和丙县的衰数都是 95，丁县的衰数为 61，将各县衰数相加作为除数。用总运粮车数乘各县的衰数，各自作为被除数。用被除数除以除数，得到各县的车辆数。有分数出现时，按照四舍五入得一个整数。以每车 25 斛乘各县运粮车数，即可得到各县粟数。

◎ **译解**

（一）各县每日征粮户数：各县总户数除以各县运输天数。用各县每日征收的户数相比，得到的甲、乙、丙、丁的比数各为 125、95、95、61。

各县比数相加为 376，总比数除各县比数，得到各县运粮车的分配率，即甲县 $\frac{125}{376}$、乙县 $\frac{95}{376}$、丙县 $\frac{95}{376}$、丁县 $\frac{61}{376}$。

总运输车数乘各县车辆分配率，即为各县的运粮车数，甲县 $10000\frac{125}{376}=3324\frac{22}{47}$ 辆 ≈3324 辆；乙县 $10000\times\frac{95}{376}=2526\frac{28}{47}$ 辆 ≈2527 辆；丙县 $10000\times\frac{95}{376}=2526\frac{28}{47}$ 辆 ≈2527 辆；丁县 $10000\times\frac{61}{376}=1622\frac{16}{47}$ 辆 ≈1622 辆。

四县总运粮数除以总运粮车数，即为每辆车的运粟数。$250000\div10000=25$ 斛。用每辆车运送的粟数乘各县运粮车数，即能得出各县的运粟数。甲县 $25\times3324=83100$ 斛；乙县 $25\times2527=63175$ 斛；丙县 $25\times2527=63175$ 斛；丁县 $25\times1622=40550$ 斛。

◎ **术解**

（1）各县平均每日征粮的户数为：

甲县：$10000\div8=1250$ ；乙县：$9500\div10=950$ ；

丙县：12350÷13=950；丁县：12200÷20=610。

甲县：乙县：丙县：丁县 =1250:950:950:610=125:95:95:61，

（2）各县比率相加：125+95+95+61=376，以此作为除数。

总运输车数乘各县的比率，各作为被除数，即甲县 10000×125=1250000，乙县 10000×95=950000，丙县 10000×95=950000，丁县 10000×61=610000。

（3）被除数除以除数为各县运粮车数，即甲县 1250000÷376=3324 $\frac{22}{47}$ 辆 ≈3324 辆，乙县 95000÷376=2526 $\frac{28}{47}$ 辆 ≈2527 辆，丙县 950000÷376=2526 $\frac{28}{47}$ 辆 ≈2527 辆，丁县 610000÷376=1622 $\frac{16}{47}$ 辆 ≈1622 辆。

（4）因四县总公粮数为 250000 斛，总运粮车数为 10000 辆，即每辆车的运粟数为：250000÷10000=25 斛。用每车 25 斛与各县运粮车相乘，即为各县运粟数。甲县 25×3324=83100 斛，乙县 25×2527=63175 斛，丙县 25×2527=63175 斛，丁县 25×1622=40550 斛。

▌ 原文

（二）今有均输卒[1]：甲县一千二百人，薄塞[2]；乙县一千五百五十人，行道一日；丙县一千二百八十人，行道二日；丁县九百九十人，行道三日；戊县一千七百五十人，行道五日。凡五县，赋输卒一月一千二百人。欲以远近、户率多少衰出之。问县各几何？

答曰：甲县二百二十九人。乙县二百八十六人。丙县二百二十八人。丁县一百七十一人。戊县二百八十六人。

术曰：令县卒，各如其居所及行道日数而一，以为衰。甲衰四，乙衰五，丙衰四，丁衰三，戊衰五，副并为法。以人数乘未并者各自为实。实如法而一。有分者，上下辈之。

◎ **注释**

（1）卒：旧时被征调服徭役的人。

（2）薄塞：边塞。

◎ **译文**

（二）现要分摊役卒：甲县有 1200 人，该县靠近边塞；乙县有 1550 人，到边塞需要走 1 天；丙县有 1280 人，到边塞需要走 2 天；丁县有 990 人，到边塞需要走 3 天；戊县有 1750 人，到边塞需要走 5 天。五个县城总计役卒 1200 人，服役 1 个月。各县按照路程的远近、户数的多少，按照比列来分摊。问各县分摊的役卒数各位多少？

答：甲县分摊的役卒数为 229 人；乙县分摊的役卒数为 286 人；丙县分摊的役卒数 228 人；丁县分摊的役卒数 171 人；戊县分摊的役卒数为 286 人。

运算法则：用役卒的总人数，分别除以各县服役的天数及行程天数的和，以此作为衰数。甲县衰数为 4，乙县的衰数为 5，丙县的衰数为 4，丁县的衰数为 3，戊县的衰数为 5。将各县的衰数相加作为除数，以总役卒数乘各县衰数，各自作为被除数。用被除数除以除数，得数为各县分摊的人数。答案出现分数的话，按照四舍五入得一个整数。

◎ **译解**

（二）各县役卒每日分配比率为甲县 $1200 \div 30 = 40$，乙县 $1200 \div (30+1) = 50$，丙县 $1200 \div (30+2) = 40$，丁县 $1200 \div (30+3) = 30$，戊县 $1200 \div (30+5) = 50$。

$40:50:40:30:50 = 4:5:4:3:5$，$4+5+4+3+5 = 21$。以此作为除数。

总役卒数乘各县的分配比率，甲县 $1200 \times 4 = 4800$、乙县 $1200 \times 5 = 6000$、丙县 $1200 \times 4 = 4800$、丁县 $1200 \times 3 = 3600$、戊县 $1200 \times 5 = 6000$。以此各作为被除数。

被除数除以除数为各县役卒数，即甲县 $4800 \div 21 = 228\frac{4}{7}$ 人 ≈ 229 人，乙县 $6000 \div 21 = 285\frac{5}{7}$ 人 ≈ 286 人，丙县 $4800 \div 21 = 228\frac{4}{7}$ 人 ≈ 229 人（古人取

228 人，有误差），丁县 $3600 \div 21 = 171\frac{3}{7}$ 人 ≈171 人，戊县 $6000 \div 21 = 285\frac{5}{7}$ 人 ≈286 人。

◎ 术解

按每月 30 日计算，各县每日分摊的役卒数为：总役卒数 ÷（每月 30 日 + 行程天数），得到五县每日的分摊人数为 40、50、40、30、50。

（2）将各县每日分摊的役卒人数相比，得到 4:5:4:3:5。

（3）各县每日分摊的役卒人数相加，4+5+4+3+5=21，用各县每日分摊的役卒人数的比除以各县每日分摊役卒人数的比和，即可得到各县役卒人数的分配率，即甲县 $4 \div 21 = \frac{4}{21}$，乙县 $5 \div 21 = \frac{5}{21}$，丙县 $4 \div 21 = \frac{4}{21}$，丁县 $3 \div 21 = \frac{3}{21}$，戊县 $5 \div 21 = \frac{5}{21}$。

（4）用总役卒数乘各县役卒数的分配率，即为各县役卒的人数，即甲县 $1200 \times \frac{4}{21} = 228\frac{4}{7}$ 人 ≈229 人，乙县 $1200 \times \frac{5}{21} = 285\frac{5}{7}$ 人 ≈286 人，丙县 $1200 \times \frac{4}{21} = 228\frac{4}{7}$ 人 ≈229 人，丁县 $1200 \times \frac{3}{21} = 171\frac{3}{7}$ 人 ≈171 人，戊县 $1200 \times \frac{5}{21} = 285\frac{5}{7}$ 人 ≈286 人。

（5）在甲县和丙县的役卒数中，都含有分数 $\frac{4}{7}$，如果按照四舍五入的话，总役卒数将会是 1201 人，不符合题中的总役卒数 1200 人。为了解决多出来的 1 人，古人会按照路程从近的调配原则，减去丙县中的一人，故丙县为 228 人。

原文

今有均赋粟，甲县二万五百二十户，粟一斛二十钱，自输其县；乙县一万二千三百一十二户，粟一斛一十钱，至输所二百里；丙县七千一百八十二户，粟一斛一十二钱，至输所一百五十里；丁县一万三千三百三十八户，粟一斛一十七钱，至输所二百五十里；戊县五千一百三十户，粟一斛一十三钱，至输所一百五十里。凡五县赋，输粟一万斛。一车载二十五斛，与僦$^{(1)}$一里一钱。欲以县户输粟，令费劳等$^{(2)}$。问县各粟几何？

答曰：甲县三千五百七十一斛二千八百七十三分斛之五百一十七。乙县二千三百八十斛二千八百七十三分斛之二千二百六十。丙县一千三百八十八斛二千八百七十三分斛之二千二百七十六。丁县一千七百一十九斛二千八百七十三分斛之一千三百一十三。戊县九百三十九斛二千八百七十三分斛之二千二百五十三。

术曰：以一里僦价，乘至输所里，以一车二十五斛除之，加一斛粟价，则致一斛之费。各以约其户数，为衰。甲衰一千二十六，乙衰六百八十四，丙衰三百九十九，丁衰四百九十四，戊衰二百七十，副并为法。所赋粟乘未并者，各自为实。实如法得一。

◎ **注释**

（1）与僦：与，指给予。僦，指运输费。给运输费。

（2）令费劳等：令每户承担的费用相等。

◎ **译文**

（三）现要分摊赋粟：甲县有 20520 户，每斛粟的价格为 20 钱，自行送去本县；乙县有 12312 户，每斛粟的价格为 10 钱，距离收粮地 200 里；丙县有 7182 户，每斛粟的价格为 12 钱，距离收粮地 150 里；丁县有 13338 户，每斛粟的价格为 17 钱，距离收粮地 250 里；戊县有 5130 户，每斛粟的价格为 13 钱，距离收粮地 150 里。五县总计赋粟数为 10000 斛。每辆车可运 25 斛，每 1 里运费为 1 钱。现按照各个县城运送的赋粟，使各县的花费相等。问各个县分摊的赋粟是多少？

答：甲县分摊的赋粟为 $3571\frac{517}{2873}$ 斛；乙县分摊的赋粟为 $2380\frac{2260}{2873}$ 斛；丙县分摊的赋粟为 $1388\frac{2276}{2873}$ 斛；丁县分摊的赋粟为 $1719\frac{1313}{2873}$ 斛；戊县分摊的赋粟为 $939\frac{2253}{2873}$ 斛。

运算法则：用各县 1 里地的运费乘各县距离收粮地的里数，再除以一辆车运送的赋粟 25 斛，再加上各县每斛粟的价格，得到各县每斛粟的运费。用各县的户数除以各县每斛粟的运费，得到各县的衰数。即甲县衰数是 1026，乙县衰数是 684，丙县衰数是 399，丁县衰数是 494，戊县衰数是 270。将各县的衰数相加作除数，以总赋粟数乘没有相加的各县衰数，各自作为被除数。用被除数除以除数，得数为各县分摊的赋粟数。

◎ **译解**

各县 1 里地的运费为 1 钱，各县每斛粟的运费为：甲县 20 钱、乙县 $1×200÷25+10=18$ 钱、丙县 $1×150÷25+12=18$ 钱、丁县 $1×250÷25+17=27$ 钱、戊县 $1×（150÷25）+13=19$ 钱。

各县户数除以每斛粟的运费，为每县每户分摊钱的比率，$20520÷20=1026$，$12312÷18=684$，$7182÷18=399$，$13338÷27=494$，$5130÷19=270$。

将各县每户分摊的比率相加，作为除数，$1026+684+399+494+270=2873$。

以总粟数乘各县每户分摊的比率，各作被除数，$10000×1026=10260000$，$10000×684=6840000$，$10000×399=3990000$，$10000×494=4940000$，$10000×270=2700000$。

被除数除以除数为各县分摊的赋粟数，即甲县 $10260000÷2873=3571\frac{517}{2873}$ 斛，乙县 $6840000÷2873=2380\frac{2260}{2873}$ 斛，丙县 $3990000÷2873=1388\frac{2276}{2873}$ 斛，丁县 $4940000÷2873=1719\frac{1313}{2873}$ 斛，戊县 $2700000÷2873=939\frac{2253}{2873}$ 斛。

◎ **术解**

先求每车每斛粟送至收粮地的价格，即 1 里 1 钱 ×（各县距离收粮地的距离 ÷ 每辆车 25 斛粟）+ 各县每里的运费，得到甲、乙、丙、丁、戊县的每车每斛粟运费分别为 20、18、18、27、19。

用各县的户数除以各县每车每斛粟的运费，可得到各县每户分摊的钱的比数，即甲县：乙县：丙县：丁县：戊县 =1026:684:399:494:270。

将各县每户分摊的钱的比数相加，1026+684+399+494+270=2873。

（4）用各县每户分摊钱的比数除以各县每户分摊的钱的比数的和，得到各县分摊赋粟的分配率，即甲县 $1026 \div 2873 = \frac{1026}{2873}$、乙县 $684 \div 2873 = \frac{684}{2873}$、丙县 $399 \div 2873 = \frac{399}{2873}$、丁县 $494 \div 2873 = \frac{494}{2873}$、戊县 $270 \div 2873 = \frac{270}{2873}$。

（5）用总赋粟数 10000 乘各县分摊赋粟的分配率，即可得到各县分摊赋粟数，甲县 $10000 \times \frac{1026}{2873} = 3571\frac{517}{2873}$ 斛，乙县：$10000 \times \frac{684}{2873} = 2380\frac{2260}{2873}$ 斛，丙县 $10000 \times \frac{399}{2873} = 1388\frac{2276}{2873}$ 斛，丁县 $10000 \times \frac{494}{2873} = 1719\frac{1313}{2873}$ 斛，戊县 $10000 \times \frac{270}{2873} = 939\frac{2253}{2873}$ 斛。

▌原文

（四）今有均赋粟，甲县四万二千算，粟一斛二十，佣价一日一钱，自输其县；乙县三万四千二百七十二算，粟一斛一十八，佣价[1]一日一十钱，到输所七十里；丙县一万九千三百二十八算，粟一斛一十六，佣价一日五钱，到输所一百四十里；丁县一万七千七百算，粟一斛一十四，佣价一日五钱，到输所一百七十五里；戊县二万三千四十算，粟一斛一十二，佣价一日五钱，到输所二百一十里；己县一万九千一百三十六算，粟一斛一十，佣价一日五钱，到输所二百八十里。凡六县赋粟六万斛，皆输甲县。六人共车，车载二十五斛，重车日行五十里，空车日行七十里，载输之间各一日。粟有贵贱[2]，佣各别价[3]，以算出钱，令费劳等。问县各粟几何？

答曰：甲县一万八千九百四十七斛一百三十三分斛之四十九。乙县一万八百二十七斛一百三十三分斛之九。丙县七千二百一十八斛一百三十三分斛之六。丁县六千七百六十六斛一百三十三分斛之一百二十二。戊县九千二十二斛一百三十三分斛之七十四。己县七千二百一十八斛一百三十三分斛之六。

术曰：以车程行空、重相乘为法，并空、重以乘道里，各自为实，实如法浔一日。加载输各一日，而以六人乘之，又以佣价乘之，以二十五斛除之，加一斛粟价，即致一斛之费。各以约其算数为衰，副并为法，以所赋粟乘未并者，各自为实。实如法浔一斛。

◎ 注释

（1）佣价：雇用搬运工人的费用。

（2）贵贱：这里指好坏。

（3）别价：不同的价格。

◎ 译文

（四）现要分摊赋粟：甲县有 42000 算，每斛粟的价格为 20 钱，自行送去本县收粮地；乙县有 34272 算，每斛粟的价格为 18 钱，雇用搬运工人的费用是每人每日 10 钱，距离收粮地有 70 里；丙县有 19328 算，每斛粟的价格为 16 钱，雇用搬运工人的费用是每人每日 5 钱，距离收粮地有 140 里；丁县有 17700 算，每斛粟的价格为 14 钱，雇用搬运工人的费用是每人每日 5 钱，距离收粮地有 175 里；戊县有 23040 算，每斛粟的价格为 12 钱，雇用搬运工人的费用是每人每日 5 钱，距离收粮地 210 里；己县有 19136 算，每斛粟的价格为 10 钱，雇用搬运工人的费用是每人每日 5 钱，距离收粮地有 280 里。六县总赋粟数为 60000 斛，全都送去甲县。每辆车需 6 名搬运工人，每车装赋粟 25 斛，重车每日能行 50 里，空车每日能行 70 里，装货卸货各需要 1 天。赋粟有好有坏，雇用的搬运工人价格也都不同，按照算赋出钱，使县花费相等。问各个县分摊的赋粟是多少？

答：甲县分摊赋粟 $18947\frac{49}{133}$ 斛，乙县分摊赋粟 $10827\frac{9}{133}$ 斛，丙县分摊赋粟 $7218\frac{6}{133}$ 斛，丁县分摊赋粟 $6766\frac{122}{133}$ 斛，戊县分摊赋粟 $9022\frac{74}{133}$ 斛，己县分摊赋粟 $7218\frac{6}{133}$ 斛。

运算法则：将空车的每日行程与重车的每日行程相乘，以此作为除数，将各县空车的每日行程与重车的每日行程相加后，乘各县距离收粮地的距离，以此作为各自的被除数，除数除被除数，就能得到运输的天数。加上装载卸载割一天，乘每车6人，乘各县雇用搬运工每日每人的费用，除以每车25 斛，加上每斛粟的价格，就能得到各县运送1斛粟的运费。用各县所得与各自的算数相约，就能得到各县赋粟的比数，将各县比数相加，作为除数，用需要分摊的总粟数乘没有相加的各县比数，以此各作被除数，用被除数除以除数，得数为各分摊的粟数。

◎ 译解

（四）70×50=3500，作为除数。

（70+50）×0=0，（70+50）×70=8400，（70+50）×140=16800，（70+50）×175=21000，（70+50）×210=25200，（70+50）×280=33600，各作为被除数。

被除数除以除数，为各县运输的天数，甲县为0天，乙县 $8400÷3500=2\frac{2}{5}$ 天，丙县 $16800÷3500=4\frac{4}{5}$ 天，丁县 $21000÷3500=6$ 天，戊县 $25200÷3500=7\frac{1}{5}$ 天，己县 $33600÷3500=9\frac{3}{5}$ 天。

各县运送一斛粟的运费为，甲县为20钱，乙县 $（2\frac{2}{5}+2）×6×10÷25+18=28\frac{14}{25}$ 钱，丙县 $（4\frac{4}{5}+2）×6×5÷25+16=24\frac{4}{25}$ 钱，丁县 $（6+2）×6×10÷25+14=23\frac{3}{5}$ 钱，戊县 $（7\frac{1}{5}+2）×6×5÷25+12=23\frac{1}{25}$ 钱，己县 $（9\frac{3}{5}+2）×6×5÷25+10=23\frac{23}{25}$ 钱。

各县的算赋和各县每斛粟的运费相约，为各县钱均算的比率，甲县 $42000÷20=2100$，乙县 $34272÷28\frac{14}{25}=1200$，丙县 $19328÷24\frac{4}{25}=800$，丁县 $17700÷23\frac{3}{5}=750$，戊县 $23040÷23\frac{1}{25}=1000$，己县 $19136÷23\frac{23}{25}=800$。

各县比率相加，作为除数，210+120+80+75+100+80=665。

用总粟数乘各县钱均算的比率，各作为被除数，甲县 $60000×210=12600000$，乙县 $60000×120=7200000$，丙县 $60000×80=4800000$，丁县 $60000×75=4500000$，戊县 $60000×100=6000000$，己县 $60000×80=4800000$。

被除数除以除数为各县分摊的赋粟数，即甲县 $12600000÷665=18947\frac{49}{133}$ 斛，乙县 $7200000÷665=10827\frac{9}{133}$ 斛，丙县 $4800000÷665=7218\frac{6}{133}$ 斛，丁县 $4500000÷665=6766\frac{122}{133}$ 斛；戊县 $6000000÷665=9022\frac{74}{133}$ 斛，己县 4800000

$\div 665 = 7218\dfrac{6}{133}$ 斛。

◎ 术解

（1）空车每日能行驶 70 里，则每里行驶为 $\dfrac{1}{70}$ 天，同样，重车每里行驶为 $\dfrac{1}{50}$。将空车行驶 1 里的天数＋重车行驶 1 里的天数，所得和即为各县到甲县往返一里的天数，$\dfrac{1}{70}+\dfrac{1}{50}=\dfrac{6}{175}$ 天。

（2）用各县距离收粮地的距离 × 各县到甲县往返 1 里的天数＋装载 1 天＋卸载 1 天，即可得到各县运输到甲县所需天数，甲县为 0 天，乙县 $70\times\dfrac{6}{175}+2=4\dfrac{2}{5}$ 天，丙县 $140\times\dfrac{6}{175}+2=6\dfrac{4}{5}$ 天，丁县 $175\times\dfrac{6}{175}+2=8$ 天，戊县 $210\times\dfrac{6}{175}+2=9\dfrac{1}{5}$ 天，己县 $280\times\dfrac{6}{175}+2=11\dfrac{3}{5}$ 天。

（3）用各县运输到甲县所需天数 × 拉一辆运粮车的 6 人 × 雇佣搬用工每人每日的费用 ÷ 每车 25 斛粟＋各县每斛粟的价格，即可得到每斛粟运送到甲县收粮地的价格，即甲县：20 钱，乙县 $4\dfrac{2}{5}\times6\times10\div25+18=28\dfrac{14}{25}$ 钱，丙县 $6\dfrac{4}{5}\times6\times5\div25+16=24\dfrac{4}{25}$ 钱，丁县 $8\times6\times5\div25+14=23\dfrac{3}{5}$ 钱，戊县 $9\dfrac{1}{5}\times6\times5\div25+12=23\dfrac{1}{25}$ 钱，己县 $11\dfrac{3}{5}\times6\times5\div25+10=23\dfrac{23}{25}$ 钱。

（4）将各县的算赋除以各县每斛粟的运费，得到各县钱均算的比率，甲县 $42000\div20=2100$，乙县 $34272\div28\dfrac{14}{25}=1200$，丙县 $19328\div24\dfrac{4}{25}=800$，丁县 $17700\div23\dfrac{3}{5}=750$，戊县 $23040\div23\dfrac{1}{25}=1000$，己县 $19136\div23\dfrac{23}{25}=800$。

（5）将各县比数约分，可得比率 210:120:80:75:100:80。

（6）再将各县钱均算的比率相加，210＋120＋80＋75＋100＋80＝665。

（7）用各县钱均算的比数除以各县钱均算比数的和，即可得到各县赋粟分配率，即甲县 $210\div665=\dfrac{210}{665}$，同理，乙县 $\dfrac{120}{665}$、丙县 $\dfrac{80}{665}$、丁县 $\dfrac{75}{665}$、戊县 $\dfrac{100}{665}$、己县 $\dfrac{80}{665}$。

（9）用总赋粟数 60000 斛成各县分摊赋粟的分配率，即可得到各县分摊的赋粟数，甲县 $60000\times\dfrac{210}{665}=18947\dfrac{49}{133}$ 斛，乙县 $60000\times\dfrac{120}{665}=10827\dfrac{9}{133}$ 斛，丙县 $60000\times\dfrac{80}{665}=7218\dfrac{6}{133}$ 斛，丁县 $60000\times\dfrac{75}{665}=6766\dfrac{122}{133}$ 斛，戊县 $60000\times\dfrac{100}{665}=9022\dfrac{74}{133}$ 斛，己县 $60000\times\dfrac{80}{665}=7218\dfrac{6}{133}$ 斛。

原文

（五）今有粟七斗，三人分春⁽¹⁾之，一人为粝米，一人为稗米，一人为糳米，令米数等。问取粟为米各几何？

答曰：粝米取粟二斗一百二十一分斗之一十。稗米取粟二斗一百二十一分斗之三十八。糳米取粟二斗一百二十一分斗之七十三。为米各一斗六百五分斗之一百五十一。

术曰：列置粝米三十，稗米二十七，糳米二十四，而反衰之，副并为法。以七斗乘未并者，各自为取粟实。实如法得一斗。若求米等者，以本率各乘定所取粟为实，以粟率五十为法，实如法得一斗。

◎ 注释

春：将东西放入石臼中捣碎或去壳。

◎ 译文

（五）现有粟共7斗，三个人分着春之，一人春成粝米，一人春成稗米，一人春成糳米，将每个人春出来的米相等，问每个人要取多少粟？春出来的米是多少？

答：粝米取粟 $2\frac{10}{121}$ 斗，稗米取粟 $2\frac{38}{121}$ 斗，糳米取粟 $2\frac{73}{121}$ 斗，春出来的米各为 $1\frac{151}{605}$ 斗。

运算法则：粝米的比率为30，稗米的比率为27，糳米的比率为24，用反比计算，之后将各反比相加作为除数。用总粟数7斗乘没有相加的反比，以此作为各自的被除数。用除数除被除数，就能得到取粟的斗数。如果求加工后得到的米，用原来的比率分别乘每种米的取粟斗数，以此作为被除数，粟的比率50为除数，被除数除以除数，得数为米的斗数。

◎ 译解

（五）粝米的比率是30，稗米的比率是27，糳米的比率是24，三种米反比化简后，为 $\frac{1}{10}:\frac{1}{9}:\frac{1}{8}$。

将每种米的反比相加：$\frac{1}{10}+\frac{1}{9}+\frac{1}{8}=\frac{121}{360}$，各作为除数；

总粟数乘每种米的反比，各作为被除数，$7\times\frac{1}{10}=\frac{7}{10}$，$7\times\frac{1}{9}=\frac{7}{9}$，$7\times\frac{1}{8}=\frac{7}{8}$；

被除数除以除数，为每种米的取粟数，粝米 $\frac{7}{10}\div\frac{121}{360}=2\frac{10}{121}$ 斗，稗米 $\frac{7}{9}\div\frac{121}{360}=2\frac{38}{121}$ 斗，糳米 $\frac{7}{8}\div\frac{121}{360}=2\frac{73}{121}$ 斗。

$30\times2\frac{10}{121}=\frac{7560}{121}$，$27\times2\frac{38}{121}=\frac{7560}{121}$，$24\times2\frac{73}{121}=\frac{7560}{121}$，各作为被除数。

粟的比率 50 为除数。

被除数除以除数为三种米加工后的斗数，即粝米 $\frac{7560}{121}\div50=1\frac{151}{605}$ 斗，稗米 $\frac{7560}{121}\div50=1\frac{151}{605}$ 斗，糳米：$\frac{7560}{121}\div50=1\frac{151}{605}$ 斗。

◎ **术解**

粟舂成粝米、稗米、糳米的比率分别为 50:30、50:27、50:24，由此可得到三种米的产率分别为 30、27、24，约简后为 10、9、8。

将三种米的比率进行反比，得 $\frac{1}{10}$、$\frac{1}{9}$、$\frac{1}{8}$。

将每种米的反比相加：$\frac{1}{10}+\frac{1}{9}+\frac{1}{8}=\frac{121}{360}$。

用总粟数 7 斗，乘每种米的比率，成三种米反比的和，就能得到各自的取粟数。粝米 $7\times\frac{1}{10}\div\frac{121}{360}=2\frac{10}{121}$ 斗，稗米 $7\times\frac{1}{9}\div\frac{121}{360}=2\frac{38}{121}$ 斗，糳米 $7\times\frac{1}{8}\div\frac{121}{360}=2\frac{73}{121}$ 斗。

加工后得到的米 = 产米率 × 每种加工米的取粟数 ÷ 粟率。以糳米为例，即 $24\times2\frac{73}{121}\div50=1\frac{151}{605}$ 斗，同理，其他两种米加工后都得到 $1\frac{151}{605}$ 斗。

原文

（六）今有人当稟粟二斛。仓无粟，欲与米[1]一、菽二，以当所稟粟。问各几何？

答曰：米五斗一升七分升之三。菽一斛二升七分升之六。

术曰：置米一、菽二求为粟之数。并之得三、九分之八，以为法。亦置米一、菽二，而以粟二斛乘之，各自为实。实如法得一斛。

◎ 注释

（1）米：这里指粝米。

◎ 译文

（六）现有人要领取 2 斛粟。仓库中没有粟，所以就想给 1 份粝米，2 份豆类来代替粟的分量。问粝米和豆类各发多少？

答：发粝米 5 斗 1 $\frac{3}{7}$ 升，发豆类 1 斛 2 $\frac{6}{7}$ 升。

运算法则：将 1 份粝米、2 份豆类各换算成粟的数量，两者相加后，得到 3 $\frac{8}{9}$，以此作为除数。再次将 1 份粝米、2 份豆类分别与 2 斛粟相乘，将各自所得作为被除数。被除数除以除数，得数为粝米和豆类各发的数量。

◎ 译解

因为粟舂成粝米的比例是 50:30，粟与豆类的兑换比例是 50:45。

1 份粝米换成粟的数量为 $\frac{5}{3}$，2 份豆类换算成粟的数量 $\frac{20}{9}$。

$\frac{5}{3} + \frac{20}{9} = 3\frac{8}{9}$，作为除数；

$1 \times 2 = 2$，$2 \times 2 = 4$，各作为被除数；

被除数除以除数为粝米和豆类发的数量，即粝米 $2 \div 3\frac{8}{9} = 5$ 斗 1 $\frac{3}{7}$ 升，豆类 $4 \div 3\frac{8}{9} = 1$ 斛 2 $\frac{6}{7}$ 升。

◎ 术解

因为粟舂成粝米的比例是 50:30，粟与豆类的兑换比例是 50:45，化简后的比例为 5:3，10:9。1 份粝米换算成粟的数量为 $1 \times \frac{5}{3} = \frac{5}{3}$，2 份豆类换算成粟的数量 $2 \times \frac{10}{9} = \frac{20}{9}$。

将 1 分粝米和 2 份豆类换算成粟的数量后，两者相加，就能得到 1 分粝米和 2 份豆类折算成粟的率，$\frac{5}{3} + \frac{20}{9} = 3\frac{8}{9}$。

将粟数乘粝米、豆类的份数后，除粝米、豆类折算成粟的所有率，即为粝米和豆类该发多少。粝米 $2 \times 1 \div 3\frac{8}{9} = 5$ 斗 $1\frac{3}{7}$ 升；豆类 $2 \times 2 \div 3\frac{8}{9} = 1$ 斛 $2\frac{6}{7}$ 升。

◎ 原文

（七）今有取佣负盐二斛，行一百里，与钱四十。今负盐一斛七斗三升少半升，行八十里。问与钱几何？

答曰：二十七钱十五分钱之十一。

术曰：置盐二斛升数，以一百里乘之为法。以四十钱乘今负盐升数，又以八十里乘之，为实。实如法得一钱。

◎ 译文

（七）现在要雇用人背 2 斛的盐，行走 100 里，给 40 钱。现背盐 1 斛 7 斗 $3\frac{1}{3}$ 升，行走 80 里。问要给雇用的人多少钱？

答：给 $27\frac{11}{15}$ 钱。

运算法则：将 2 斛的盐化为升数，乘 100 里作为除数。用 40 钱乘现在要背的盐的升数，再乘要走的 80 里，作为被除数。被除数除以除数，得数为要给的钱数。

◎ 译解

（七）1 斛 =100 升，2 斛 =200 升，1 斛 7 斗 $3\frac{1}{3}$ 升 =173$\frac{1}{3}$ 升。

$200 \times 100 = 20000$，作为除数；

$40 \times 173\frac{1}{3} \times 80 = \frac{1664000}{3}$，作为被除数；

被除数除以除数为要给的钱数，即 $\frac{1664000}{3} \div 20000 = 27\frac{11}{15}$ 钱。

◎ 术解

1 斛 =100 升，2 斛 =200 升，1 斛 7 斗 $3\frac{1}{3}$ 升 =173$\frac{1}{3}$ 升。

用 200 升盐乘 100 里，得到 20000 里。$1 \div 20000 = \frac{1}{20000}$，即为背 1 升盐

行走 20000 里，需要付 40 钱。

要给的钱数 =40 钱 × 现今要背的盐的升数 ×80 里 × $\frac{1}{20000}$。即 $40 \times 173\frac{1}{3}$ $\times 80 \times \frac{1}{20000}$ =$27\frac{11}{15}$ 钱。

原文

（八）今有负笼重一石一十七斤，行七十六步，五十返[1]。今负笼重一石，行百步，问返几何？

答曰：四十三返六十分返之二十三。

术曰：以今所行步数乘今笼重斤数为法，故笼重斤数乘故步，又以返数乘之，为实。实如法得一返。

◎ 注释

（1）返：来回一次为一趟。

◎ 译文

（八）现背筐重 1 石 17 升，行走 76 步，来回 50 趟。现背筐重 1 石，行走 100 步，问要来回多少趟？

答：来回 $43\frac{23}{60}$ 趟。

运算法则：用现背筐的步数乘现背筐的重量作为除数，原先筐的重量乘原先背筐的步数，乘原先来回的趟数，以此作为被除数。用被除数除以除数，得数为来回的趟数。

◎ 译解

（八）1 升 =1 斤，1 石 =120 斤，1 石 17 升 =137 斤。

120×100=12000，作为除数；

137×76×50=520600，作为被除数；

被除数除以除数为来回的趟数，即 520600÷12000=$43\frac{23}{60}$ 趟。

◎ **术解**

（1）1 升 =1 斤，1 石 =120 斤，1 石 17 升 =137 斤。

（2）1 斤来回 1 趟的步数为 1÷（120×100）=$\frac{1}{12000}$。

所求趟数 = 原先筐的重量 × 原先走的步数 × 原先趟数 ×1 斤来回 1 趟的步数，即 $137 \times 76 \times 50 \times \frac{1}{12000} = 43\frac{23}{60}$ 趟。

原文

（九）今有程传委输[1]，空车日行七十里，重车日行五十里。今载太仓粟输上林，五日三返。问太仓去上林几何？

答曰：四十八里十八分里之十一。

术曰：并空、重里数，以三返乘之，为法。令空、重相乘，又以五日乘之，为实。实如法得一里。

◎ **注释**

（1）程传委输：程传，指驿站。委托驿站运输。

◎ **译文**

（九）现委托驿站运输粮食，空车一日能行走 70 里，装了粮的重车一日能行走 50 里。现将粮从太仓运送到上林，5 天能来回 3 趟。问太仓到上林的距离是多少？

答：$48\frac{11}{18}$ 里。

运算法则：将空车日行里数和重车日行里数相加，乘来回 3 趟，作为除数。将空车日行里数乘重车日行里数，再乘 5 日，以此作为被除数。被除数除以除数，得数为太仓与上林的距离。

◎ **译解**

（九）空车日行 70，重车日行 50，（70+50）×3=360，作为除数；

70×50×5=17500，作为被除数；

被除数除以除数为太仓与上林之间的距离，即 17200÷360=48$\frac{11}{18}$ 里。

◎ **术解**

（1）因为空车日行 70，重车日行 50，空车日行 1 里为 $\frac{1}{70}$，重车日行 1 里为 $\frac{1}{50}$，重车每一趟所用日数为 $\frac{1}{70}$ + $\frac{1}{50}$ = $\frac{6}{175}$ 日。

（2）用 5 日除以空车和重车每一趟的日数 $\frac{6}{175}$，再除以来回 3 趟，就能得到太仓与上林的距离。5÷$\frac{6}{175}$÷3=48$\frac{11}{18}$ 里。

▌原文

（一〇）今有络丝[1]一斤为练丝一十二两，练丝[2]一斤为青丝[3]一斤十二铢。今有青丝一斤，问本络丝几何？

答曰：一斤四两一十六铢三十三分铢之十六。

术曰：以练丝十二两乘青丝一斤一十二铢为法。以青丝一斤铢数乘练丝一斤两数，又以络丝一斤乘之，为实。实如法得一斤。

◎ **注释**

（1）络丝：生丝。

（2）练丝：没有染色的熟丝。

（3）青丝：青色的丝线。

◎ **译文**

（一〇）现有络丝 1 斤，做成练丝可得 12 两，1 斤练丝做成青丝可得 1 斤 12 铢。现在有青丝 1 斤，问原来有多少络丝？

答：原来有络丝 1 斤 4 两 16$\frac{16}{33}$ 铢。

运算法则：用 12 两练丝乘 1 斤 12 铢青丝，以此作为除数。用 1 斤青丝的铢数乘练丝 1 斤的两数，再乘 1 斤络丝，以此作为被除数。被除数除以除数，得数为络丝的斤数。

◎ 译解

（一○）12 两练丝 ×1 斤 12 铢青丝，作为除数；

1 斤青丝的铢数 ×1 斤练丝的两数 ×1 斤络丝，作为被除数；

被除数除以除数为络丝的斤数，即：

（1 斤青丝的铢数 ×1 斤练丝的两数 ×1 斤络丝）÷（12 两练丝 ×1 斤 12

铢青丝）=（384×16×1）÷（12×12）=1 斤 4 两 16 $\frac{16}{33}$ 铢。

◎ 术解

1 斤 =16 两，1 两 =24 铢，由已知条件 1 斤练丝可得青丝 1 斤 12 铢，可

得出练丝率为 384，青丝率为 396；由已知条件 1 斤络丝可得练丝 12 两，可

得出络丝率为 16，练丝率为 12。

用青丝 1 斤 × 络丝率 384÷ 青丝率 396，可得到青丝 1 斤所需要的练丝

数，即 1×384÷396= $\frac{384}{396}$。

1 斤的练丝数 × 络丝率 16÷ 练丝率 12，可得到络丝数，即 $\frac{384}{396}$ ×16÷12=1

斤 4 两 16 $\frac{16}{33}$ 铢。

▌原文

（一一）今有恶粟[1]二十斗，舂之，得粝米九斗。今欲求稗米

十斗，问恶粟几何？

答曰：二十四斗六升八十一分升之七十四。

术曰：置粝米九斗，以九乘之，为法。亦置稗米十斗，以十乘

之，又以恶粟二十斗乘之，为实。实如法得一斗。

◎ 注释

（1）恶粟：质量不好的粟。

◎ 译文

（一一）现有质量不好的粟20斗，舂成粝米后，可得粝米9斗。现要舂出10斗稗米，问需要多少质量不好的粟？

答：需要 24 斗 $6\frac{74}{81}$ 升。

运算法则：用9斗粝米乘9，以此作为除数。用10斗稗米乘10，再乘质量不好的粟20斗，以此作为被除数。被除数除以除数，得数为质量不好的粟数。

◎ 译解

（一一）9×9=49，作为除数；

10×10×20=2000，作为被除数；

被除数除以除数为质量不好的粟数，即 2000÷49=24 斗 $6\frac{74}{81}$ 升。

◎ 术解

因为粟舂成粝米的比率是50:30，粟舂成稗米的比率是50:27，所以粝米与稗米的比率是10:9。

用10斗稗米乘粝米率10，除以稗米率9，得到稗米折算为粝米的数，即 $10 \times 10 \div 9 = \frac{100}{9}$。

因为20斗质量不好的粟可舂成粝米9斗，得粝米率为9。

用 $\frac{100}{9}$ 乘质量不好的粟20斗，除以粝米率9，得到糙米折算为质量不好的粟数，即 $\frac{100}{9} \times 20 \div 9 = 24$ 斗 $6\frac{74}{81}$ 升。

▌原文

（一二）今有善行者[1]行一百步，不善行者行六十步。今不善行者先行一百步，善行者追之，问几何步及之？

答曰：二百五十步。

术曰：置善行者一百步，减不善行者六十步，余四十步，以为
法。以善行者之一百步，乘不善行者先行一百步，为实。实如法得
一步。

◎ **注释**

（1）善行者：这里指走路快的人。

◎ **译文**

（一二）现有走路快的人能走 100 步，走路不快的人能走 60 步。现在让
走路不快的人先走 100 步，走路快的人去追，问走多少步才能追到？

答：要走 250 步。

运算法则：用走路快的人的 100 步，减去走路不快的人的 60 步，余下
40 步，以此作为除数。用走路快的人的 100 步，乘走路不快的人先行的 100
步，以此作为被除数。被除数除以除数，得数为所追的步数。

◎ **译解**

（一二）100-60=40，作为除数；

100×100=10000，作为被除数；

被除数除以除数为所追步数，即 10000÷40=250 步。

◎ **术解**

（1）先将走得快的人所追的步数设为 a。

（2）列出方程式 $100:(100-60)=a:100$，$a=(100\times100)\div(100-60)$
=250，所以，走得快的人要走 250 步才能追上走路不快的人。

▌ 原文

（一三）今有不善行者先行一十里，善行者追之一百里，先至

不善行者二十里。问善行者几何里及之？

　　答曰：三十三里少半里。

　　术曰：置不善行者先行一十里，以善行者先至二十里增之，以为法。以不善行者先行一十里，乘善行者一百里，为实。实如法得一里。

◎ 译文

　　（一三）现有走路不快的人先走 10 里，令走路快的人去追，追到 100 里时，已经领先走路不快的人 20 里。问走路快的人走到多少里时就已经追上走路慢的人？

　　答：走到 $33\frac{1}{3}$ 里时已经追上。

　　运算法则：用走路不快的人先走的 10 里，加上走路快的人超过的 20 里，以此作为除数。用走路不快的人先走的 10 里，乘走路快的人走的 100 里，以此作为被除数。被除数除以除数，得数为所求的里数。

◎ 译解

　　（一三）10+20=30，作为除数；

　　10×100=1000，作为被除数；

　　被除数除以除数为所求的里数，即 $1000÷30=33\frac{1}{3}$ 里。

◎ 术解

　　（1）先将走路快的人追上走路不快的人的里数设为 a。

　　（2）列出方程式，（10+20）÷100=10a，a=33$\frac{1}{3}$ 里，所追里数为 $33\frac{1}{3}$ 里。

▌原文

　　（一四）今有兔先走一百步，犬追之二百五十步，不及三十步而止[1]。问犬不止，复行几何步及之？

答曰：一百七步七分步之一。

术曰：置兔先走一百步，以犬走不及三十步减之，余为法。以不及三十步乘犬追步数为实，实如法得一步。

◎ **注释：**

（1）止：停下。

◎ **译文**

（一四）现有兔子先走100步，狗追到250步，还差30步时停了下来。问狗不停下的话，需要再走多少步就能追上兔子？

答：需要再走 $107\frac{1}{7}$ 步。

运算法则：用兔子先跑的100步，减去狗还差的30步，以余下的步数作为除数。用还差的30步乘狗追出去的步数，以此作为被除数。被除数除以除数，得数为所求的步数。

◎ **译解**

100-30=70，作为除数；

30×250=7500，作为被除数；

被除数除以除数为所求的步数，即 $7500 \div 70 = 107\frac{1}{7}$ 步。

◎ **术解**

（1）先将狗追上兔子需要再走的步数设为 a。

（2）列出方程式，$250 \div (100-30) = a \div 30$，$a = 107\frac{1}{7}$，所以需要再走 $107\frac{1}{7}$ 步。

原文

（一五）今有人持金十二斤出关。关税之，十分而取一。今关取金⁽¹⁾二斤，偿钱五千⁽²⁾。问金一斤值钱几何？

答曰：六千二百五十。

术曰：以一十乘二斤，以十二斤减之，余为法。以一十乘五千为实。实如法得一钱。

◎ **注释**

（1）取金：收税。

（2）偿钱五千：归还五千钱。

◎ **译文**

（一五）现有人拿着12斤金要出关。出关要收税，收取 $\frac{1}{10}$。现在要收2斤金的关税，归还5000钱。问1斤金价值多少钱？

答：价值6250钱。

运算法则：用10乘2斤，再减去12斤，以余下的数作为除数。用10乘5000作为被除数。被除数除以除数，就能得到1斤金的价值。

◎ **译解**

（一五）10×2-12=8，作为除数；

10×5000=50000，作为被除数；

被除数除以除数为1斤金的价值，即50000÷8=6250钱。

◎ **术解**

先将1斤金的价值设为 a。

因为关税取 $\frac{1}{10}$，现收取关税2斤金，则有金 $2 \div \frac{1}{10} = 20$ 斤金。

（3）列出方程式（20a-12a）÷10=5000，a=5000×10÷8，a=6250，所以1斤金的价值为6250钱。

█ 原文

（一六）今有客马^{（1）}日行三百里。客去忘持衣，日已三分之一，主人乃觉^{（2）}。持衣追及与之而还^{（3）}，至家视日四分之三。问主人马不休，日行几何？

答曰：七百八十里。

术曰：置四分日之三，除^{（4）}三分日之一，半其余以为法。副置法，增三分日之一，以三百里乘之，为实。实如法，得主人马一日行。

◎ **注释**

（1）客马：客人骑马。

（2）觉：察觉，发觉。

（3）还：这里指回家的意思。

（4）除：这里指减去的意思。

◎ **译文**

（一六）现有客人骑马，行走了300里。客人离开的时候忘记拿衣服，直到一日过去了 $\frac{1}{3}$，主人才察觉。于是主人拿着客人的衣服去追客人，交给客人后才回家，回家后一日过去了 $\frac{3}{4}$。问主人马不休息，一日可以走多少里？

答：一日可走780里。

运算法则：用过去的 $\frac{3}{4}$ 日，减去过去的 $\frac{1}{3}$ 日，以余下的数除以2作为除数。用除数加 $\frac{1}{3}$ 日，乘300里，以此作为被除数。被除数除以除数，得数为马不休息行走一日的里数。

◎ **译解**

（一六）$\frac{3}{4} - \frac{1}{3} = \frac{5}{12}$，即主人追客人和返回的日率。

$\frac{5}{12} \div 2 = \frac{5}{24}$，作为除数；

$(\frac{5}{24}+\frac{1}{3})\times300=162\frac{1}{2}$，作为被除数；

被除数除以除数为所求的里数，即 $162\frac{1}{2}\div\frac{5}{24}=780$ 里。

◎ **术解**

（1）先将马不休息一天所走的里数设为 a。

（2）主人追客人的马单程所用的时间为 $(\frac{3}{4}-\frac{1}{3})\div2$。

（3）客人的马单程的时间为 $\frac{1}{3}+(\frac{3}{4}-\frac{1}{3})\div2$。

（4）列出方程式 $a:300=[\frac{1}{3}+(\frac{3}{4}-\frac{1}{3})\div2]:[(\frac{3}{4}-\frac{1}{3})\div2]$，$a=780$，所以马不休息走一日的里数为 780 里。

原文

（一七）今有金箠^{（1）}，长五尺。斩^{（2）}本^{（3）}一尺，重四斤。斩末^{（4）}一尺，重二斤。问次一尺各重几何？

答曰：末一尺，重二斤。次一尺，重二斤八两。次一尺，重三斤。次一尺，重三斤八两。次一尺，重四斤。

术曰：令末重减本重，余即差率也。又置本重，以四间^{（5）}乘之，为下第一衰。副置，以差率减之，每尺各自为衰。副置下第一衰以为法，以本重四斤遍乘列衰，各自为实。实如法得一斤。

◎ **注释**

（1）箠：棍或杖。

（2）斩：截断。

（3）本：这里指棍或杖重的一头。

（4）末：这里指棍或杖轻的一头。

（5）四间：将棍或杖截成五段，中间有四个间断处。

◎ **译文**

（一七）现有一根金棍，有5尺长。截本端1尺，重4斤。截末端1尺，重2斤。问依次每一尺有多重?

答：从末端到本端，每尺依次重2斤、2斤8两、3斤、3斤8两、4斤。

运算法则：用末端的2斤去减本端4斤，余下的数为"差率"。又用本端重，与间数4相乘，作为下方的第一个比数。将这个比数用差率减去，每减一次所得的尺数各作为比数。另外将下方第一个比数作为除数，用本端重4斤乘遍各个比数，以此各作为被除数。被除数除以除数，得数为依次每一尺的重量。

◎ **译解**

（一七）本端重－末端重＝差率，即4-2=2，

4×4=16，为下方的第一个比数，并作为除数；

16-2=14，为下方的第二个比数。

以此类推，第三个比数为14-2=12，第四个比数为12-2=10，第五个比数为10-2=8……

用本端重4斤乘各比数，各种作被除数，即4×16=64，4×14=56，4×12=48，4×10=40，4×8=32；

被除数除以除数为依次每尺的重量，即从末端重到本端重，每尺依次重32÷16=2，40÷16=2斤8两，48÷16=3斤，56÷16=3斤8两，64÷16=4斤。

◎ **术解**

（1）先设等差数列 $a_1=2$，$a_5=4$，$n=5$，公差为 d。

（2）由 $a_5=a_1+（5-1）d$，得出公差 $d=\frac{1}{2}$ 斤。

（3）1斤=16两，$a_2=2+\frac{1}{2}$ 斤=2斤8两，$a_3=2\frac{1}{2}+\frac{1}{2}$ 斤=3斤，$a_4=3+\frac{1}{2}$ 斤=3斤8两。

（4）因此，从末端到本端，每尺依次重2斤、2斤8两、3斤、3斤8两、4斤。

▌ 原文

（一八）今有五人分五钱，令上二人所得与下三人等。问各得几何？

答曰：甲得一钱六分钱之二，乙得一钱六分钱之一，丙得一钱，丁得六分钱之五，戊得六分钱之四。

术曰：置钱锥行衰$^{(1)}$，并上二人为九，并下三人为六。六少于九，三。以三均加焉，副并为法。以所分钱乘未并者各自为实。实如法得一钱。

◎ 注释

（1）锥行衰：按照锥形标准逐渐递减，即5、4、3、2、1。

◎ 译文

（一八）现有5人分5钱，令上面两人分的钱与下面三人分的钱相等。问每个人得多少钱？

答：甲得$1\frac{2}{6}$钱，乙得$1\frac{1}{6}$钱，丙得1钱，丁得$\frac{5}{6}$钱，戊得$\frac{4}{6}$钱。

运算法则：将钱的比率按照锥形标准逐渐递减，将上面两人的比数相加得9，将下面三人的比数相加得6。6小于9，相差3。用3加各个比数，将所得的和作为除数。用五人分的5钱乘各个没有相加的比数，以此各作为被除数。被除数除以除数，得数为每个人各得的钱数。

◎ 译解

（一八）将钱的比率按照锥形的标准递减，即5、4、3、2、1。

5+4=9，**3+2+1=6**，9-6=3。

用差数3加各个比数，即3+5=8、3+4=7、3+3=6、3+2=5、3+1=4。

8+7+6+5+4=30，作为除数；

5×8=40，5×7=35，5×6=30，5×5=25，5×4=20，各作为被除数；被除

数除以除数为五人各得到的钱数，即甲得 $40 \div 30 = 1\frac{2}{6}$ 钱，乙得 $35 \div 30 = 1\frac{1}{6}$ 钱，丙得 $30 \div 30 = 1$ 钱，丁得 $25 \div 30 = \frac{5}{6}$ 钱，戊得 $20 \div 30 = \frac{4}{6}$ 钱。

◎ 术解

（1）按照等差数列，设由甲到戊五人所得分别为 a_1、a_2、a_3、a_4、a_5，公差为 d。

（2）由已知条件可得 $a_1 + a_2 = a_3 + a_4 + a_5$，$a_1 + a_2 + a_3 + a_4 + a_5 = 5$；$2a_1 - d = 3a_1 - 9d$，$5a_1 - 10d = 5$。解得 $a_1 = 1\frac{2}{6}$，$d = \frac{1}{6}$。

（3）因此，由甲到戊，每人分得 $1\frac{2}{6}$ 钱、$1\frac{1}{6}$ 钱、1 钱、$\frac{5}{6}$ 钱、$\frac{4}{6}$ 钱。

▌ 原文

（一九）今有竹九节，下三节容四升，上四节容三升。问中间二节欲均容⁽¹⁾各多少？

答曰：下初，一升六十六分升之二十九，次一升六十六分升之二十二，次一升六十六分升之一十五，次一升六十六分升之八，次一升六十六分升之一，次六十六分升之六十，次六十六分升之五十三，次六十六分升之四十六，次六十六分升之三十九。

术曰：以下三节分四升为下率，以上四节分三升为上率。上下率以少减多，余为实。置四节、三节，各半之，以减九节，余为法。实如法得一升，即衰相去⁽²⁾也。下率，一升少半升者，下第二节容也。

◎ 注释

（1）欲均容：容量均匀变化。这里指由下往上均匀变细。

（2）衰相去：列衰公差。

◎ 译文

（一九）现有竹子共 9 节，下面 3 节的容量为 4 升，上面 4 节的容量为 3 升。问中间两节的容量也均匀变化，每节容量是多少？

答：从下往上，每节竹子的容量分别为 $1\frac{29}{66}$ 升、$1\frac{22}{66}$ 升、$1\frac{15}{66}$ 升、$1\frac{8}{66}$ 升、$1\frac{1}{66}$ 升、$\frac{60}{66}$ 升、$\frac{53}{66}$ 升、$\frac{46}{66}$ 升、$\frac{39}{66}$ 升。

运算法则：下面 3 节容量 4 升，即容率为 $\frac{4}{3}$，上面 4 节容量 3 升，即容率为 $\frac{3}{4}$，上下容率多的减去少的，余下的数作为被除数。将节 4、节 3 各除以 2，用节 9 减去两者的和，余下的数作为除数。被除数除以除数，就能得到公差。下面的容率 $1\frac{1}{3}$ 升，为下面第二节的容量。

◎ 译解

上容率为 $\frac{3}{4}$，下容率为 $\frac{4}{3}$，$\frac{4}{3} - \frac{3}{4} = \frac{7}{12}$，作为被除数；

$4 \div 2 = 2$，$3 \div 2 = \frac{3}{2}$，$9 - (2 + \frac{3}{2}) = 5\frac{1}{2}$，作为除数；

被除数除以除数，得到公差，即 $\frac{7}{12} \div 5\frac{1}{2} = \frac{7}{66}$。

因为下面第二节的容量为 $1\frac{1}{3}$，公差为 $\frac{7}{66}$，从下往上的容量依次为：第一节 $\frac{7}{66} + 1\frac{1}{3} = 1\frac{29}{66}$ 升，第二节 $1\frac{22}{66}$ 升，第三节 $1\frac{1}{3} - \frac{7}{66} = 1\frac{15}{66}$ 升，第四节 $1\frac{15}{66} - \frac{7}{66} = 1\frac{8}{66}$ 升，第五节 $1\frac{8}{66} - \frac{7}{66} = 1\frac{1}{66}$ 升，第六节 $1\frac{1}{66} - \frac{7}{66} = \frac{60}{66}$ 升，第七节 $\frac{60}{66} - \frac{7}{66} = \frac{53}{66}$ 升，第八节 $\frac{53}{66} - \frac{7}{66} = \frac{46}{66}$ 升，第九节 $\frac{46}{66} - \frac{7}{66} = \frac{39}{66}$ 升。

◎ 术解

（1）按照等差数列，又下往上设每节竹子的容量分别为 a_1、a_2、a_3……a_8、a_9，公差为 d。

（2）由已知条件可得 $a_1 + a_2 + a_3 = 4$，$a_6 + a_7 + a_8 + a_9 = 3$；$3a_1 - 3d = 4$，$4a_1 - 26d = 3$。解得 $a_1 = 1\frac{29}{66}$ 升，$d = \frac{7}{66}$。

（3）因此，由下往上，每节竹子的容量为 $1\frac{29}{66}$ 升、$1\frac{22}{66}$ 升、$1\frac{15}{66}$ 升、$1\frac{8}{66}$ 升、$1\frac{1}{66}$ 升、$\frac{60}{66}$ 升、$\frac{53}{66}$ 升、$\frac{46}{66}$ 升、$\frac{39}{66}$ 升。

原文

（二十）今有凫[1]起南海，七日至北海；雁起北海，九日至南海。今凫雁俱起。问何日相逢？

答曰：三日十六分日之十五。

术曰：并日数为法，日数相乘为实，实如法得一日。

◎ 注释

（1）凫：野鸭。

◎ 译文

（二十）现有野鸭从南海开始起飞，飞了7日抵达北海；大雁从北海开始起飞，飞了9日抵达南海。现野鸭和大雁同时起飞。问多少日才会相遇？

答：$3\frac{15}{16}$ 日相遇。

运算法则：将日数相加作为除数，将日数相乘作为被除数。被除数除以除数，得数为相遇的日数。

◎ 译解

（二十）7+9=16，作为除数；

7×9=63，作为被除数；

被除数除以除数为相遇的日数，即 $63÷16=3\frac{15}{16}$ 日。

◎ 术解

（1）因为野鸭从南海飞到北海需要7日，每日行程是全程的 $\frac{1}{7}$，同理可得大雁的每日行程是全程的 $\frac{1}{9}$。

（2）将野鸭和大雁的每日行程通分，可得野鸭日行程为 $\frac{9}{63}$，大雁日行程为 $\frac{7}{63}$。其中南北海相距63，而野鸭日行为9，大雁日行为7。

（3）将南北海相距的63，除以野鸭和大雁日行的和，$63÷(9+7)=3\frac{15}{16}$ 日。

▌原文

（二一）今有甲发⁽¹⁾长安，五日至齐；乙发齐，七日至长安。今乙发已先二日，甲乃发长安。问几何日相逢？

答曰：二日十二分日之一。

术曰：并五日、七日以为法。以乙先发二日减七日，余，以乘甲日数为实。实如法得一日。

◎ 注释

（1）发：出发。

◎ 译文

（二一）现有甲从长安发出，到齐国需要 5 日；乙从齐国出发，到长安需要 7 日。现在乙先出发 2 日，甲再从长安出发。问甲和乙经过多少日才能相遇？

答：$2\frac{1}{12}$ 日相遇。

运算法则：将 5 日和 7 日相加，以此作为除数。用乙需要行的 7 日减去其先行的 2 日，余下的数乘甲需要行的 5 日，以此作为被除数。被除数除以除数，得数为甲乙相遇的日数。

◎ 译解

（二一）5+7=12，作为被除数；

（7-2）×5=25，作为被除数；

被除数除以除数为甲乙相遇的日数，即 $25÷12=2\frac{1}{12}$ 日。

◎ 术解

（1）乙需行 7 日，现先行了 2 日，余下路程为全程的 $（7-2）÷7=\frac{5}{7}$。

（2）因为甲需行 5 日，乙需行 7 日，甲乙的日行率分别为 $\frac{1}{5}$、$\frac{1}{7}$。

（3）将甲乙日行相加，即为甲乙同时出发的率，$\frac{1}{5}+\frac{1}{7}=\frac{12}{35}$。

（4）用乙余下的路程 $\frac{5}{7}$ 除以甲乙同时出发的率，即可得到相遇的日数。$\frac{5}{7}$ $\div \frac{12}{35}=2\frac{1}{12}$ 日。

原文

（二二）今有一人一日为牡瓦[1]三十八枚，一人一日为牝瓦[2]七十六枚。今令一人一日作瓦，牝、牡相半，问成瓦几何？

答曰：二十五枚少半枚。

术曰：并牝、牡为法，牝牡相乘为实，实如法得一枚。

◎ 注释

（1）牡瓦：公瓦。背面朝上覆盖在牝瓦之上。

（2）牝瓦：母瓦。仰面朝上被牡瓦覆盖。

◎ 译文

（二二）现有1人每1日可制牡瓦38枚，1人每1日可制牝瓦76枚。现在让1个人来制瓦，如果牡瓦和牝瓦各制一半，问牡瓦、牝瓦各制出了多少？

答：牡瓦、牝瓦各为 $25\frac{1}{3}$ 枚。

运算法则：将牡瓦、牝瓦数相加，作为除数，将牡瓦、牝瓦数相乘，作为被除数。被除数除以除数，得数为两种瓦的数量。

◎ 译解

（二二）38+76=114，作为除数；

38×76=2888，作为被除数；

被除数除以除数为两种瓦的数量，即 $2888\div124=25\frac{1}{3}$ 枚。

◎ 术解

（1）因为牡瓦1人1日可制38枚，制1枚牡瓦的效率为$\frac{1}{38}$，同理，制1枚牝瓦的效率为$\frac{1}{76}$。

（2）将制1枚牡瓦、牝瓦的效率相加，$\frac{1}{38}+\frac{1}{76}=\frac{114}{2888}$。

（3）用1日除以两种瓦同时制作的率，即可得到两种瓦的数量，$1 \div \frac{114}{2888}$ =25$\frac{1}{3}$枚。

▌ 原文

（二三）今有一人一日矫矢[1]五十，一人一日羽矢[2]三十，一人一日筈矢[3]十五。今令一人一日自矫、羽、筈，问成矢几何？

答曰：八矢少半矢。

术曰：矫矢五十，用徒一人。羽矢五十，用徒一人、太半人。筈矢五十，用徒三人、少半人。并之，得六人，以为法。以五十矢为实。实如法得一矢。

◎ 注释

（1）矫矢：矫正箭杆。

（2）羽矢：安装箭羽。

（3）筈矢：安装箭尾。筈：指箭的末端。

◎ 译文

（二三）现有1人每1日可矫正箭杆50支，1人每1日可安装箭羽30支，1人每1日可安装箭尾15支。现在让1个人1日矫正箭杆、安装箭羽和箭尾，可以制成多少支箭？

答：可制成8$\frac{1}{3}$支。

运算法则：矫正箭杆50支，需要用1人。安装箭羽50支，需要用1$\frac{2}{3}$人。安装箭尾50支，需要用3$\frac{1}{3}$人。现将各用人数相加，得到6人，以此作为除数。以 50 支箭作为被除数。被除数除以除数，得数为箭的支数。

◎ 译解

（二三）因为矫正箭竿 50 支，需用 1 人，矫正箭杆：安装箭羽 =50:30=5:3，可得到安装 50 支箭羽用人 5÷3= $\frac{5}{3}$ =1 $\frac{2}{3}$ 人。同理可得，安装箭尾 50 支用人 3 $\frac{1}{3}$ 人。

1+1 $\frac{2}{3}$ +3 $\frac{1}{3}$ =6，作为除数；

50 支箭作为被除数；

被除数除以除数为 1 人 1 日制成的箭数，即 50÷6=8 $\frac{1}{3}$ 支。

◎ 术解

（1）因为 1 人 1 日的矫正箭杆、安装箭羽、安装箭尾的数量分别是 50、30、15，可得 1 人矫正 1 箭杆、安装 1 箭羽、安装 1 箭尾的效率为 $\frac{1}{50}$ 、 $\frac{1}{30}$ 、 $\frac{1}{15}$ 。

（2）将三者效率相加， $\frac{1}{50}$ + $\frac{1}{30}$ + $\frac{1}{15}$ = $\frac{3}{25}$ 。

（3）用 1 日除以 $\frac{3}{25}$ ，即可得到所求的箭的支数。1÷ $\frac{3}{25}$ =8 $\frac{1}{3}$ 支。

▍ 原文

（二四）今有假田[1]，初假之岁三亩一钱，明年四亩一钱，后年五亩一钱。凡三岁淂一百，问田几何？

答曰：一顷二十七亩四十七分亩之三十一。

术曰：置亩数及钱数，令亩数互乘钱数，并以为法。亩数相乘，又以百钱乘之，为实。实如法淂一亩。

◎ 注释

（1）假田：借租的田。

◎ **译文**

（二四）现有田要借租，第一年 3 亩地收租 1 钱，第二年 4 亩地收租 1 钱，第三年 5 亩地收租 1 钱。现 3 年收到租金 100 钱，问租出了多少田？

答：租出了 1 顷 $27\frac{31}{47}$ 亩。

运算法则：列出田的亩数和钱数，将亩数和钱数互乘，将所得相加作为除数。亩数相乘，再乘 100 钱，以此作为被除数。被除数除以除数，得数为租出的田的亩数。

◎ **译解**

（二四）第一年：3 亩地，租金 1 钱；

第二年：4 亩地，租金 1 钱；

第三年：5 亩地，租金 1 钱；

将亩数和钱数互乘：（3×1）×（4×1）×（5×1）=60。

60÷3=20，60÷4=15，60÷5=12，即第一年交租为 20，第二年交租为 15，第三年交租为 12。

20+15+12=47，作为除数；

将亩数相乘，再乘 100，即 3×4×5×100=6000，作为被除数；

被除数除以除数为所求的亩数，即 6000÷47=$127\frac{31}{47}$ 亩 =1 顷 $27\frac{31}{47}$ 亩。

◎ **术解**

（1）因为第一年 3 亩地收租 1 钱，即 1 亩地的收租率为 $\frac{1}{3}$。同理，第二年 1 亩地的收租率为 $\frac{1}{4}$，第三年 1 亩地的收租率为 $\frac{1}{5}$。

（2）将三年 1 亩地的收租率相加，$\frac{1}{3}+\frac{1}{4}+\frac{1}{5}=\frac{47}{60}$。

（3）用三年所收的租金 100 钱，除以 $\frac{47}{60}$，即可得到租出的地的亩数，$100÷\frac{47}{60}=127\frac{31}{47}$ 亩，即 1 顷 $27\frac{31}{47}$ 亩。

原文

（二五）今有程^{（1）}耕，一人一日发^{（2）}七亩，一人一日耕三亩，一人一日耰种^{（3）}五亩。今令一人一日自发、耕、耰种之，问治田几何？

答曰：一亩一百一十四步七十一分步之六十六。

术曰：置发、耕、耰亩数，令互乘人数，并以为法。亩数相乘为实。实如法得一亩。

◎ 注释

（1）程：这里指按照标准或按照规章。

（2）发：翻地。

（3）耰种：耰：一种用来敲碎土块的农具。原意为用农具平地，这里指平地。

◎ 译文

（二五）现在按照标准来耕种：1人1日可翻地7亩，1人1日可耕地3亩，1人1日可平地5亩。现让1个人来翻地、耕地、平地，问可以耕种多少田？

答：可耕种1亩114$\frac{66}{71}$平方步的田。

运算法则：将翻地、耕地、平地的亩数与人数互乘，将所得相加作为除数。将亩数相乘作为被除数。被除数除以除数，得数为1人完成三种劳作得到的亩数。

◎ 译解

（二五）先列出三种地的亩数与人数：

1人翻地7亩；

1人耕地3亩；

1人平地5亩。

将翻地、耕地、平地的亩数与人数互乘，即（7×1）×（3×1）×（5×1）=105亩。

105÷7=15人，105÷3=35人，105÷5=21人，即田105亩，翻地用15人，耕地用35人，平地用人21人。

15+35+21=71，作为除数；

7×3×5=105，作为被除数；

被除数除以除数，为1人完成三种劳作得到的亩数，即105÷71=1亩114$\frac{66}{71}$平方步。

◎ 术解

（1）因为1人1日可翻地7亩，那么耕地1亩的效率为$\frac{1}{7}$，同理，翻地1亩的效率为$\frac{1}{3}$，平地1亩的效率为$\frac{1}{5}$。

（2）将三种劳作1亩地的效率相加，$\frac{1}{7}+\frac{1}{3}+\frac{1}{5}=\frac{71}{105}$。

（3）用1除以$\frac{71}{105}$，即为1人完成三种劳作得到的亩数，$1÷\frac{71}{105}=\frac{105}{71}$亩=1亩114$\frac{66}{71}$平方步。

▌原文

（二六）今有池，五渠注$^{(1)}$之。其一渠开之，少半日一满；次，一日一满；次，二日半一满；次，三日一满；次，五日一满。今皆决$^{(2)}$之，问几何日满池？

答曰：七十四分日之十五。

术曰：各置渠一日满池之数，并以为法。以一日为实。实如法得一日。其一术，列置日数及满数，令日互相乘满，并以为法，日数相乘为实，实如法得一日。

◎ **注释**

（1）注：这里指流入。

（2）决：注入。

◎ **译文**

（二六）现有水池，有5条水渠流入池子中。如果用单渠注水，第一条水渠需要 $\frac{1}{3}$ 日才能注满水池，第二条水渠需要1日才能注满水池，第三条水渠需要 $2\frac{1}{2}$ 日才能注满水池，第四条水渠需要3日才能注满水池，第五条水渠需要5天才能注满水池。现在5条水渠同时向水池注水，需要多久才能注满水池？

答：需要 $\frac{15}{74}$ 日。

运算法则：列入每条水渠1日注满水池的数，相加作为除数。以1日作为被除数。被除数除以除数，就能得到所求的日数。

另外一种方法：列出日数和满数，将日数和满数互乘，将得到的数相加作为除数，将日数相乘作为被除数。被除数除以除数，得数为所求的日数。

◎ **译解**

（二六）第一种方法：

先列出每条水渠1日注满水池的数：

第一条水渠 $\frac{1}{3}$ 日注满，1日可注满3次；

第二条水渠1日注满，1日可注满1次；

第三条水渠 $2\frac{1}{2}$ 日注满，1日可注满 $\frac{2}{5}$ 次；

第四条水渠3日注满，1日可注满 $\frac{1}{3}$ 次；

第五条水渠5日注满，1日可注满 $\frac{1}{5}$ 次。

将每条1日注满水池的数相加，$3+1+\frac{2}{5}+\frac{1}{3}+\frac{1}{5}=4\frac{14}{15}$ 池，作为除数；

1日作为被除数；

被除数除以除数为所求的日数，即 $1 \div 4\frac{14}{15} = \frac{15}{74}$ 日。

第二种方法：

列出日数和满数：

第一条水渠 $\frac{1}{3}$ 日注满，1 日可注满 3 次；

第二条水渠 1 日可注满 1 次；

第三条水渠 $2\frac{1}{2}$ 日注满，5 日可注满 2 次；

第四条水渠 3 日注满 1 次；

第五条水渠 5 日注满 1 次。

将日数相乘 1×1×5×3×5=75，作为被除数；

令日数乘满数，所得相加作为除数，即 $75\times3+75\times1+75\times\frac{2}{5}+75\times\frac{1}{3}+75\times\frac{1}{5}$ =370。

被除数除以除数为所求的日数，即 $75 \div 370 = \frac{15}{74}$ 日。

◎ **术解**

（1）因为第一条水渠 1 日满 3 次，1 天的效率为 3。同理，第二至第五条水渠的效率分别为 1、$\frac{2}{5}$、$\frac{1}{3}$、$\frac{1}{5}$。

（2）将五条水渠的日效率相加，$3+1+\frac{2}{5}+\frac{1}{3}+\frac{1}{5}=4\frac{14}{15}$。

（3）用 1 除以 $4\frac{14}{15}$，即可得到所求的日数，$1\div4\frac{14}{15}=\frac{15}{74}$ 日。

▍原文

（二七）今有人持米出三关，外关三而取一，中关五而取一，内关七而取一，余米五斗。问本持米几何？

答曰：十斗九升八分升之三。

术曰：置米五斗。以所税者[1]三之，五之，七之，为实。以余不税者[2]二、四、六相乘为法。实如法得一斗。

◎ **注释**

（1）税者：收税的数目。

（2）不税者：指所税之余。譬如"五而取一"，不税者为四。

◎ **译文**

（二七）现有人带着米要出 3 关，外关收的税是米的 $\frac{1}{3}$，中关收的税为米的 $\frac{1}{5}$，内关收的税是米的 $\frac{1}{7}$。出关后还剩下 5 斗米。问原本带有多少米？

答：10 斗 $9\frac{3}{8}$ 升。

运算法则：将剩下的 5 斗米，分别乘征收税 3、5、7，以此作为被除数。以剩余的不征税数 2、4、6 互乘，以此作为除数。被除数除以除数，就能得到原来带的米的斗数。

◎ **译解**

（二七）$5 \times 3 = 15$、$15 \times 5 = 75$、$75 \times 7 = 525$，作为被除数；

$2 \times 4 \times 6 = 48$，作为除数；

被除数除以除数为原来米的斗数，即 $525 \div 48 = 10$ 斗 $9\frac{3}{8}$ 升。

◎ **术解**

（1）由剩余的 5 斗米可得：入内关前的米有：$5 \times 7 \div 6 = \frac{35}{6}$ 斗。

（2）入中关前的米有：$\frac{35}{6} \times 5 \div 4 = \frac{175}{24}$ 斗。

（3）入外关前的米有：$\frac{175}{24} \times 3 \div 2 = 10$ 斗 $9\frac{3}{8}$ 升。

原文

（二八）今有人持金出五关，前关二而税一，次关三而税一，次关四而税一，次关五而税一，次关六而税一。并五关所税，适重一斤。问本持金几何？

答曰：一斤三两四铢五分铢之四。

术曰：置一斤，通所税者^{（1）}以乘之为实。亦通其不税者^{（2）}以减所通，余为法。实如法得一斤。

◎ **注释**

（1）通所税者：将2、3、4、5、6相乘。

（2）通其不税者：将1、2、3、4、5相乘。

◎ **译文**

（二八）现有人拿着金子要出5关，第1关收的税是金子的$\frac{1}{2}$，第2关收的税是金子的$\frac{1}{3}$，第三关收的税是金子的$\frac{1}{4}$，第4关收的税是金子的$\frac{1}{5}$，第5关收的税是金子的$\frac{1}{6}$。5关收的税金的和，正好是1斤。问原本金子有多少？

答：原本金子有1斤3两4$\frac{4}{5}$铢。

运算法则：列出1斤，与通征税数连乘，以此作为被除数。用通征税数减不通征税数，余下的数作为除数。被除数除以除数，得数为原本的金重。

◎ **译解**

（二八）列出1斤，与通征税数连乘，即2×3×4×5×6=720，作为被除数；

通不征税数，即1×2×3×4×5=120。

通征税数减通不征税数，720-120=600，作为除数；

被除数除以除数为原本的金重，即720÷600=1$\frac{1}{5}$斤=1斤3两4$\frac{4}{5}$铢。

◎ **术解**

（1）先将原本的金重设为a。

（2）根据已知条件，可列下方程式：

第1关$\frac{1}{2}a$；

第 2 关 $\frac{1}{3}$ × （1-$\frac{1}{2}$）a=$\frac{1}{6}$ a ；

第 3 关 $\frac{1}{4}$ × （1-$\frac{1}{2}$-$\frac{1}{6}$）a=$\frac{1}{12}$ a ；

第 4 关 $\frac{1}{5}$ × （1-$\frac{1}{2}$-$\frac{1}{6}$-$\frac{1}{12}$）a=$\frac{1}{20}$ a ；

第 5 关 $\frac{1}{6}$ × （1-$\frac{1}{2}$-$\frac{1}{6}$-$\frac{1}{12}$-$\frac{1}{20}$）a=$\frac{1}{30}$ a

（3）所收税金为（$\frac{1}{2}$+$\frac{1}{6}$+$\frac{1}{12}$+$\frac{1}{20}$+$\frac{1}{30}$）a=1，a=$\frac{6}{5}$ 斤。

（4）1 斤 =16 两，1 两 =24 铢，$\frac{6}{5}$ 斤 =1 斤 3 两 4$\frac{4}{5}$ 铢。

卷七

盈不足

今有共买金，人出四百，盈三千四百；人出三百，盈一百。问人数、金价各几何？

答曰：三十三人。金价九千八百。

今有共买羊，人出五，不足四十五；人出七，不足三。问人数、羊价各几何？

答曰：二十一人。羊价一百五十。

两盈、两不足术曰：置所出率，盈、不足各居其下。令维乘所出率，以少减多，余为实。两盈、两不足以少减多，余为法。实如法而一。有分者通之。两盈、两不足相与同其买物者，置所出率，以少减多，余，以约法实，实为物价，法为人数。

其一术曰：置所出率，以少减多，余为法。两盈、两不足，以少减多，余为实。实如法而一得人数。以所出率乘之，减盈、增不足，即物价。

原文

（一）今有共买物，人[1]出八，盈三；人出七，不足四。问人数、物价各几何？

答曰：七人，物价五十三。

（二）今有共买鸡，人出九，盈十一；人出六，不足十六。问人数、鸡价各几何？

答曰：九人，鸡价七十。

（三）今有共买琎[2]，人出半，盈四；人出少半，不足三。问人数、琎价各几何？

答曰：四十二人，琎价十七。

（四）今有共买牛，七家共出一百九十，不足三百三十；九家共出二百七十，盈三十。问家数、牛价各几何？

答曰：一百二十六家，牛价三千七百五十。

盈不足术[3]曰：置所出率，盈、不足各居其下。令维乘[4]所出率，并以为实。并盈、不足为法。实如法而一。有分者，通之。盈不足相与同其买物者，置所出率，以少减多，余，以约法、实。实为物价，法为人数。

其一术曰：并盈不足为实。以所出率以少减多，余为法。实如法得一人。以所出率乘之，减盈、增不足即物价。

◎ 注释

（1）人：每人。

（2）琎：美石，一种像玉的石头。

（3）盈不足术：盈，满，盈余。这里指用假设的方法计算。

（4）维乘：交叉相乘。

◎ 译文

（一）现几个人共同买东西，每人出 8 钱，多出 3 钱；每人出 7 钱，缺少

4 钱。那么人数、物价各是多少？

答：7 人，物价为 53 钱。

（二）现几个人共同买鸡，每人出 9 钱，多出 11 钱；每人出 6 钱，缺少 16 钱。那么人数、鸡价各是多少？

答：9 人，鸡价为 70 钱。

（三）现几个人共同买美石，每人出 $\frac{1}{2}$ 钱，多出 4 钱；每人出 $\frac{1}{3}$ 钱，缺少 3 钱。那么人数、石价各是多少？

答：42 人，石价为 17 钱。

（四）现几家人共同买牛，每 7 家出 190 钱，缺少 330 钱；每 9 家出 270 钱，多 30 钱。那么家数、物价各是多少？

答：126 家，牛价为 3750 钱。

盈不足的运算法则：列出所出率，分别在下面列出盈数和不足数。把盈数和不足数与所出率交叉相乘，得数相加，和作为被除数。把盈数、不足数相加，和作为除数。被除数除以除数。如果有分数，进行通分。共同所买物，如果出现盈和不足，列出所出率，多的数减去少的数，再用余数约简除数和被除数。被除数约简后，得数为物价。除数约简后，得数为人数。

另一种运算法则：把盈数和不足数相加，和作为被除数。列出所出率，用多的数减去少的数，得数作为除数。被除数除以除数，得数为人数。人数乘所出率，减去盈数或加不足数，得数为物价。

◎ **译解**

（一）列出所出率：
把盈数和不足数分别列下面 $\begin{cases} 8 & 7 \\ 3 & 4 \end{cases}$，交叉相乘，即 8×4=32，3×7=21，得数相加，32+21=53，作为被除数；

盈加不足，3+4=7，作为除数。被除数除以除数，53÷7=$\frac{53}{7}$；

有分数，列出所出率，多的数减去少的数，即 8-7=1。余数 1 约简被除数 53，得出物价为 53 钱。余数 1 约简除数 7，得出人数为 7 人。

第二种算法：

盈数和不足数相加，3+4=7，作为被除数；

所出率，多的数减去少的数，8-7=1，作为除数；

被除数除以除数，得数为人数，即 7÷1=7 人。7×8-3=53 钱，或 7×7+4=53 钱。

（二）同理，列出所出率：9、6，盈数和不足数分别为：11、16，交叉相乘，即 9×16=144，6×11=66，得数相加，144+66=210，作为被除数；

盈加不足，11+16=27，作为除数。被除数除以除数，$210÷27=\frac{210}{27}$；

有分数，多的数减去少的数，即 9-6=3。余数 3 约简被除数 210，即物价为 70 钱。余数 3 约简除数 27，即人数为 9 人。

第二种算法：

盈数和不足数相加，11+16=27，作为被除数；

所出率，多的数减去少的数，9-6=3，作为除数；

被除数除以除数，得数为人数，即 27÷3=9 人。9×9-11=70 钱，或 9×6+16=70 钱。

（三）同理，把每人所出钱数的 $\frac{1}{2}$ 钱、$\frac{1}{3}$ 钱，作为比率。

列出所出率：$\frac{1}{2}$、$\frac{1}{3}$，盈数和不足数分别为：4、3，交叉相乘，即 $\frac{1}{2}×3=\frac{2}{3}$，$\frac{1}{3}×4=\frac{4}{3}$，得数相加，$\frac{3}{2}+\frac{4}{3}=\frac{17}{6}$，作为被除数；

盈加不足，4+3=7，作为除数。被除数除以除数，$\frac{17}{6}÷7$；

有分数，多的数减去少的数，即 $\frac{1}{2}-\frac{1}{3}=\frac{1}{6}$。余数 $\frac{1}{6}$ 约简被除数 $\frac{17}{6}$，即物价为 17 钱。余数 $\frac{1}{6}$ 约简除数 7，即人数为 42 人。

第二种算法：

盈数和不足数相加，4+3=7，作为被除数；

所出率，多的数减去少的数，$\frac{1}{2}-\frac{1}{3}=\frac{1}{6}$，作为除数；

被除数除以除数，得数为人数，即 $7÷\frac{1}{6}=42$ 人。$42×\frac{1}{2}-4=17$ 钱，或 $42×\frac{1}{3}+3=17$ 钱。

（四）同理，每 7 家的 190 钱，每家为 $\frac{190}{7}$；每 9 家的 270 钱，每家为

30。

列出所出率：$\frac{190}{7}$、30，盈数和不足数分别为：330、30，交叉相乘，即 $\frac{190}{7} \times 30 = \frac{5700}{7}$，330×30=9900，得数相加，$\frac{5700}{7} + 9900 = \frac{75000}{7}$，作为被除数；

盈加不足，330+30=360，作为除数。被除数除以除数，$\frac{75000}{7} \div 360 = \frac{75000}{2520}$；

有分数，列出所出率，多的数减去少的数，210-190=20。余数20约简被除数75000，得出物价为3750钱。余数20约简除数2520，得出家数为126家。

第二种算法：

每7家的190钱，每家为$\frac{190}{7}$；每9家的270钱，每家为30。

盈数和不足数相加，330+30=360，作为被除数；

所出率，多的数减去少的数，$30 - \frac{190}{7} = \frac{180}{63}$，作为除数；

被除数除以除数，得数为人数，即 $360 \div \frac{180}{63} = 126$家。126÷7×190+330=3750钱，或126÷9×270-30=3750钱。

◎ **术解：**

以（二）为例：

（1）假设人数为a，物价＝人数 × 钱数－盈数，或是物价＝人数 × 钱数＋不足。

（2）得出，$a \times 9 - 11 = a \times 6 + 16$，$9a - 11 = 6a + 16$，$3a = 27$，$a = 9$人。

（3）物价＝9×9-11=81-11=70钱，或者9×6+16=54+16=70钱。

▌原文

（五）今有共买金，人出四百，盈三千四百；人出三百，盈一百。问人数、金价各几何？

答曰：三十三人，金价九千八百。

（六）今有共买羊，人出五，不足四十五；人出七，不足三。问人数、羊价各几何？

答曰：二十一人，羊价一百五十。

两盈、两不足术⁽¹⁾曰：置所出率，盈、不足各居其下。令维乘所出率，以少减多，余为实。两盈、两不足以少减多，余为法。实如法而一。有分者通之。两盈、两不足相与同其买物者，置所出率，以少减多，余，以约法实，实为物价，法为人数。

其一术曰：置所出率，以少减多，余为法。两盈、两不足，以少减多，余为实。实如法而一得人数。以所出率乘之，减盈、增不足，即物价。

◎ **注释**

（1）两盈、两不足术：即有两个假设的运算法则。

◎ **译文**

（五）现几个人共同买金，每人出 400 钱，多出 3400 钱；每人出 300 钱，多出 100 钱。那么人数、物价各是多少？

答：33 人，金价为 9800 钱。

（六）现几个人共同买羊，每人出 5 钱，少 45 钱；每人出 7 钱，少 3 钱。那么人数、物价各是多少？

答：21 人，羊价 150 钱。

两盈、两不足的运算法则：列出所出率，分别在下面列出盈数或不足数。把盈数或不足数与所出率交叉相乘，得数相减，余数作为被除数。把两盈、两不足数相减，余数作为除数。被除数除以除数。如果有分数，进行通分。共同所买物，如果出现盈或不足，列出所出率，多的数减去少的数，再用余数约简除数和被除数。被除数约简后，得数为物价。除数约简后，得数为人数。

另一种运算法则：把盈数或不足数相减，余数作为被除数。列出所出率，用多的数减去少的数，得数作为除数。被除数除以除数，得数为人数。人数乘所出率，减去盈数或加不足数，得数为物价。

◎ 译解

（五）列出所出率：400、300，盈数分别为：3400、100，交叉相乘，即 $400 \times 100 = 40000$，$300 \times 3400 = 1020000$，得数相减，$102000 - 40000 = 980000$，作为被除数；

两盈相减，$3400 - 100 = 3300$，作为除数。被除数除以除数，$980000 \div 3300 = \frac{980000}{3300}$；

有分数，所出率多的数减去少的数，即 $400 - 300 = 100$。余数100约简被除数980000，即金价为9800钱。余数100约简除数3300，即人数为33人。

第二种算法：

两盈数相减，$3400 - 100 = 3300$，作为被除数；

所出率，多的数减去少的数，$400 - 300 = 100$，作为除数；

被除数除以除数，得数为人数，即 $3300 \div 100 = 33$ 人。$33 \times 400 - 3400 = 9800$ 钱，或 $33 \times 300 - 100 = 9800$ 钱。

（六）同理，列出所出率：5、7，不足数分别为：45、3，交叉相乘，即 $5 \times 3 = 15$，$7 \times 45 = 315$，得数相减，$315 - 15 = 300$，作为被除数；

两不足相减，$45 - 3 = 42$，作为除数。被除数除以除数，$300 \div 42 = \frac{300}{42}$；

有分数，所出率多的数减去少的数，即 $7 - 5 = 2$。余数2约简被除数300，即羊价为150钱。余数2约简除数42，即人数为21人。

第二种算法：

两不足数相减，$45 - 3 = 42$，作为被除数；

所出率，多的数减去少的数，$7 - 5 = 2$，作为除数；

被除数除以除数，得数为人数，即 $42 \div 2 = 21$ 人。$21 \times 5 + 45 = 150$ 钱，或 $21 \times 7 + 3 = 150$ 钱。

◎ **术解**

以（六）为例：

（1）假设人数为 a，羊价 = 人数 × 钱数 + 不足。

（2）得出，$a \times 5+45=a \times 7+3$，$5a+45=7a+3$，$2a=42$，$a=21$ 人。

（3）羊价 =21×5+45=105+45=150 钱，或者 21×7+3=147+3=150 钱。

█ 原文

（七）今有共买豕[1]，人出一百，盈一百；人出九十，适足[2]。问人数、豕价各几何？

曰：一十人，豕价九百。

（八）今有共买犬，人出五，不足九十；人出五十，适足。问人数、犬价各几何？

答曰：二人，犬价一百。

盈、适足，不足、适足术曰：以盈及不足之数为实。置所出率，以少减多，余为法。实如法得一人。其求物价者，以适足乘人数得物价。

◎ **注释**

（1）豕：猪。

（2）适足：充足适度而不过分。这里指恰好、刚刚好。

◎ **译文**

（七）现几个人共同买猪，每人出 100 钱，多出 100 钱；每人出 90 钱，正好合适。那么人数、猪价各是多少？

答：10 人，猪价为 900 钱。

（八）现几个人共同买狗，每人出 5 钱，少 90 钱；每人出 50 钱，正好合适。那么人数、物价各是多少？

答：2 人，狗价为 100 钱。

盈、适足，不足、适足的运算法则：用盈数或不足数作为被除数。列出所出率，多数减去少数，余数为除数。被除数除以除数，得数为人数。用适足数乘人数，得数为物价。

◎ **译解**

（七）盈数为 100，作为被除数；

列出所出率，多数减去少数，100-90=10，作为除数；

被除数除以除数，100÷10=10 人，为人数。适足数乘人数，90×10=900 钱，为猪价。

（八）不足为 90，作为被除数；

列出所出率，多数减去少数，50-5=45，作为除数；

被除数除以除数，90÷45=2 人，为人数。适足数乘人数，50×2=100 钱，为狗价。

◎ **术解**

以（七）为例：

（1）假设人数为 a，猪价 = 人数 × 钱数 - 盈数，猪价 = 适足 × 人数。

（2）得出，$a×100-100=a×90$，$100a-100=90a$，$10a=100$，$a=10$ 人。

（3）猪价 =90×10=900 钱。

▎ **原文**

（九）今有米在十斗桶中，不知其数。满中添粟而舂之，得米七斗。问故米几何？

答曰：二斗五升。

术曰：以盈不足术求之，假令[1]故米[2]二斗，不足二升。今之三斗，有余二升。

◎ 注释

（1）假令：假设。

（2）故米：故，过去的，原来的。

◎ 译文

（九）现 10 斗的米桶里有粝米，不知道粝米有多少斗。用粟米把米桶填满，再把粟米舂倒加工，得到粝米 7 斗。那么，原来有多少粝米？

答：2 斗 5 升。

运算法则：用盈、不足的运算方式来计算：假设原来有粝米 2 斗，少 2 升；假设原来有粝米 3 斗，多 2 升。

◎ 译解

（九）列出所出率：2、3，盈数和不足数分别为：2、2，交叉相乘，即 $2 \times 2 = 4$，$3 \times 2 = 6$，得数相加，$4 + 6 = 10$，作为被除数；

盈和不足相加，$2 + 2 = 4$，作为除数。被除数除以除数，得数为原有粝米数，$10 \div 4 = \frac{10}{4} = 2\frac{1}{2}$ 斗 = 2 斗 5 升。

◎ 术解

（1）粟米：粝米 = 50:30 = 5:3。

（2）假设原有粝米为 a，$(10-a) \times \frac{3}{5} = 7 - a$，$a = 2\frac{1}{2}$ 斗 = 2 斗 5 升。

▌ 原文

（一〇）今有垣高九尺。瓜生其上[1]，蔓日长七寸。瓠生其下[2]，蔓日长一尺。问几何日相逢？瓜、瓠各长几何？

答曰：五日十七分日之五。瓜长三尺七寸十七分寸之一，瓠长五尺二寸十七分寸之十六。

术曰：假令五日，不足五寸。令之六日，有余一尺二寸。

◎ 注释

（1）瓜生其上：瓜种在墙的上方，瓜蔓往下生长。

（2）瓠生其下：瓠，葫芦。葫芦种在墙的下方，蔓往上生长。

◎ 译文

（一〇）现有 9 尺高的墙，上方种着瓜，瓜蔓每日往下生长 7 寸；下方种着葫芦，蔓每日往上生长 1 尺。那么两者什么时候相遇？相遇时，各生长了多少？

答：$5\frac{5}{17}$ 日相遇。相遇时，瓜长了 3 尺 $7\frac{1}{17}$ 寸，葫芦长了 5 尺 $2\frac{16}{17}$ 寸。

运算法则：假设 5 日相遇，少 5 寸；假设 6 日相遇，多出 1 尺 2 寸。

◎ 译解

（一〇）1 尺 2 寸 =12 寸，

列出所出率：5、6，盈数和不足数分别为：5、12，交叉相乘，即 $5 \times 12=60$，$6 \times 5=30$，得数相加，60+30=90，作为被除数；

盈和不足相加，5+12=17，作为除数。被除数除以除数，得数为相遇时间，$90 \div 17=\frac{90}{17}$ 日 $=5\frac{5}{17}$ 日。

$5\frac{5}{17} \times 7=37\frac{1}{17}$ 寸 $=3$ 尺 $7\frac{1}{17}$ 寸，即瓜生长了 3 尺 $7\frac{1}{17}$ 寸，$5\frac{5}{17} \times 10=52\frac{16}{17}$ 寸 $=5$ 尺 $2\frac{16}{17}$ 寸，即葫芦生长了 5 尺 $2\frac{16}{17}$ 寸。

◎ 术解

（1）9 尺 =90 寸，1 尺 =10 寸。

（2）假设两者 a 日相遇，得出，$7a+10a=90$，$a=\frac{19}{17}=5\frac{5}{17}$ 日。

（3）$5\frac{5}{17} \times 7=37\frac{1}{17}$ 寸 $=3$ 尺 $7\frac{1}{17}$ 寸，$5\frac{5}{17} \times 10=52\frac{16}{17}$ 寸 $=5$ 尺 $2\frac{16}{17}$ 寸，则瓜和葫芦分别生长了 3 尺 $7\frac{1}{17}$、5 尺 $2\frac{16}{17}$ 寸。

█ 原文

（一）今有蒲[1]生一日，长三尺。莞[2]生一日，长一尺。蒲生日自半。莞生日自倍。问几何日而长等？

答曰：二日十三分日之六。各长四尺八寸十三分寸之六。

术曰：假令二日，不足一尺五寸。令之三日，有余一尺七寸半。

◎ 注释

（1）蒲：蒲草，生长在沼泽、河边。

（2）莞：水葱，生长在水田，可编席。

◎ 译文

（一）现有蒲草，第一日生长 3 尺；水葱，第一日生长 1 尺。蒲草的生长速度每日减半，水葱的生长速度每日增倍，那么两者什么时候长度相等？长度是多少？

答：$2\frac{6}{13}$ 日两者相等。长度为 4 尺 $8\frac{6}{13}$ 寸。

运算法则：假设 2 日相等，少了 1 尺 5 寸；假设 3 日相等，多出 1 尺 $7\frac{1}{2}$ 寸。

◎ 译解

（一）1 尺 5 寸 =15 寸，1 尺 $7\frac{1}{2}$ 寸 =$17\frac{1}{2}$ 寸。

列出所出率：2、3，盈数和不足数分别为：15、$\frac{35}{2}$，交叉相乘，即 $2\times\frac{35}{2}$ =35，3×15=45，得数相加，35+45=80，作为被除数；

盈和不足相加，$15+\frac{35}{2}$ =$32\frac{1}{2}$，作为除数。被除数除以除数，得数为时间，$80\div32\frac{1}{2}$ =$2\frac{6}{13}$ 日。$30+\frac{30}{2}+\frac{30}{4}\times\frac{6}{13}$ =$30+\frac{30}{2}+\frac{90}{26}$ =$48\frac{6}{13}$ 寸 =4 尺 $8\frac{6}{13}$ 寸。

或，$10+20+40\times\frac{6}{13}$ =$30+18+\frac{6}{13}$ =$48\frac{6}{13}$ 寸 =4 尺 $8\frac{6}{13}$ 寸。

◎ **术解**

（1）3 尺 =30 寸，1 尺 =10 寸。

（2）假设 a 日，两者长度相等，$30 \times [1-(\frac{1}{2})^a] \div (1-\frac{1}{2}) = 10 \times (1-2^a) \div (1-2)$，$a=2\frac{6}{13}$ 日。

（3）$30+\frac{30}{2}+\frac{30}{4} \times \frac{6}{13} = 30+\frac{30}{2}+\frac{90}{26} = 48\frac{6}{13}$ 寸 $=4$ 尺 $8\frac{6}{13}$ 寸。 或，$10+20+40 \times \frac{6}{13} = 30+18+\frac{6}{13} = 48\frac{6}{13}$ 寸 $=4$ 尺 $8\frac{6}{13}$ 寸。

原文

（一二）今有垣厚五尺，两鼠对穿。大鼠日一尺，小鼠亦日一尺。大鼠日自倍，小鼠日自半。问几何日相逢？各穿几何？

答曰：二日十七分日之二。大鼠穿三尺四寸十七分寸之十二，小鼠穿一尺五寸十七分寸之五。

术曰：假令二日，不足五寸。令之三日，有余三尺七寸半。

◎ **译文**

（一二）现有墙厚 5 尺，两只老鼠对着穿墙。大鼠第一天穿墙 1 尺，小鼠第一天也穿 1 尺。大鼠每日增加 1 倍，小鼠每日减少一半。那么两鼠几日相遇？相遇时，各穿墙多少？

答：$2\frac{2}{17}$ 日相遇。大鼠穿墙 3 尺 $4\frac{12}{17}$ 寸，小鼠穿墙 1 尺 $5\frac{5}{17}$ 寸。

运算法则：假设 2 日相遇，少 5 寸；假设 3 日相遇，多出 3 尺 $7\frac{1}{2}$ 寸。

◎ **译解**

（一二）5 尺 =50 寸，1 尺 =10 寸，3 尺 $7\frac{1}{2}$ 寸 $=37\frac{1}{2}$ 寸，

列出所出率：2、3，盈数和不足数分别为：5、$37\frac{1}{2}$，交叉相乘，即 $2 \times 37\frac{1}{2} = 75$，$3 \times 5=15$，得数相加，75+15=90，作为被除数；

盈和不足相加，$5+37\frac{1}{2} = 42\frac{1}{2}$，作为除数。被除数除以除数，得数为时间，$90 \div 42\frac{1}{2} = 2\frac{2}{17}$ 日。

$10+20+40 \times \frac{2}{17} = 30 + \frac{80}{17} = 34\frac{12}{17}$ 寸 $=3$ 尺 $4\frac{12}{17}$ 寸，为大鼠穿墙的尺数。$50-34\frac{12}{17}=15\frac{5}{17}$ 寸 $=1$ 尺 $5\frac{5}{17}$ 寸，为小鼠穿墙的尺数。

◎ **术解**

（1）5 尺 =50 寸，1 尺 =10 寸。

（2）假设 a 日，大小鼠相遇，$10 \times (1-2^a) \div (1-2) + 10 \times [1-(\frac{1}{2})^a] \div (1-\frac{1}{2}) = 50$，$a=2\frac{2}{17}$ 日。

（3）$10+20+40 \times \frac{2}{17} = 30 + \frac{80}{17} = 34\frac{12}{17} = 3$ 尺 $4\frac{12}{17}$，为大鼠穿墙的尺数。$50-34\frac{12}{17}=15\frac{5}{17}$ 寸 $=1$ 尺 $5\frac{5}{17}$ 寸，为小鼠穿墙的尺数。

原文

（一三）今有醇酒一斗，直[1]钱五十；行酒[2]一斗，直钱一十。今将钱三十，得酒二斗。问醇、行酒各得几何？

答曰：醇酒二升半，行酒一斗七升半。

术曰：假令醇酒五升，行酒一斗五升，有余一十。令之醇酒二升，行酒一斗八升，不足二。

◎ **注释**

（1）直：通"值"，价值。

（2）行酒：与醇酒相比，质量不好的酒。

◎ **译文**

（一三）现有醇酒 1 斗，价值 50 钱；行酒 1 斗，价值 10 钱。用 30 钱，买 2 斗酒，那么醇酒和行酒各能买多少？

答：醇酒能买 $2\frac{1}{2}$ 升，行酒能买 1 斗 $7\frac{1}{2}$ 升。

运算法则：假设醇酒为 5 升，行酒则为 1 斗 5 升，多出 10 钱；假设醇酒为 2 升，行酒则为 1 斗 8 升，少 2 钱。

◎ 译解

（一三）1 斗 =10 升，1 斗 8 升 =18 升，1 斗 5 升 =15 升。

列出醇酒所出率：5、2，盈数和不足数分别为：10、2，交叉相乘，即 5×2=10，2×10=20，得数相加，10+10=30，作为被除数；

盈和不足相加，10+2=4，作为除数。被除数除以除数，得数为时间，30÷12=2$\frac{1}{2}$升，为醇酒的升数。

20-2$\frac{1}{2}$ =17$\frac{1}{2}$升 =1 斗 7$\frac{1}{2}$升，为行酒的升数。

也可用盈不足求出行酒的数量，再用 2 升减去行酒，得出醇酒的数量。

◎ 术解

（1）1 斗 =10 升，2 斗 =20 升，已知 10 升醇酒价值 50 钱，每升 50÷10=5 钱；10 升行酒 10 钱，每升 10÷10=1 钱。

（2）假设醇酒的数量为 a，行酒的数量则为 20-a，得出，5×a+1×（20- a）=30，a=2$\frac{1}{2}$升。

（3）20-2$\frac{1}{2}$ =17$\frac{1}{2}$升 =1 斗 7$\frac{1}{2}$升，为行酒的升数。

▌原文

（一四）今有大器五、小器一，容三斛；大器一、小器五，容二斛。问大、小器各容几何？

答曰：大器容二十四分斛之十三，小器容二十四分斛之七。

术曰：假令大器五斗，小器亦五斗，盈一十斗。令之大器五斗五升，小器二斗五升，不足二斗。

◎ 译文

（一四）今有大容器 5 个、小容器 1 个，容积共为 3 斛；大容器 1 个、小容器 5 个，容积为 2 斛。那么大、小容器的容积各是多少？

答：大小容器的容积分别是 $\frac{13}{24}$ 斛、$\frac{7}{24}$ 斛。

运算法则：假设大容器容积为 5 斗，小容器也为 5 斗，多出 10 斗；假设大容器容积为 5 斗 5 升，小容器为 2 斗 5 升，少 2 斗。

◎ **译解**

（一四）5 斗 =50 升，10 斗 =100 升，5 斗 5 升 =55 升，2 斗 5 升 =25 升，2 斗 =20 升。

列出大容器所出率：50、55，盈数和不足数分别为：100、20，交叉相乘，即 50×20=1000，55×100=5500，得数相加，1000+5500=6500，作为被除数；

盈和不足相加，100+20=120，作为除数。被除数除以除数，得数为大容器容积，6500÷120= $\frac{325}{6}$ 升。1 斛 =100 升，$\frac{325}{6}$ 升 = $\frac{13}{24}$ 斛。

$3-\frac{13}{24}×5=\frac{7}{24}$ 斛，为小容器的容积。

◎ **术解**

（1）假设大容器容积为 a，则小容器容积为 b，得出 $5a+1×b=3$，$a+5b=2$。

（2）得出，$a=\frac{13}{24}$ 斛，$b=\frac{7}{24}$ 斛。

▍ **原文**

（一五）今有漆三得油四，油四和漆五。今有漆三斗，欲令分以易[1]油，还自和余漆[2]。问出漆、得油、和漆各几何？

答曰：出漆一斗一升四分升之一，得油一斗五升，和漆一斗八升四分升之三。

术曰：假令出漆九升，不足六升。令之出漆一斗二升，有余二升。

◎ **注释**

（1）易：交换、交易。

（2）还自和余漆：还，退还。和，调和。余，余下，剩下。退还的油用来调和余下的漆。

◎ **译文**

（一五）现在有3份漆，可以换4份油；4份油可以调和成5份漆。将3斗漆，拿出一部分来换油，换来的油可以调和剩余的漆。那么，分出的漆、换回的油，用于调和的漆各是多少？

答：分出的漆是1斗1$\frac{1}{4}$升，换得的油是1斗5升，用于调和的漆是1斗8$\frac{3}{4}$升。

运算法则：假设分出漆为9升，少6升；假设分出漆1斗2升，多出2升。

◎ **译解**

（一五）1斗2升=12升，

列出所出率：9、12，盈数和不足数分别为：6、2，交叉相乘，即9×2=18，12×6=72，得数相加，18+72=90，作为被除数；

盈和不足相加，6+2=8，作为除数。被除数除以除数，得数为大容器容积，90÷8=$\frac{45}{4}$升=11$\frac{1}{4}$升=1斗1$\frac{1}{4}$升，为分出的漆数。

已知，3份漆，可以换4份油；4份油可以调和成5份漆，比率为3:4:5，换的油数，11$\frac{1}{4}$×4÷3=$\frac{45}{3}$=15升=1斗5升。

调和的漆，11$\frac{1}{4}$×5÷3=$\frac{75}{3}$=18$\frac{3}{4}$升=1斗8$\frac{3}{4}$升。

◎ **术解**

（1）已知，3份漆，可以换4份油；4份油可以调和成5份漆，比率为3:4:5。

（2）假设分出的漆为a，剩余的漆为30-a，得出，a:（30-a）=3:5，

a=$\frac{45}{4}$升=11$\frac{1}{4}$升=1斗1$\frac{1}{4}$升。

（3）剩余的漆为，$30-11\frac{1}{4}=18\frac{3}{4}$升 =1 斗 8 $\frac{3}{4}$升。

（4）换得的油为，$11\frac{1}{4}\times4\div3=\frac{45}{3}=15$升 =1 斗 5 升。调和的漆，$11\frac{1}{4}$ $\times5\div3=\frac{75}{4}=18\frac{3}{4}$升 =1 斗 8 $\frac{3}{4}$升。

▌原文

（一六）今有玉方一寸，重七两；石方一寸，重六两。今有石立方三寸，中有玉，并重十一斤。问玉、石重各几何？

答曰：玉一十四寸，重六斤二两。石一十三寸，重四斤十四两。

术曰：假令皆玉，多十三两。令之皆石，不足十四两。不足为玉，多为石。各以一寸之重乘之，得玉石之积重。

◎ 译文

（一六）现有 1 立方寸的玉，重 7 两；1 立方寸的石，重 6 两。有一正方体的石，棱长为 3 寸，里面含有玉，共重 11 斤。那么这块石中玉和石体积和重量各是多少？

答：玉体积为 14 立方寸，重 6 斤 2 两；石体积为 13 立方寸，重 4 斤 14 两。

运算法则：假设都是玉，多出 13 两；假设都是石，少 14 两。不足数是玉的体积，盈数是石的体积。用体积称各自 1 立方寸的重量，得数为各自重量。

◎ 译解

（一六）列出盈和不足，即 13 和 14。不足是玉的体积，即 14 立方寸。盈数是石的体积，即 13 立方寸。

用体积乘各自 1 立方寸的重量，玉的重量为，14×7=98 两 =6 斤 2 两，石的重量为 13×6=78 两 =4 斤 14 两。

◎ **术解**

（1）11 斤 =176 两，假设玉的重量为 a，石的重量为 176-a。

（2）由题意得出，总体积 =3×3×3=27 立方寸。

（3）$\frac{a}{7}+\frac{176-a}{6}$=27，得出 a=98 两 =6 斤 2 两，为玉的重量。176-98=78 两 =4 斤 14 两，为石的重量。

（4）$\frac{98}{7}$=14 立方寸，为玉的体积。$\frac{78}{6}$=13 立方寸，为石的体积。

▌ 原文

（一七）今有善田[1]一亩，价三百；恶田[2]七亩，价五百。今并买一顷，价钱一万。问善、恶田各几何？

答曰：善田一十二亩半，恶田八十七亩半。

术曰：假令善田二十亩，恶田八十亩，多一千七百一十四钱七分钱之二。令之善田一十亩，恶田九十亩，不足五百七十一钱七分钱之三。

◎ **注释**

（1）善田：良田，好田。

（2）恶田：劣田，坏田。

◎ **译文**

（一七）现有良田 1 亩，价值 300 钱；劣田 7 亩，价值 500 钱。想买田 1 顷，共价值 1 万钱，那么良田和劣田各是多少？

答：良田 12 $\frac{1}{2}$ 亩，劣田 87 $\frac{1}{2}$ 亩。

运算法则：假设良田为 20 亩，劣田为 80 亩，多出 1714 $\frac{2}{7}$ 钱；假设良田为 10 亩，劣田为 90 亩，少 571 $\frac{3}{7}$ 钱。

◎ **译解**

（一七）列出良田所出率：20、10，盈数和不足数分别为：$1714\frac{2}{7}$、$571\frac{3}{7}$，交叉相乘，即 $20 \times 571\frac{3}{7} = \frac{80000}{7}$，$10 \times 1714\frac{2}{7} = \frac{120000}{7}$，得数相加，$\frac{80000}{7} + \frac{120000}{7} = \frac{200000}{7}$，作为被除数；

盈和不足相加，$1714\frac{2}{7} + 571\frac{3}{7} = \frac{16000}{7}$，作为除数。被除数除以除数，得数为大容器容积，$\frac{200000}{7} \div \frac{16000}{7} = \frac{200}{16}$亩$=12\frac{1}{2}$亩，为良田数。

1顷$=100$亩，$100-12\frac{1}{2} = 87\frac{1}{2}$亩，为劣田数。

◎ **术解**

（1）1顷$=100$亩，假设良田为a，劣田为$100-a$。

（2）根据题意，1亩良田为300钱，a亩为$300a$钱。7亩劣田为500钱，$100-a$亩为（$100-a$）$\times \frac{500}{7}$钱。

（3）良田和劣田共10000钱，得出，$300a +$（$100-a$）$\times \frac{500}{7} = 10000$，$16a = 200$，$a = 12\frac{1}{2}$亩，为良田的亩数。劣田为$100-12\frac{1}{2} = 87\frac{1}{2}$亩。

▌原文

（一八）今有黄金九枚，白银一十一枚，称之重适等。交易其一，金轻十三两。问金、银一枚各重几何？

答曰：金重二斤三两一十八铢，银重一斤十三两六铢。

术曰：假令黄金三斤，白银二斤一十一分斤之五，不足四十九，于右行。今之黄金二斤，白银一斤一十一分斤之七，多一十五，于左行。以分母各乘其行内之数，以盈不足维乘所出率，并以为实。并盈不足为法。实如法，得黄金重。分母乘法以除，得银重。约之得分也。

◎ **译文**

（一八）现有黄金9枚，白银11枚，重量恰好相等。互相交易1枚，黄金减轻 13 两，那么一枚黄金、白银各重多少?

答：1 枚黄金重 2 斤 3 两 18 铢，1 枚白银重 1 斤 13 两 6 铢。

运算法则：假设 1 枚黄金为 3 斤，1 枚白银为 $2\frac{5}{11}$ 斤，不足 49 放在右边；假设 1 枚黄金为 2 斤，白银为 $1\frac{7}{11}$ 斤，多出 15 放在左边。用分母各自乘本行的数，再用盈数和不足数与所出率交叉相乘，得数之和作为被除数。盈和不足之和作为除数。被除数除以除数，得数为 1 枚黄金重量。用分母乘除数，再用相应的被除数去除，得数为 1 枚白银重量。将它们约简后，得到分数。

◎ **译解**

（一八）列出黄金所出率，2、3，

白银所出率，通分后为，$\frac{18}{11}$、$\frac{27}{11}$，

盈数和不足数为，$\frac{15}{11}$、$\frac{29}{11}$。

交叉相乘，和为被除数，$2 \times \frac{49}{11} + 3 \times \frac{15}{11} = \frac{143}{11}$，

盈和不足之和，作为除数，$\frac{15}{11} + \frac{49}{11} = \frac{64}{11}$。

被除数除以除数，得数为 1 枚黄金的重量，$\frac{143}{11} \div \frac{64}{11} = \frac{143}{64}$ 斤 $= 2\frac{15}{64}$ 斤，1 斤 =16 两，1 两 =24 铢，得出 2 斤 3 两 18 铢。

同理，1 枚白银重量为，$\left(\frac{18}{11} \times \frac{49}{11} + \frac{27}{11} \times \frac{15}{11}\right) \div \frac{64}{11} = \frac{117}{64}$ 斤 =1 斤 13 两 6 铢。

注意，题中不足和盈为 49、15，只是就分子而言，省略了分母。实际上，不足和盈分别为 $\frac{49}{11}$、$\frac{15}{11}$。

◎ **术解**

（1）假设 1 枚黄金重为 a，1 枚白银重为 $\frac{9}{11}a$。

（2）根据题意，$a + 10 \times \frac{9}{11}a - \left(8a + \frac{9}{11}a\right) = 13$，得出 $a = 35\frac{3}{4}$ 两 =2 斤 3 两 18 铢。

（3）白银为 $9 \times 35\frac{3}{4} = \frac{1287}{44}$ 两 =1 斤 13 两 6 铢。

▋ 原文

（一九）今有良马与驽马^{（1）}发长安至齐。齐去^{（2）}长安三千里。良马初日行一百九十三里，日增十三里。驽马初日行九十七里，日减半里。良马先至齐，复还迎^{（3）}驽马。问几何日相逢及各行几何？

答曰：一十五日一百九十一分日之一百三十五而相逢。良马行四千五百三十四里一百九十一分里之四十六。驽马行一千四百六十五里一百九十一分里之一百四十五。

术曰：假令十五日，不足三百三十七里半。令之十六日，多一百四十里。以盈、不足维乘假令之数，并而为实。并盈不足为法。实如法而一，得日数。不尽者，以等数除之而命分。

◎ 注释

（1）驽马：劣马，跑不快的马。

（2）去：距离，差别。

（3）复还迎：复还，赶回，返回。迎，迎接，接应。

◎ 译文

（一九）现有良马和劣马一起从长安出发，到齐地。齐地距离长安 3000 里，良马第一日跑 193 里，之后每日增加 13 里；劣马第一天跑 97 里，之后每日减少 $\frac{1}{2}$ 里。良马先到达齐地后，再返回去迎接劣马。那么，它们几日相遇？相遇时，各跑了多少里？

答：$15\frac{135}{191}$ 日相遇。相遇时，良马跑了 $4534\frac{46}{191}$ 里，劣马跑了 $1465\frac{145}{191}$ 里。

运算法则：假设 15 日相遇，不足 $337\frac{1}{2}$ 里；假设 16 日相遇，多出 140 里。盈数和不足数与所出率交叉相乘，得数之和作为被除数。盈和不足之和作为除数。被除数除以除数，得数为相遇日数。如果除不尽，就用最大公约数约简，得数用分数表示。

◎ **译解**

（一九）列出所出率为，15、16，不足数和盈数为，337$\frac{1}{2}$，140。

交叉相乘，15×140=2100，16×337$\frac{1}{2}$=5400，得数相加，作为被除数，2100+5400=7500。

盈和不足之和作为除数，337$\frac{1}{2}$+140=477$\frac{1}{2}$=$\frac{955}{2}$。

被除数除以除数，7500÷$\frac{955}{2}$=$\frac{15000}{955}$日=15$\frac{135}{191}$日，为相遇日数。

得出，良马所跑里数为4534$\frac{46}{191}$里，劣马所跑里数为1465$\frac{145}{191}$里。

◎ **术解**

（1）假设良马和劣马 a 日相遇，根据题意，良马所跑的路程为，193a+[13（a^2-a）÷2]。

（2）劣马所跑的路程为97a-[$\frac{1}{2}$（a^2-a）÷2]。

（3）两地距离为3000里，良马共跑6000里。

（4）得出，193a+[13（a^2-a）÷2]+97a-[$\frac{1}{2}$（a^2-a）÷2]=6000，a≈15$\frac{71}{100}$日。

（5）进而得出，良马所跑里数为4533$\frac{19}{20}$里，劣马所跑里数为1466$\frac{1}{11}$里。

（6）注意，此算法与古时算法有些许误差。

▌ 原文

（二十）今有人持钱之蜀贾[1]，利：十，三[2]。初返归一万四千，次返归一万三千，次返归一万二千，次返归一万一千，后返归一万。凡五返归钱，本利俱尽[4]。问本持钱及利各几何？

答曰：本三万四百六十八钱三十七万一千二百九十三分钱之八万四千八百七十六。利二万九千五百三十一钱三十七万一千二百九十三分钱之二十八万六千四百一十七。

术曰：假令本钱三万，不足一千七百三十八钱半。令之四万，多三万五千三百九十钱八分。

◎ **注释**

（1）之蜀贾：之，往，到。贾，经商，做买卖。到蜀地经商。

（2）利：十,三：利，利润。利润是 $\frac{3}{10}$。

（3）返，返回。归，带回。

（4）本利俱尽：俱，全部。本金和利润全部带回。

◎ **译文**

（二十）现有人拿钱到蜀地经商，利润为 $\frac{3}{10}$。第一次带回 14000 钱，第二次带回 13000 钱，第三回带回 12000 钱，第四次带回 11000 钱，最后一次带回 10000 钱。5 次后，把本金和利润全部带回。那么，本金和利润各是多少钱？

答：本金为 $30468\frac{84876}{371293}$ 钱，利润为 $29531\frac{286417}{371293}$ 钱。

运算法则：假设本金为 30000 钱，不足 $1738\frac{1}{2}$ 钱；假设本金为 40000 钱，多出 35390 钱 8 分。

◎ **译解**

（二十）列出本金所出率为，30000、40000，不足数和盈数为，$1738\frac{1}{2}$，$35390\frac{4}{5}$。

交叉相乘，$30000 \times 35390\frac{4}{5} = 1061724000$，$40000 \times 1738\frac{1}{2} = 69540000$，得数相加，作为被除数，$1061724000 + 69540000 = 1131264000$。

盈和不足之和作为除数，$35390\frac{4}{5} + 1738\frac{1}{2} = 37129\frac{3}{10}$。

被除数除以除数，$1131264000 \div 37129\frac{13}{10} = 30468\frac{84876}{371293}$ 钱，为本金钱数。

本金和利润共为，$14000+13000+12000+11000+10000=60000$ 钱，$60000-30468\frac{84876}{371293} = 29531\frac{286417}{371293}$ 钱。

◎ **术解**

（1）本利共为，$14000+13000+12000+11000+10000=60000$ 钱。

（2）假设本金为 a，则利润为，$60000-a$。

（3）利润为 $\frac{3}{10}$，则 $\Big\{[(1+\frac{3}{10}a-14000)\times(1+\frac{3}{10})-13000]\times(1+\frac{3}{10})-12000\Big\}$ $\times(1+\frac{3}{10})-11000\Big\}\times(1+\frac{3}{10})-10000=0$。$a=30468\frac{84876}{371293}$ 钱。

（4）利润为，$60000-30468\frac{84876}{371293}=29531\frac{286417}{371293}$ 钱。

卷八

方程

今有上禾二秉，中禾三秉，下禾四秉，实皆不满斗。上取中，中取下，下取上，各一秉而实满斗。问上、中、下禾实一秉各几何？

答曰：上禾一秉实二十五分斗之九，中禾一秉实二十五分斗之七，下禾秉实二十五分之四。

今有牛五、羊二，直金十两。牛二、羊五，直金八两。问牛羊各直金几何？

答曰：牛一，直金一两二十一分两之一十三，羊一，直金二十一分两之二十。

▌原文

（一）今有上禾三秉，中禾二秉，下禾一秉[1]，实[2]三十九斗；上禾二秉，中禾三秉，下禾一秉，实三十四斗；上禾一秉，中禾二秉，下禾三秉，实二十六斗。问上、中、下禾实一秉各几何？

答曰：上禾一秉，九斗四分斗之一。中禾一秉，四斗四分斗之一。下禾一秉，二斗四分斗之三。

方程术曰：置上禾三秉，中禾二秉，下禾一秉，实三十九斗，于右方。中、左禾列如右方。以右行上禾遍乘中行，而以直除[3]。又乘其次，亦以直除。然以中行中禾不尽者遍乘左行，而以直除。左方下禾不尽者，上为法，下为实。实即下禾之实。求中禾，以法乘中行下实，而除下禾之实。余，如中禾秉数而一，即中禾之实。求上禾，亦以法乘右行下实，而除下禾、中禾之实。余如上禾秉数而一，即上禾之实。实皆如法，各得一斗。

◎ 注释

（1）上禾三秉，中禾二秉，下禾一秉：禾，禾苗，粮食。秉，量词，捆、束。

（2）实：总体、总数。

（3）而以直除：依次递减，直到得数为0。

◎ 译文

（一）现有上等粮食3捆，中等粮食2捆，下等粮食1捆，实共为39斗；上等粮食2捆，中等粮食3捆，下等粮食1捆，实共为34斗；上等粮食1捆，中等粮食2捆，下等粮食3捆，实共为26斗。那么，上、中、下等粮食每捆各多少？

答：上等粮食每捆$9\frac{1}{4}$斗，中等粮食每捆$4\frac{1}{4}$斗，下等粮食每捆$2\frac{3}{4}$斗。

方程运算法则：列出上等3捆、中等2捆、下等1捆、实数39斗，放在右行。按照上述方式，分别列出各数字，列在中行、左行。用右行的上等粮食捆数乘各中行数，再依次减去右行相应数，直到首项为0。再用右行的上等粮食捆数乘左行数，再依次减去右行相应数，直到首项为0。

　　然后再用中行未减尽的中等粮食捆数，乘左行各数，依次减去中行相应数，直到左行中位为0。左行未减尽的下等粮食，上面的捆数作为除数，下面的实作为被除数，这个被除数为下等粮食的实。

　　求中等粮食的实，用上面的除数乘中行下面的实，减下等粮食的实，再除以中行未减尽的数。余数除以中等粮食的捆数，得数为中等粮食的实。

　　求上等粮食的实，用除数乘右行下面的实，减下等、中等粮食的实。余数除以上等粮食的捆数，得数为上等粮食的实。各数分别除以除数，为每等粮食1捆的斗数。

◎ 译解

　　（一）列出右、中、左行的各数，即

1	2	3
2	3	2
3	1	1
26	34	39

　　用上等粮食捆数乘中行各数，即3×2=6，3×3=9，3×1=3，3×34=102，中行新数为6、9、3、102。

　　用得数依次减右行相应各数，直到首项为0,6-3-3=0,9-2-2=5,3-1-1=1，102-39-39=24。

　　同理，用上等粮食捆数乘左行各数，再连续相减，直到首项为0，

　　3×1=3，3×2=6，3×9=9，3×26=78，3-3=0，6-2=4，9-1=8，78-39=39。

　　得出左、中、右行分别为：

0	0	3
4	5	2
8	1	1
39	24	39

再用中行未减尽的数，乘左行各数，依次减去中行相应数，直到左行中位为0，

5×0=0，5×4=20，5×8=40，5×39=195，0-0=0，20-5-5-5-5=0，40-1-1-1-1=36，195-24-24-24-24=99。

得出，下等粮食的实为99，捆数为36，一捆的斗数为，99÷36=2$\frac{3}{4}$斗。

中等粮食的实，上面的除数乘中行下面的实，减下等粮食的实，再除以中行未减尽的数，即（36×24-99）÷5=153，一捆中等粮食的斗数为，153÷36=4$\frac{1}{4}$斗。

上等粮食的实，用除数乘右行下面的实，减下等、中等粮食的实，即36×39-2×153-99=999，

余数除以上等粮食的捆数，999÷3=333，一捆上等粮食的斗数为，333÷36=9$\frac{1}{4}$斗。

◎ **术解**

（1）按照现代方程计算，先假设上、中、下等粮食每捆的斗数为a、b、c。

（2）根据题意，得出，$3a+2b+c=39$；$2a+3b+c=34$；$a+2b+3c=26$，得出$a=9\frac{1}{4}$斗，$b=4\frac{1}{4}$斗，$c=2\frac{3}{4}$斗。

（3）现代解方程，利用设置未知数的方式。而古时解方程则利用依次递减的方式。

▌原文

（二）今有上禾七秉，损[1]实一斗，益之下禾二秉，而实一十斗。下禾八秉，益实一斗，与上禾二秉，而实一十斗。问上、下禾实一秉各几何？

答曰：上禾一秉实一斗五十二分斗之一十八，下禾一秉实五十二分斗之四十一。

术曰：如方程。损之曰益，益之曰损[2]。损实一斗者，其实过一十斗也。益实一斗者，其实不满一十斗也。

◎ 注释

（1）损：减去。

（2）损之曰益，益之曰损：减去的数量需要在别处增加，增加的数量需要在别处减少，以保持平衡。

◎ 译文

（二）现有上等粮食 7 捆，减去 1 斗，再加上下等粮食 2 捆，得到实为 10 斗。下等粮食 8 捆，加上 1 斗和上等粮食 2 捆，得到实也是 10 斗。那么，上、下等粮食 1 捆各多少？

答：上等粮食 1 捆为 $1\frac{18}{52}$ 斗，下等粮食 1 捆为 $\frac{41}{52}$ 斗。

运算法则：依照"方程术"进行计算，减去的数量需要在别处增加，增加的数量需要在别处减少。减少 1 斗的，实际上它的实超过了 10 斗；增加 1 斗的，实际上它的实不足 10 斗。

◎ 译解

（二）列出右、左行的各数，即

2	7
8	2
10-1=9	10+1=11

用上等粮食捆数乘左行各数，即 7×2=14，7×8=56，7×9=63，

用得数依次减右行相应各数，直到首项为 0，14-7-7=0，56-2-2=52，63-11-11=41。

得出，左、右行分别为，

0	7
52	2
41	11

，41 为下等粮食的实，52 为除数，1 捆的斗数为 $\frac{41}{52}$ 斗。

求上等粮食每捆的斗数，（10-2×$\frac{41}{52}$+1）÷7=1$\frac{18}{52}$斗。

◎ 术解

（1）按照现代方程计算，先假设上、下等粮食每捆的斗数为 a、b。

（2）根据题意，得出，7a-1+2b=10；8b+1+2a=10，得出 a=1$\frac{18}{52}$斗，b=$\frac{41}{52}$斗。

▌ 原文

（三）今有上禾二秉，中禾三秉，下禾四秉，实皆不满斗。上取中，中取下，下取上，各一秉而实满斗。问上、中、下禾实一秉各几何？

答曰：上禾一秉实二十五分斗之九，中禾一秉实二十五分斗之七，下禾一秉实二十五分斗之四。

术曰：如方程，各置所取，以正负术入之。

正负术曰：同名相除，异名相益[1]，正无入负之，负无入正之[2]。其异名相除，同名相益，正无入正之，负无入负之。

◎ 注释

（1）同名相除，异名相益：除，相减。相减的两数，符号相同，直接相减；符号不同，数值相加。

（2）正无入负之，负无入正之：正，正数。负，负数。正数被零减，则正数变负数；负数被零减，则负数变正数。

◎ 译文

（三）现有上等粮食2捆，中等粮食3捆，下等粮食4捆，各自的实都不超过1斗。如果上等粮食加中等粮食1捆，中等粮食加下等粮食1捆，下等粮食加上等粮食1捆，它们的实恰好1斗。那么，上、中、下等粮食1捆各多少？

答：上等粮食 1 捆 $\frac{9}{25}$ 斗，中等粮食 1 捆 $\frac{7}{25}$ 斗，下等粮食 1 捆 $\frac{4}{25}$ 斗。

运算法则：依照"方程术"进行计算，分别列出所取的数，按照正负法则来运算：两数相减，符号相同，直接相减；符号不同，数值相加。正数被零减，则正数变负数，作为余数；负数被零减，则负数变正数，作为余数。两数相加，符号相同，直接相加；符号不同，数值相减。正数加零，得数为正数。负数加零，得数为负数。

◎ **译解**

（三）列出右、中、左行的各数，即

$$\begin{matrix} 1 & 0 & 2 \\ 0 & 3 & 1 \\ 4 & 1 & 0 \\ 1 & 1 & 1 \end{matrix}$$

用上等粮食捆数乘左行各数，即 2×1=2，2×0=0，2×4=8，2×1=2，用得数依次减右行相应各数，直到首项为 0，2-2=0，0-1=-1，8-0=8，2-1-1=1。

同理，用上等粮食捆数乘中行各数，再连续相减，直到首项为 0，

2×0=0，2×3=6，2×1=2，2×1=2，0-0=0，6-3=3，2-1=1，2-1=1。

得出左、中、右行分别为：

$$\begin{matrix} 0 & 0 & 2 \\ -1 & 3 & 1 \\ 8 & 1 & 0 \\ 1 & 1 & 1 \end{matrix}$$

再用中行未减尽的数，乘左行各数，依次减去中行相应数，直到左行中位为 0，

3×0=0，3×（-1）=-3，3×8=24，3×1=3。中行为 3，得数为 -3，符号不同，两数相加，即，0+0=0，（-3）+3=0，24+1=25，3+1=4。

得出，下等粮食的实为 4，捆数为 25，一捆的斗数为，4÷25= $\frac{4}{25}$ 斗。

已知下等粮食增加上等粮食 1 捆，它们的实恰好 1 斗，得出上等粮食的斗数，1- $\frac{4}{25}$ ×4= $\frac{9}{25}$ 斗。

中等粮食添加下等粮食1捆，恰好是1斗，中等粮食的斗数，（1-$\frac{4}{25}$）÷3=$\frac{7}{25}$斗。

◎ **术解**

（1）假设上、中、下等粮食每捆的斗数为 a、b、c。

（2）根据题意，得出，$2a+b=1$；$3b+c=1$；$4c+a=1$，得出 $a=\frac{9}{25}$斗，$b=\frac{7}{25}$斗，$c=\frac{4}{25}$斗。

▌原文

（四）今有上禾五秉，损实一斗一升，当[1]下禾七秉。上禾七秉，损实二斗五升，当下禾五秉。问上、下禾实一秉各几何？

答曰：上禾一秉五升，下禾一秉二升。

术曰：如方程，置上禾五秉正，下禾七秉负，损实一斗一升正。次置上禾七秉正，下禾五秉负，损实二斗五升正。以正负术入之。

◎ **注释**

（1）当：相当于，等于。

◎ **译文**

（四）现有上等粮食5捆，实减去1斗1升，等于下等粮食7捆；上等粮食7捆，实减去2斗5升，等于下等粮食5捆。那么，上、下等粮食1捆各多少？

答：上等粮食1捆5升，下等粮食1捆2升。

运算法则：按照"方程术"运算。列出上等粮食5捆，正数，下等粮食7捆，负数，减去的实1斗1升，正数。再列出上等粮食7捆，正数，下等粮食5捆，负数，减去的实2斗5升，正数。用正负法则来解答。

◎ 译解

（四）1 斗 1 升 =11 升，2 斗 5 升 =25 升，

列出右、左行的各数，即　　7　　　5

-5　　　-7

25　　　11

用上等粮食捆数乘左行各数，即 5×7=35，5×（-5）=-25，5×25=125，

用得数依次减右行相应各数，直到首项为 0，新得数为，35-35=0，

-25+49=24，125-77=48，

得出，左、右行分别为，　　0　　　5

24　　　-7

48　　　11

48 为下等粮食的实，24 为除数，1 捆的斗数为 48÷24=2 升。

求上等粮食每捆的斗数，（7×2+11）÷5=25÷5=5 升。

◎ 术解

（1）1 斗 1 升 =11 升，2 斗 5 升 =25 升，假设上、下等粮食每捆的斗数分别为 a、b。

（2）根据题意列出方程，$5a-11=7b$，$7a-25=5b$，得出，$a=5$ 升，$b=2$ 升。

原文

（五）今有上禾六秉，损实一斗八升，当下禾一十秉。下禾十五秉，损实五升，当上禾五秉。问上、下禾实一秉各几何？

答曰：上禾一秉实八升，下禾一秉实三升。

术曰：如方程，置上禾六秉正，下禾一十秉负，损实一斗八升正。次置上禾五秉负，下禾一十五秉正，损实五升正。以正负术入之。

◎ **译文**

（五）现有上等粮食 6 捆，实减去 1 斗 8 升，等于下等粮食 10 捆；下等粮食 15 捆，实减去 5 升，等于上等粮食 5 捆。那么，上、下等粮食 1 捆各多少？

答：上等粮食 1 捆 8 升，下等粮食 1 捆 3 升。

运算法则：按照"方程术"运算。列出上等粮食 6 捆，正数，下等粮食 10 捆，负数，减去的实 1 斗 8 升，正数。再列出上等粮食 5 捆，负数，下等粮食 15 捆，正数，减去的实 5 升，正数。用正负法则来解答。

◎ **译解**

（五）1 斗 8 升 =18 升，

列出右、左行的各数，即　　-5　　　6

　　　　　　　　　　　　　　　15　　　-10

　　　　　　　　　　　　　　　5　　　18

用上等粮食捆数乘左行各数，即 6×（-5）=-30，6×15=90，6×5=30，

用得数依次减右行相应各数，直到首项为 0，新得数为，-30+30=0，90+（-50）=40，30+90=120，

得出，左、右行分别为，　　0　　　6

　　　　　　　　　　　　　　40　　　-10

　　　　　　　　　　　　　120　　　18

120 为下等粮食的实，40 为除数，1 捆的斗数为 120÷40=3 升。

求上等粮食每捆的斗数，（10×3+18）÷6=48÷6=8 升。

◎ **术解**

（1）1 斗 8 升 =18 升，假设上、下等粮食每捆的斗数分别为 a、b。

（2）根据题意列出方程，$6a-18=10b$，$15b-5=5a$，得出，$a=8$ 升，$b=3$ 升。

▌原文

（六）今有上禾三秉，益实六斗，当下禾十秉。下禾五秉，益实一斗，当上禾二秉。问上、下禾实一秉各几何？

答曰：上禾一秉实八斗，下禾一秉实三斗。

术曰：如方程，置上禾三秉正，下禾一十秉负，益实六斗负。次置上禾二秉负，下禾五秉正，益实一斗负。以正负术入之。

◎ 译文

（六）现有上等粮食3捆，实加上6斗，等于下等粮食10捆；下等粮食5捆，实加1斗，等于上等粮食2捆。那么，上、下等粮食1捆各多少？

答：上等粮食1捆8斗，下等粮食1捆3斗。

运算法则：按照"方程术"运算。列出上等粮食3捆，正数，下等粮食10捆，负数，加上的实6斗，负数。再列出上等粮食2捆，负数，下等粮食5捆，正数，加上的实1斗，负数。用正负法则来解答。

◎ 译解

（六）列出右、左行的各数，即
$$\begin{array}{cc} -2 & 3 \\ 5 & -10 \\ -1 & -6 \end{array}$$

用上等粮食捆数乘左行各数，即 $3 \times (-2) = -6$，$3 \times 5 = 15$，$3 \times (-1) = -3$，

用得数依次减右行相应各数，直到首项为0，新得数为，$-6 + 6 = 0$，$15 + (-20) = -5$，$-3 + (-12) = -15$，

得出，左、右行分别为，
$$\begin{array}{cc} 0 & 3 \\ -5 & -10 \\ -15 & -6 \end{array}$$
变为正数，0、5、15。

15为下等粮食的实，5为除数，1捆的斗数为 $15 \div 5 = 3$ 斗。

求上等粮食每捆的斗数，$(10 \times 3 - 6) \div 3 = 24 \div 3 = 8$ 斗。

◎ **术解**

（1）假设上、下等粮食每捆的斗数分别为 a、b。

（2）根据题意列出方程，$3a+6=10b$，$5b+1=2a$，得出，$a=8$ 斗，$b=3$ 斗。

▌原文

（七）今有牛五、羊二，直金十两。牛二、羊五直金八两。问牛、羊各直金几何？

答曰：牛一，直金一两二十一分两之一十三，羊一，直金二十一分两之二十。

术曰：如方程。

◎ **译文**

（七）现有 5 只牛、2 只羊，共价值 10 两。2 只牛、5 只羊，共价值 8 两。那么，每只牛、羊各价值多少？

答：每只牛价值为 $1\frac{13}{21}$ 两，每只羊价值为 $\frac{20}{21}$ 两。

运算法则：按照"方程术"进行计算。

◎ **译解**

（七）列出右、左行的各数，即

2	5
5	2
8	10

用右行乘左行各数，即 $5\times2=10$，$5\times5=25$，$5\times8=40$，

用得数依次减右行相应各数，直到首项为 0，新得数为，$10-10=0$，$25-4=21$，$40-20=20$，

得出，羊每只 $\frac{20}{21}$ 两，牛每只为 $(10-\frac{20}{21}\times2)\div5=1\frac{13}{21}$ 两。

◎ **术解**

（1）假设每只牛、羊的价值分别为 a、b。

（2）根据题意得出，$5a+2b=10$，$2a+5b=8$，$a=1\frac{13}{21}$ 两，b 为 $\frac{20}{21}$ 两。

原文

（八）今有卖牛二、羊五，以买十三豕，有余钱一千。卖牛三、豕三，以买九羊，钱适足。卖羊六、豕八，以买五牛，钱不足六百。问牛、羊、豕价各几何？

答曰：牛价一千二百，羊价五百，豕价三百。

术曰：如方程。置牛二、羊五正，豕一十三负，余钱数正；次置，牛三正，羊九负，豕三正；次置，牛五负，羊六正，豕八正，不足钱负。以正负术入之。

◎ **译文**

（八）现有人卖 2 只牛、5 只羊，用所卖钱买 13 只猪，还余下 1000 钱。卖 3 只牛、3 只猪，用来买 9 只羊，钱数正好。卖 6 只羊、8 只猪，买 5 只牛，还少 600 钱。那么，每只牛、羊、猪各价值多少？

答：每只牛价值为 1200 钱，每只羊价值为 500 钱，每只猪价值为 300 钱。

运算法则：按照"方程术"进行计算。列出牛的只数 2，为正数，羊的只数 5，为正数，猪的只数 13，为负数，余下的钱数 1000，为正数，放在右行。其次，列出牛的只数 3，为正数，羊的只数 9，为负数，猪的只数 3，为正数，放在中行。其次，列出牛的只数 5，为负数，羊的只数 6，为正数，猪的只数 8，为正数，不足的钱 600，为负数。放在左行。用正负算法来计算。

◎ **译解**

（八）列出右、中、左行的各数，即

	右	中	左
	-5	3	2
	6	-9	5
	8	3	-13
	-600	0	1000

用右行乘乘中行各数，依次减右行相应各数，直到首项为0，

2×6=6，2×（-9）=-18，2×3=6，2×0=0，得出新数，0、-33、45、-3000。

再用右行乘左行各数，即2×（-5）=-10，2×6=12，2×8=16，2×（-600）=-1200，用得数依次减右行相应各数，直到首项为0，-10+10=0，12+25=37，16+（-65）=-49，-1200+5000=3800。

得出左、中、右行分别为：

左	中	右
0	0	2
37	-33	5
-49	45	-13
3800	-3000	1000

再用中行未减尽的数，乘左行各数，依次减去中行相应数，直到左行中位为0，

（-33）×0=0，（-33）×37=-1221，（-33）×（-49）=1617，（-33）×3800=-125400，新数分别为，0、0、-48、-14400，得出，14400÷48=300钱，为猪的价值。

通过计算，得出羊的价值为500钱，牛的价值为1200钱。

◎ **术解**

（1）假设每只牛、羊、猪的价值分别为 a、b、c。

（2）根据题意得出，$5a+5b-13c=1000$，$3a+3c-9b=0$，$6b+8c-5a=600$，$a=1200$ 钱，$b=500$ 钱，$c=300$ 钱。

原文

（九）今有五雀、六燕，集称之衡[1]，雀俱重，燕俱轻。一雀一燕交而处[2]，衡适平。并燕、雀重一斤。问雀、燕一枚各重几何？

答曰：雀重一两一十九分两之十三，燕重一两一十九分两之五。

术曰：如方程，交易质之[3]，各重八两。

◎ 注释

（1）集称之衡：集，集合。称，称重。衡，称重，比较。

（2）交而处：交换。

（3）交易质之：交换后再称重。

◎ 译文

（九）现有 5 只雀、6 只燕，集合起来称重比较。雀总体较重，燕总体较轻。一只雀和一只燕交换后，重量正好相等。雀和燕共重 1 斤，那么 1 只雀、燕各重多少？

答：1 只雀重 $1\frac{13}{19}$ 两，1 只燕重 $1\frac{5}{19}$ 两。

运算法则：按照"方程术"计算，交换后再称重，4 雀加 1 燕、5 燕加 1 雀都重 8 两。

◎ 译解

（九）列出右、左行的各数，即

1	4
5	1
8	8

用右行乘左行各数，即 $4\times1=4$，$4\times5=20$，$4\times8=32$，

用得数依次减右行相应各数，直到首项为 0，新得数为，4-4=0，20-1=19，32-8=24，

得出，每只燕 $24 \div 19 = 1\frac{5}{19}$ 两，每只雀为（$8 - 1\frac{5}{19}$）$\div 4 = 1\frac{13}{19}$ 两。

◎ **术解**

（1）假设每只雀、燕的重量分别为 a、b。

（2）根据题意得出，$4a + b = 5b + a$，$5a + 6b = 16$，$a = 1\frac{13}{19}$ 两，$b = 1\frac{5}{19}$ 两。

▌原文

（一〇）今有甲乙二人持钱，不知其数。甲得乙半而钱五十，乙得甲太半而亦钱五十。问甲、乙持钱各几何？

答曰：甲持三十七钱半，乙持二十五钱。

术曰：如方程，损益之。

◎ **译文**

（一〇）现有甲乙两人拿着钱，不知道数额。甲得到乙钱数的 $\frac{1}{2}$，钱数为 50 钱，乙得到甲钱数的 $\frac{2}{3}$，钱数也为 50 钱。那么，甲乙各有多少钱？

答：甲的钱数为 $37\frac{1}{2}$，乙的钱数为 25 钱。

运算法则：按照"方程术"计算，对钱数进行加减。

◎ **译解**

（一〇）列出右、左行的各数，即

$$\begin{array}{cc} \frac{2}{3} & 1 \\ 1 & \frac{1}{2} \\ 50 & 50 \end{array}$$

用右行乘左行各数，即 $1 \times \frac{2}{3} = \frac{2}{3}$，$1 \times 1 = 1$，$1 \times 50 = 50$，

用得数依次减右行相应各数，直到首项为 0，新得数为，$\frac{2}{3} - \frac{2}{3} = 0$，$1 - \frac{1}{3} = \frac{2}{3}$，$50 - \frac{100}{3} = \frac{50}{3}$，

得出，乙的钱数为 $\frac{50}{3} \div \frac{2}{3} = 25$ 钱，甲的钱数为，$50 - 25 \times \frac{1}{2} = \frac{75}{2}$ 钱 $= 37\frac{1}{2}$ 钱。

◎ 术解

（1）假设甲、乙所有的钱数分别为 a、b。

（2）根据题意得出，$a+\dfrac{1}{2}b=50$，$b+\dfrac{2}{3}a=50$，$a=37\dfrac{1}{2}$ 钱，$b=25$ 钱。

▌原文

（一一）今有二马、一牛价过一万，如半马之价。一马、二牛价不满一万，如半牛之价。问牛、马价各几何？

答曰：马价五千四百五十四钱一十一分钱之六，牛价一千八百一十八钱一十一分钱之二。

术曰：如方程，损益之。

◎ 译文

（一一）现有 2 匹马、1 只牛，价钱超过 10000 钱，等于 $\dfrac{1}{2}$ 马的价钱。1 匹马、2 只牛，价钱少于 10000 钱，等于 $\dfrac{1}{2}$ 只牛的价钱。那么，马、牛的价钱各是多少？

答：马的价钱为 $5454\dfrac{6}{11}$ 钱，牛的价钱为 $1818\dfrac{2}{11}$ 钱。

运算法则：按照"方程术"计算，对钱数进行加减。

◎ 译解

（一一）列出右、左行的各数，即

	1	$2-\dfrac{1}{2}=\dfrac{3}{2}$
	$2+\dfrac{1}{2}=\dfrac{5}{2}$	1
	10000	10000

用右行乘左行各数，即 $\dfrac{3}{2}\times1=\dfrac{3}{2}$，$\dfrac{3}{2}\times\dfrac{5}{2}=\dfrac{15}{4}$，$\dfrac{3}{2}\times10000=15000$，

用得数依次减右行相应各数，直到首项为 0，新得数为，0，$\dfrac{11}{4}$，5000，

得出，每只牛 $5000\div\dfrac{11}{4}=1818\dfrac{2}{11}$ 钱，

每只马为，$\left(10000-1818\dfrac{2}{11}\right)\div\dfrac{3}{2}=5454\dfrac{6}{11}$ 钱。

◎ **术解**

（1）假设每匹马、每只牛的重量分别为 a、b。

（2）根据题意得出，$2a+b=10000+\frac{1}{2}a$，$a+2b=10000-\frac{1}{2}b$，$a=5454\frac{6}{11}$ 钱，$b=1818\frac{2}{11}$ 钱。

▌ 原文

（一二）今有武马一匹，中马二匹，下马三匹[1]，皆载四十石至阪[2]，皆不能上。武马借中马一匹，中马借下马一匹，下马借武马一匹，乃皆上。问武、中、下马一匹各力引[3]几何？

答曰：武马一匹力引二十二石七分石之六，中马一匹力引十七石七分石之一，下马一匹力引五石七分石之五。

术曰：如方程。各置所借，以正负术入之。

◎ **注释**

（1）武马，强壮有力的马，这里指上等马。下马，瘦弱无力的马，这里指下等马。

（2）阪：山坡。

（3）力引：马所能拉的重量。

◎ **译文**

（一二）现有上等马 1 匹，中等马 2 匹，下等马 3 匹，载着 40 石粮食到山坡处，都爬不上山坡。如果 1 匹上等马加 1 匹中等马，2 匹中等马加 1 匹下等马，3 匹下等马加 1 匹上等马，则都能爬上山坡。那么，1 匹上、中、下等马各能拉多少？

答：1 匹上等马能拉 $22\frac{6}{7}$ 石，1 匹中等马能拉 $17\frac{1}{7}$ 石，1 匹下等马能拉 $5\frac{5}{7}$ 石。

运算法则：按照"方程术"计算，列出所借的数，用正负算法计算。

◎ 译解

（一二）列出右、中、左行的各数， 1　　　0　　　1

　　　　　　　　　　　　　　　　　0　　　2　　　1

　　　　　　　　　　　　　　　　　3　　　1　　　0

　　　　　　　　　　　　　　　40　　40　　40

用右行乘乘中行各数，依次减右行相应各数，直到首项为0，

$1×0=0$，$1×2=2$，$1×1=1$，$1×40=40$，得出新数，0、2、1、40。

再用右行乘左行各数，即 $1×1=1$，$1×0=0$，$1×3=3$，$1×40=40$，用得数依次减右行相应各数，直到首项为0，新数为，0、-1、3、0。

得出左、中、右行分别为：0　　　0　　　1

　　　　　　　　　　　　　　　-1　　　2　　　1

　　　　　　　　　　　　　　　3　　　1　　　0

　　　　　　　　　　　　　　　0　　40　　40

再用中行未减尽的数，乘左行各数，依次减去中行相应数，直到左行中位为0，

新数分别为，0、0、7、40，得出，$40÷7=\dfrac{40}{7}=5\dfrac{5}{7}$ 石，为下等马所能拉的重量。

上等马为，$40-3×\dfrac{40}{7}=22\dfrac{6}{7}$ 石，中等马为，$40-22\dfrac{6}{7}=17\dfrac{1}{7}$ 石。

◎ 术解

（1）假设1匹上、中、下等马各能拉的数量分别为，a、b、c。

（2）根据题意，得出 $a+b=40$，$2b+c=40$，$3c+a=40$，$a=22\dfrac{6}{7}$ 石、$b=17\dfrac{1}{7}$ 石、$c=5\dfrac{5}{7}$ 石。

▌ 原文

（一三）今有五家共井，甲二绠[1]不足，如乙一绠；乙三绠不

足，如丙一绠；丙四绠不足，如丁一绠；丁五绠不足，如戊一绠；戊六绠不足，如甲一绠。如各得所不足一绠，皆逮^{（2）}。问井深、绠长各几何？

答曰：井深七丈二尺一寸。甲绠长二丈六尺五寸，乙绠长一丈九尺一寸，丙绠长一丈四尺八寸，丁绠长一丈二尺九寸，戊绠长七尺六寸。

术曰：如方程，以正负术入之。

◎ **注释**

（1）绠：汲水用的绳子。

（2）逮：这里是到、及的意思。

◎ **译文**

（一三）现有5家共用1口井，甲家的2根汲水绳不够井的深度，加1根乙家的恰好与井深相等；乙家的3根汲水绳不够井的深度，加1根丙家的恰好与井深相等；丙家的4根汲水绳不够井的深度，加1根丁家的恰好相等；丁家的5根汲水绳不够井的深度，加1根戊家的恰好与井深相等；戊家的6根汲水绳不够井的深度，加1根甲家的恰好与井深相等。如果取各家不足的那部分汲水绳，再连接起来，恰好是井深。那么，井深是多少？五家的汲水绳各是多少？

答：井深为7丈2尺1寸。甲家的汲水绳为2丈6尺5寸，乙家的汲水绳为1丈9尺1寸，丙家的汲水绳为1丈4尺8寸，丁家的汲水绳为1丈2尺9寸，戊家的汲水绳为7尺6寸。

运算法则：按照"方程术"计算，运用正负算法。

◎ **译解：**

（一三）列出各行的数，

1	0	0	0	2
0	0	0	3	1
0	0	4	1	0
0	5	1	0	0
6	1	0	0	0
1	1	1	1	1

根据右行分别乘各行，依次相减，最后得出除数为 721，被除数为 76，被除数除以除数，得到戊家汲水绳的长度，达到了井深的 $\frac{76}{721}$，

进一步得出，井深 =721 寸 =7 丈 2 尺 1 寸，戊家的汲水绳为 76 寸 =7 尺 6 寸。

根据题意，721-76×6=265 寸 =2 丈 6 尺 5 寸，为甲家的汲水绳长，

721-265×2=191 寸 =1 丈 9 尺 1 寸，为乙家的汲水绳长，

721-191×3=148 寸 =1 丈 4 尺 8 寸，为丙家的汲水绳长，

721-148×4=129 寸 =1 丈 2 尺 9 寸，为丁家的汲水绳长。

◎ **术解**

（1）假设五家的汲水绳分别为，a、b、c、d、e，井深为 A。

（2）根据题意，得出，$2a+b=A$，$3b+c=A$，$4c+d=A$，$5d+e=A$，$6e+a=A$，得出，A=7 丈 2 尺 1 寸，a=2 丈 6 尺 5 寸，b=1 丈 9 尺 1 寸，c=1 丈 4 尺 8 寸，d=1 丈 2 尺 9 寸，e=7 尺 6 寸。

原文

（一四）今有白禾二步、青禾三步、黄禾四步、黑禾五步[1]，实各不满斗。白取青、黄，青取黄、黑，黄取黑、白，黑取白、青，各一步，而实满斗。问白、青、黄、黑禾实一步各几何？

答曰：白禾一步实一百一十一分斗之三十三，青禾一步实一百一十一分斗之二十八，黄禾一步实一百一十一分斗之一十七，黑禾一步实一百一十一分斗之一十。

术曰：如方程，各置所取，以正负术入之。

◎ 注释

（1）白禾、青禾、黄禾、黑禾：指不同种类的粮食。

◎ 译文

（一四）现有白禾2步、青禾3步、黄禾4步、黑禾5步，它们的实都不满1斗。白禾2步再加青禾、黄禾各1步，青禾3步再加黄禾、黑禾各1步，黄禾4步再加黑禾、白禾各1步，黑禾5步再加白禾、青禾各1步，它们的实都为1斗。那么，白、青、黄、黑禾1步的实各多少？

答：白禾1步为$\frac{33}{111}$斗、青禾1步为$\frac{28}{111}$斗、黄禾1步为$\frac{17}{111}$斗、黑禾1步为$\frac{10}{111}$斗。

运算法则：按照"方程术"计算，分别列出所取的各数，用正负法则计算。

◎ 译解

（一四）列出各行的数，

2	0	1	1
1	3	0	1
1	1	4	0
0	1	1	5
1	1	1	1

根据右行分别乘各行，依次相减，最后得出除数为111，被除数为10，被除数除以除数，得出1步黑禾的实为$\frac{10}{111}$斗，

根据题意，白禾1步为$\frac{33}{111}$斗、青禾1步为$\frac{28}{111}$斗、黄禾1步为$\frac{17}{111}$斗。

◎ 术解

（1）假设白、青、黄、黑禾1步的实各为 a、b、c、d。

（2）根据题意，得出，$2a+b+c=1$，$3b+c+d=1$，$4c+d+a=1$，$5d+a+b=1$，$a=\dfrac{33}{111}$ 斗、$b=\dfrac{28}{111}$ 斗、$c=\dfrac{17}{111}$ 斗、$d=\dfrac{10}{111}$ 斗。

▌原文

（一五）今有甲禾二秉、乙禾三秉、丙禾四秉，重皆过于石。甲二重如乙一，乙三重如丙一，丙四重如甲一。问甲、乙、丙禾一秉各重几何？

答曰：甲禾一秉重二十三分石之十七，乙禾一秉重二十三分石之十一，丙禾一秉重二十三分石之十。

术曰：如方程，置重过于石之物为负[1]。以正负术入之。

◎ 注释

（1）重过于石之物为负：重量超过1石的那部分为负数。

◎ 译文

（一五）现有甲禾2捆、乙禾3捆、丙禾4捆，它们的重量都超过1石。2捆甲禾所超重的部分与1捆乙禾相等，3捆乙禾所超重的部分与1捆丙禾相等，4捆丙禾所超重的部分与1捆甲禾相等。那么，1捆甲、乙、丙禾各重多少？

答：甲禾1捆为 $\dfrac{17}{23}$ 石，乙禾1捆为 $\dfrac{11}{23}$ 石，丙禾1捆为 $\dfrac{10}{23}$ 石。

运算法则：按照“方程术”计算，重量超过1石的那部分为负数，用正负法则计算。

◎ 译解

（一五）列出各行的数，

```
-1   0    2
 0   3   -1
 4  -1    0
 1   1    1
```

根据右行分别乘各行，依次相减，最后得出除数为46，被除数为20，被除数除以除数，得出1捆丙禾为$\frac{20}{46}$石$=\frac{10}{23}$石，

根据题意，1捆甲禾为$\frac{10}{23}×4-1=\frac{17}{23}$石，

1捆乙禾为$\frac{17}{23}×2-1=\frac{11}{23}$石。

◎ 术解

（1）假设甲、乙、丙禾1捆的重量各为a、b、c。

（2）根据题意，得出，$2a-1=b$，$3b-1=c$，$4c-1=a$，$a=\frac{17}{23}$石、$b=\frac{11}{23}$石、$c=\frac{10}{23}$石。

▌原文

（一六）今有令[1]一人、吏[2]五人、从者一十人，食鸡一十；令一十人、吏一人、从者五人，食鸡八；令五人、吏一十人、从者一人，食鸡六。问令、吏、从者食鸡各几何？

答曰：令一人食一百二十二分鸡之四十五，吏一人食一百二十二分鸡之四十一，从者一人食一百二十二分鸡之九十七。

术曰：如方程，以正负术入之。

◎ 注释

（1）令：县令，县一级的行政长官。

（2）吏：这里指县衙的文书小官。

◎ **译文**

（一六）现有县令1人，小吏5人，随从10人，共吃10只鸡。县令10人，小吏1人，随从5人，共吃8只鸡。县令5人，小吏10人，随从1人，共吃6只鸡。那么，县令、小吏、随从每人各吃鸡多少？

答：县令每人吃$\frac{45}{122}$只，小吏每人吃$\frac{41}{122}$只，随从每人吃$\frac{97}{122}$只。

运算法则：按照"方程术"计算，以正负法则加减。

◎ **译解：**

（一六）列出各行的数，

5	10	1
10	1	5
1	5	10
6	8	10

根据右行分别乘各行，依次相减，最后得出除数为122，被除数为97，被除数除以除数，得出随从每人吃鸡$\frac{97}{122}$只，县令和小吏每人分别吃$\frac{45}{122}$只、$\frac{41}{122}$只。

◎ **术解**

（1）假设县令、小吏、随从每人各吃鸡为a、b、c。

（2）根据题意，得出，$a+5b+10c=10$，$10a+b+5c=8$，$5a+10b+c=6$，$a=\frac{45}{122}$只、$b=\frac{41}{122}$只、$c=\frac{97}{122}$只。

▌ **原文**

（一七）今有五羊、四犬、三鸡、二兔，直钱一千四百九十六；四羊、二犬、六鸡、三兔，直钱一千一百七十五；三羊、一犬、七鸡、五兔，直钱九百五十八；二羊、三犬、五鸡、一兔，直钱八百六十一。问羊、犬、鸡、兔价各几何？

答曰：羊价一百七十七，犬价一百二十一，鸡价二十三，兔价二十九。

术曰：如方程，以正负术入之。

◎ 译文

（一七）现有5只羊、4只狗、3只鸡、2只兔，共价值1496钱。4只羊、2只狗、6只鸡、3只兔，共价值1175钱。3只羊、1只狗、7只鸡、5只兔，共价值958钱。2只羊、3只狗、5只鸡、1只兔，共价值861钱。那么，每只羊、狗、鸡、兔各多少钱？

答：每只羊为177钱，每只狗为121钱，每只鸡为23钱，每只兔为29钱。

运算法则：按照"方程术"计算，以正负法则推算。

◎ 译解

（一七）列出各行的数，

2	3	4	5
3	1	2	4
5	7	6	3
1	5	3	2
861	958	1175	1496

根据右行分别乘各行，依次相减，得出每只兔为29钱，每只羊为177钱，每只狗为121钱，每只鸡为23钱。

◎ 术解

（1）假设每只羊、狗、鸡、兔的钱数各为a、b、c、d。

（2）根据题意，得出，$5a+4b+3c+2d=1496$，$4a+2b+6c+3d=1175$，$3a+b+7c+5d=958$，$2a+3b+5c+d=861$，$a=177$钱，$b=121$钱，$c=23$钱，$d=29$钱。

▌原文

（一八）今有麻九斗、麦七斗、菽三斗、荅二斗、黍五斗，直钱一百四十；麻七斗、麦六斗、菽四斗、荅五斗、黍三斗，直钱一百二十八；麻三斗、麦五斗、菽七斗、荅六斗、黍四斗，直钱一百一十六；麻二斗、麦五斗、菽三斗、荅九斗、黍四斗，直钱一百一十二；麻一斗、麦三斗、菽二斗、荅八斗、黍五斗，直钱九十五。问一斗直几何？

答曰：麻一斗七钱，麦一斗四钱，菽一斗三钱，荅一斗五钱，黍一斗六钱。

术曰：如方程，以正负术入之。

◎ 译文

（一八）现有麻9斗、麦7斗、菽3斗、荅2斗、黍5斗，价值140钱。麻7斗、麦6斗、菽4斗、荅5斗、黍3斗，价值128钱。麻3斗、麦5斗、菽7斗、荅6斗、黍4斗，价值116钱。麻2斗、麦5斗、菽3斗、荅9斗、黍4斗，价值112钱。麻1斗、麦3斗、菽2斗、荅8斗、黍5斗，价值95钱。那么，1斗麻、麦、菽、荅、黍各多少钱？

答：1斗麻为7钱，1斗麦为4钱，1斗菽为3钱，1斗荅为5钱，1斗黍为6钱。

运算法则：按照"方程术"计算，以正负法则推算。

◎ 译解

（一八）列出各行的数，

1	2	3	7	9
3	5	5	6	7
2	3	7	4	3
8	9	6	5	2
5	4	4	3	5
95	112	116	128	140

根据右行分别乘各行，依次相减，得出除数为 62，被除数为 372，被除数除以除数 372÷62=6 钱，为 1 斗黍的钱数。

根据题意，1 斗麻为 7 钱，1 斗麦为 4 钱，1 斗菽为 3 钱，1 斗荅为 5 钱。

◎ 术解

（1）假设 1 斗麻、麦、菽、荅、黍的钱数各为 a、b、c、d、f。

（2）根据题意，得出，$9a+7b+3c+2d+5f=140$，$7a+6b+4c+5d+3f=128$，$3a+5b+7c+6d+4f=116$，$2a+5b+3c+9d+4f=112$，$a+3b+2c+8d+5f=95$，$a=7$ 钱，$b=4$ 钱，$c=3$ 钱，$d=5$ 钱，$f=6$ 钱。

卷九

勾股

今有木去人不知远近。立四表，相去各一丈，令左两表与所望参相直。从后右表望之，入前右表三寸。问木去人几何？

答曰：三十三丈三尺三寸少半寸。

术曰：令一丈自乘为实，以三寸为法，实如法而一。

今有山居木西，不知其高。山去木五十三里，木高九丈五尺。人立木东三里，望木末适与山峰斜平。人目高七尺。问山高几何？

答曰：一百六十四丈九尺六寸太半寸。

术曰：置木高减人目高七尺，余，以乘五十三里为实。以人去木三里为法。实如法而一。所得加木高，即山高。

▌原文

（一）勾股[1]：今有勾[2]三尺，股[3]四尺，问为弦[4]几何？

答曰：五尺。

（二）今有弦五尺，勾三尺，问为股几何？

答曰：四尺。

（三）今有股四尺，弦五尺，问为勾几何？

答曰：三尺。

勾股术曰：勾股各自乘，并，而开方除之，即弦。又股自乘，以减弦自乘，其余开方除之，即勾。又勾自乘，以减弦自乘，其余开方除之，即股。

◎ 注释

（1）勾股：中国传统数学中的科目之一，由先秦时期"九数"中的"旁要"演变而来。

（2）勾：指直角三角形中直角的短边。

（3）股：指直角三角形中直角的长边。

（4）弦：指直角三角形中的斜边。

◎ 译文

（一）现有直角三角形，勾长 3 尺，股长 4 尺，问弦有多长？

答：弦长 5 尺。

（二）现有直角三角形，弦长 5 尺，勾长 3 尺，问股有多长？

答：股长 4 尺。

（三）现有直角三角形，股长 4 尺，弦长 5 尺，问勾有多长？

答：勾长 3 尺。

运算方法：勾长与股长各自乘，所得数相加后开平方，得数为弦长。用弦长自乘减去股长自乘，所得的余数开平方，得数为勾长。用弦长自乘减去勾长自乘，所得的余数开平方，得数为股长。

◎ **译解**

（一）勾长、股长自乘，即 3×3=9、4×4=16。

所得数相加，即 9+16=25。

将 25 开平方为弦长，即 $\sqrt{25}$ =5 尺。

弦长、勾长自乘，即 5×5=25、3×3=9。

25−9=16。

将 16 开平方为股长，即 $\sqrt{16}$ =4 尺。

（三）弦长、股长自乘，即 5×5=25、4×4=16。

25−16=9。

将 9 开平方为勾长，即 $\sqrt{9}$ =3 尺。

◎ **术解**

以（一）为例：

（1）设直角三角的勾长为 a，股长为 b，弦长为 c。

（2）根据勾股定理 $a^2+b^2=c^2$，可得 $c=\sqrt{a^2+b^2}$。

（3）已知 a=3，b=4，$c=\sqrt{3^2+4^2}$ =5 尺。

（4）同理，根据 $b^2=c^2-a^2$，可得 $b=\sqrt{c^2-a^2}$；$a^2=c^2-b^2$，可得 $a=\sqrt{c^2-b^2}$，由此可求出（二）（三）的得数。

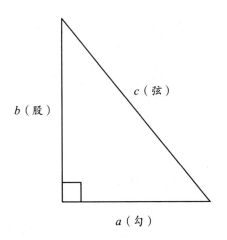

b（股）

c（弦）

a（勾）

▌原文

（四）今有圆材，径二尺五寸，欲为方版⁽¹⁾，令厚七寸。问广几何？

答曰：二尺四寸。

术曰：令径二尺五寸自乘，以七寸自乘，减之，其余开方除之，即广。

◎ 注释

（1）版：木板。

◎ 译文

（四）现有一块圆形的板材，直径为2尺5寸，现在想要将其做成方形的木板，使它的厚度有7寸。问长是多少？

答：长为2尺4寸。

运算法则：用直径2尺5寸自乘，用所得数减去7寸自乘后的得数，将所得的余数开平方，得数为长。

◎ 译解

（四）2尺5寸=25寸，

将直径25寸、7寸自乘，即 $25 \times 25=625$ 、 $7 \times 7=49$ 。

$625-49=576$

将576开平方为所求长，即 $\sqrt{576}=24$ 寸=2尺4寸。

◎ 术解

（1）2尺5寸=25寸。

（2）由题意可知，圆形板材的直径25寸为直角三角形的弦长，方形板材的7寸厚为勾长，所求长为股长。

（3）设直角三角形的勾长为 a ，股长为 b ，弦长为 c 。根据勾股定理

$b^2=c^2-a^2$，可得 $b=\sqrt{c^2-a^2}$。

（4）已知 $c=25$ 寸，$a=7$ 寸，$b=\sqrt{25^2-7^2}=24$ 寸，即 2 尺 4 寸。

如图所示：

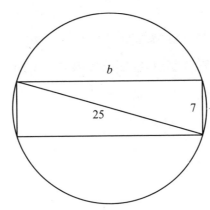

▌原文

（五）今有木长二丈，围之三尺。葛⁽¹⁾生其下，缠木七周，上与木齐。问葛长几何？

答曰：二丈九尺。

术曰：以七周乘三尺为股，木长为勾，为之求弦。弦者，葛之长。

◎ 注释

（1）葛：多年生草本植物，因根肥大，也称为"葛根"。葛根茎可编织成绳，纤维可织布。

◎ 译文

（五）现有一棵大树，长为 2 丈，周长为 3 尺。葛就生长在树下，缠绕了大树 7 周，顶端与树一样齐。为葛有多长？

答：有 2 丈 9 尺长。

运算法则：用 7 周乘 3 尺作为股长，树长为勾长，以此求出弦长。弦长即为葛长。

◎ **译解**

（五）2 丈 =20 尺

7×3=21，即为股长。20 为勾长。

勾长、股长自乘，所得数相加后开平方为弦长，即 20×20=400、21×21=441。

400+441=841，$\sqrt{841}$ =29 尺 =2 丈 9 尺。

弦长为葛长，所以葛长为 2 丈 9 尺。

◎ **术解：**

（1）2 丈 =20 尺。

（2）由题意可知，树的周长为 3 尺，葛缠绕大树 7 周为直角三角形的股长，葛顶端与树相齐，即树长 20 尺为直角三角形的勾长。

（2）设直角三角形的勾长为 a，股长为 b，弦长为 c，根据勾股定理 $a^2+b^2=c^2$，即 $c=\sqrt{a^2+b^2}$。

（3）已知 a=20 尺，b=21 尺，$c=\sqrt{20^2+21^2}$ =29 尺 =2 丈 9 尺。

（4）弦长为葛长，葛长为 2 丈 9 尺。

▌ **原文：**

（六）今有池方一丈，葭生其中央，出水一尺。引葭赴岸，适与岸齐。问水深、葭长各几何？

答曰：水深一丈二尺；葭长一丈三尺。

术曰：半池方自乘，以出水一尺自乘，减之，余，倍出水除之，即得水深。加出水数，得葭长。

◎ **译文**

（六）现有一个正方形的水池，边长为 1 丈，初生的芦苇长在了水池中央，高出水面 1 尺。将芦苇往岸边引，恰好与岸边相接。问水有多深，芦苇有多长？

答：水深 1 丈 2 尺，芦苇长 1 丈 3 尺。

运算法则：将水池边长的 $\frac{1}{2}$ 自乘，将高出水面 1 尺自乘，两者相减，用余下的数除以 2 倍高出水面之数，得数为水深。水深加上出水数，得数为芦苇的长度。

◎ **译解**

（六）1 丈 =10 尺，水池边长即为 10 尺。

水池边长的一半自乘，即 5 × 5=25。

高出水面 1 尺自乘，即 1 × 1=1。

两者相减，即 25-1=24。

余数除以 2 倍高出水面之数为水深，即 24÷2=12 尺 =1 丈 2 尺。

水深加出水数为芦苇长，即 12+1=13 尺 =1 丈 3 尺。

◎ **术解**

（1）水池边长 1 丈 =10 尺

（2）由题意可知，水池边长的一半为 5 尺，即为直角三角形中的勾长，水深为直角三角形中的股长，芦苇高度恰好与水池相接，即芦苇高度为直角三角形的弦长。

（3）设水深设为 a，根据已知条件，可得芦苇高（弦长）为 $a + 1$，再根据勾股定理，可得方程式，$a^2 = (a+1)^2 - 5^2$，解得 $a=12$ 尺，即水深为 1 丈 2 尺。

（4）芦苇的长度 = 水深 + 芦苇高出水面的长度，即 12+1=13 尺 =1 丈 3 尺。

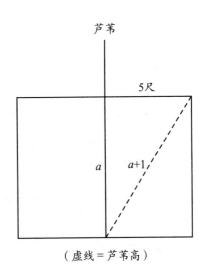

（虚线 = 芦苇高）

▌原文

（七）今有立木，系索其末，委地三尺。引索却行，去本八尺而索尽。问索长几何？

答曰：一丈二尺六分尺之一。

术曰：以去本自乘，令如委数而一，所得，加委地数而半之，即索长。

◎ 译文

（七）现有一根竖着的木头，在木头的上方系了根绳索，绳索沿着木头下垂，堆在地面后，绳索还多出了3尺。牵着绳索往后退，在高木头根部8尺的地方绳索用尽。问绳索有多长？

答：绳索长 1 丈 $2\frac{1}{6}$ 尺。

运算法则：将绳头与木头根部的距离相乘，除以绳索堆在地面长度，得数再与绳索堆在地面的长度相加，然后除以2，得数为绳索的长度。

◎ 译解

（七）绳索长度 =（绳头与木头根部的距离^2÷绳堆在地面长度 + 绳堆在地面长度）÷2

绳索长度 =（ $8^2÷3+3$ ）÷2=$12\frac{1}{6}$ 尺，即 1 丈 $2\frac{1}{6}$ 尺。

◎ 术解

（1）由题意可知，木头的高度为直角三角形中的股长，绳头与木头根部的距离为直角三角形中的勾长，绳长则为弦长。

（2）设绳索长（弦长）设为 a，根据已知条件可得股长为 $a-3$，再根据勾股定理，可得方程式，$(a-3)^2+8^2=a^2$，解得 $a=12\frac{1}{6}$ 尺，即身长为 1 丈 $2\frac{1}{6}$ 尺。

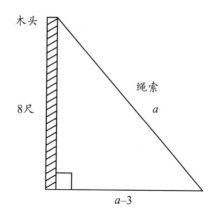

▌原文

（八）今有垣高一丈。倚⁽¹⁾木于垣，上与垣齐。引木却行一尺，其木至地。问木几何？

答曰：五丈五寸。

术曰：以垣高十尺自乘，如却行尺数而一，所得，以加却行尺数而半之，即木长数。

◎ 注释

（1）倚：倚靠。

◎ 译文

（八）现有一面墙高 1 丈。木杆倚靠于墙，使木杆的顶端与墙的顶端齐平。牵引木杆的底端退后 1 尺，然后将木杆放落在地上。问木杆有多长？

答：木杆长 5 丈 5 寸。

运算法则：用墙的高度 10 尺自乘，除以木杆底端退后的 1 尺，得数加木杆底端退后的尺数，再除以 2，得数为木杆的长度。

◎ 译解

木杆长度 =（墙的高度^2÷ 木杆底端退后的距离 + 木杆底端退后的距离）÷2

墙高 1 丈 =10 尺。

木杆长度 =（10^2÷1+1）÷2=50 $\frac{1}{2}$ 尺 =5 丈 5 寸。

◎ 术解

（1）墙高 1 丈 =10 尺。

（2）由题意可知，墙的高度 10 寸为直角三角形中的勾长，木杆底端与墙底的距离为股长，木杆的长度为弦长。

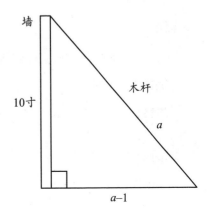

（3）设木杆长（弦长）为 a，根据已知条件，可得股长为 $a-1$，再根据勾股定理，可得方程式 $a^2=(a-1)^2+10^2$，解得 $a=50\frac{1}{2}$ 尺，即木杆长为 5 丈 5 寸。

▎原文

（九）今有圆材，埋在壁[1]中，不知大小。以鐻[2]鐻之，深一寸，鐻道长一尺。问径几何？

答曰：材径二尺六寸。

术曰：半鐻道自乘，如深寸而一，以深寸增之，即材径。

◎ 注释

壁：墙壁。

鐻：指"锯"，可作动词或名词，作名词时为"锯子"。

◎ 译文

（九）现有一根圆形的木材，埋在了墙壁之中，不知道它的大小。现用锯子锯它，如果深度达到 1 寸，锯道长为 1 尺。问木材的直径是多少？

答：直径为 2 尺 6 寸。

运算法则：将锯道长的 $\frac{1}{2}$ 自乘，除以锯深的寸数，再加上锯深的寸数，得数为木材的直径。

◎ 译解

（九）木材直径 = $(\frac{1}{2} \times$ 锯道长$)^2 \div$ 锯深 + 锯深

锯道 1 尺 =10 寸。

木材直径 = $(\frac{1}{2} \times 10)^2 \div 1+1=26$ 寸 =2 尺 6 寸。

◎ 术解

（1）锯道 1 尺 =10 寸。

（2）由题意可知，锯道长 10 寸为直角三角形中的勾长，木材的直径为弦长，股长则为直角三角形中另一条边。

（2）设木材直径（弦长）设为 a，由已经条件可得，股长为 $2 \times (\frac{1}{2} a - 1)$，化简后 $a-2$，再根据勾股定理，可得方程式，$a^2 = 10^2 + (a-2)^2$，解得 $a = 26$ 寸，即木材的直径为 2 尺 6 寸。

原文

（一〇）今有开门去阃[1]一尺，不合二寸。问门广几何？

答曰：一丈一寸。

术曰：以去阃一尺自乘，所得，以不合二寸半之而一，所得，增不合之半，即得门广。

◎ 注释

（1）阃：门槛。

◎ 译文

（一〇）现要推开两扇门，门框距离门槛 1 尺，两扇门之间的缝隙为 2 寸。问门的宽度是多少？

答：门宽 1 丈 1 寸。

运算法则：用门框距离门槛的 1 尺自乘，得数除以两扇门之间的缝隙的寸数 $\frac{1}{2}$，得数加上两扇门之间的缝隙的寸数 $\frac{1}{2}$，得数为门的宽度。

◎ 译解：

（一〇）门宽 = 门框距离门槛的寸数^2 ÷ ($\frac{1}{2}$ × 两门缝隙寸数) + ($\frac{1}{2}$ × 两门缝隙寸数)

门宽距门槛 1 尺 =10 寸，

门宽 $=10^2 \div (\frac{1}{2} \times 2) + (\frac{1}{2} \times 2) = 101$ 寸 $=1$ 丈 1 寸。

◎ **术解**

（1）门宽距门槛 1 尺 =10 寸，

（2）由题意可知，门框距门槛的长度 10 寸为直角三角形中的勾长，股长为直角三角形中的另一条边，半扇门的宽度为弦长。

（3）设门的长度设为 a，根据已知条件，可得半扇门的宽度为 $\frac{1}{2}a$，股长为 $\frac{1}{2}a-1$，再根据勾股定理，可得方程式，$(\frac{1}{2}a)^2 = 10^2 + (\frac{1}{2}a-1)^2$，解得 $a=101$ 寸，即门宽为 1 丈 1 寸。

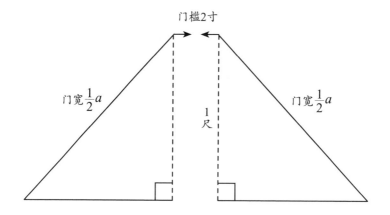

原文

（一一）今有户高多于广六尺八寸，两隅[1]相去适一丈。问户高、广各几何？

答曰：广二尺八寸。高九尺六寸。

术曰：令一丈自乘为实。半相多[2]，令自乘，倍之，减实，半其余。以开方除之，所得，减相多之半，即户广。加相多之半，即户高。

◎ **注释**

（1）两隅：指门上四角的对角线。

（2）相多：这里指门高比门宽多六尺八寸。

◎ **译文**

（一）现有一扇门，门的高度比门的宽度多 6 尺 8 寸，门的对角线距离恰好为 1 丈。问门的高度、门的宽度各是多少？

答：门宽为 2 尺 8 寸，门高为 9 尺 6 寸。

运算法则：将 1 丈自乘作为"实"，取门高比门宽多出来的数的一半，将其自乘，再乘以 2，用"实"减去其得数。将余下的数的一半开平方，再减去门高比门宽多出来的数的一半，得数为门的宽度。将门宽加上门高比门宽多出来的数，得数为门的高度。

◎ **译解**

（一）1 丈 =100 寸，6 尺 8 寸 =68 寸。

将 1 丈自乘，即 100×100=10000 寸。

取门高比门宽多出来的数的一半，并自乘，再乘 2，即 $(68÷2)^2×2=2312$ 寸。

（10000−2312）÷2=3844。

将 3844 开平方，再减去门高比门宽多出来的数的一半，为门的宽度，即 $\sqrt{3844}-\dfrac{68}{2}=28$ 寸 =2 尺 8 寸。

门的高度 = 门宽 + 门高比门宽多出来的数 =28+68=96 寸 =9 尺 6 寸。

◎ **术解**

（1）1 丈 =100 寸，6 尺 8 寸 =68 寸。

（2）由题意可知，门的高度为直角三角形中的股长，门的宽度为直角三角形中的勾长，两对角线距离 1 寸为弦长，门高比门宽多出来的 6 尺 8 寸为勾股差。

（3）设门的高度为 a，根据已知条件，可得门宽为 $a-68$，再根据勾股定理，可得方程式，$a^2+(a-68)^2=100^2$，解得 $a=96$ 寸，即门高为 9 尺 6 寸。

（4）用门高减去比门宽多出来的数，即为门宽，96-68=28 寸 =2 尺 8 寸。

原文

（一二）今有户不知高、广，竿不知长短。横之不出四尺，从[1]之不出二尺，邪[2]之适出。问户高、广、邪各几何？

答曰：广六尺，高八尺，邪一丈。

术曰：从、横不出相乘，倍，而开方除之。所得，加从不出即户广，加横不出即户高，两不出加之，得户邪。

◎ 注释

（1）从：通"纵"，这里指竖着的意思。

（2）邪：指门的对角线的长度。

◎ 译文

（一二）现有一扇门，不知道门的高度和门的宽度是多少，现有一支竹竿，不知竹竿的长短是多少。横着放竹竿比门宽多出 4 尺，竖着放竹竿比门高多出 2 尺，斜着放恰好与门的对角线一样长。问门的高度、门的宽度、门的对角线长度各是多少？

答：门宽为 6 尺，门高为 8 尺，门对角线长为 1 丈。

运算法则：将竹竿竖着放多出门高的数与横着放多出门宽的数相乘，得数乘 2，再开平方。得数加上竖着放多出门的数，即为门宽，得数加上横着放多出门的数，即为门高，得数同时加竖着放多出门的数和横着放多出门的数，即为门的对角线长。

◎ **译解:**

（一二）竹竿竖放多出门高2尺，横着放多出门宽4尺，两者相乘，即 $2 \times 4 = 8$。

得数乘2后，开平方，即 $\sqrt{8 \times 2} = \sqrt{16} = 4$ 尺。

门宽 $=4+2=6$ 尺；门高 $=4+4=8$ 尺；门对角线长 $=4+2+4=10$ 尺 $=1$ 丈。

◎ **术解:**

（1）由题意可知，门的高为直角三角形中的股长，门的宽为直角三角形中的勾长，而门的对角线长为直角三角形中的弦长。

（2）设门的对角线长为 a，根据已知条件，可得门宽为 $a-4$，门高为 $a-2$，再根据勾股定理，可得方程式，$(a-4)^2 + (a-2)^2 = a^2$，解得 $a_1=10$、$a_2=2$，其中 $a_2=2$ 不符合实际情况，故舍去，取 $a_1=10$ 为正常值。

（3）因此，门宽 $=a-4=10-4=6$ 尺；门高 $=a-2=10-2=8$ 尺；门对角线为10尺，即1丈。

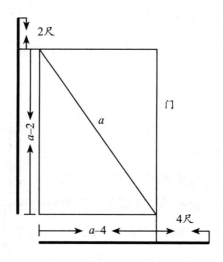

原文

（一三）今有竹高一丈，末折[1]抵地，去本三尺。问折者高几何？

答曰：四尺二十分尺之十一。

术曰：以去本自乘，令如高而一。所得，以减竹高而半其余，即折者之高也。

◎ **注释**

（1）折：折断。

◎ **译文**

（一三）现有一根竹子，竹高为 1 丈，末端折断后抵达地面，距离竹子的根部为 3 尺。问竹子未折断的部分有多高？

答：高 $4\frac{11}{20}$ 尺。

运算法则：用竹子折断后末端处距离竹子根部的数自乘，除以竹子的高，用竹高减去所得之数后，再除以 2，得数为未折断的竹高。

◎ **译解**

（一三）竹高 1 丈 =10 尺。

竹子折断后，末端距离竹根 3 尺，自乘后除以竹高，即 $3 \times 3 \div 10 = \frac{9}{10}$。

$(10 - \frac{9}{10}) \div 2 = 4\frac{11}{20}$ 尺。

◎ **术解**

（1）竹高 1 丈 =10 尺。

（2）由题意可知，竹子未折断的部分为直角三角形中的股长，竹子折断后的末端距离竹根的距离 3 尺为勾长，竹子折断的部分为弦长。

（3）设竹子折断的部分为 a，由已知条件可得，竹子未折断部分为 $10-a$，再根据勾股定理，可得方程式，$3^2 + (10-a)^2 = a^2$，解得 $5\frac{9}{20}$ 尺。

（4）未折断竹高 = 竹高 - 折断竹高，即

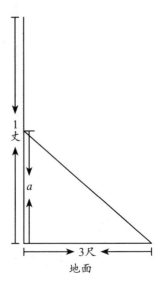
地面

$10-5\dfrac{9}{20}=4\dfrac{11}{20}$尺。

▌原文

（一四）今有二人同所立$^{(1)}$。甲行率$^{(2)}$七，乙行率三。乙东行，甲南行十步而斜东北与乙会。问甲乙行各几何？

答曰：乙东行一十步半；甲一南行而斜东北行十四步半及之。

术曰：令七自乘，三亦自乘，并而半之，以为甲斜行率。斜行率减于七自乘，余为南行率。以三乘七为乙东行率。置南行十步，以甲斜行率乘之，副置十步，以乙东行率乘之，各自为实。实如南行率而一，各得行数。

◎ 注释

（1）同所立：指站在相同的地点。

（2）行率：行走的速率。

◎ 译文

（一四）现有甲乙两人站在相同的地点。甲行走的速率是7，乙行走的速率是3。现在乙要向东走，甲向南走了10步后，再斜着走向东北，并与乙相会。问甲乙两人的行程分别是多少？

答：乙向东行走了$10\dfrac{1}{2}$步；甲向南走和斜向东北走共走了$14\dfrac{1}{2}$步。

运算法则：将7自乘，3也自乘，两者得数相加后取一半，以此作为甲的斜行速率。将7自乘后，减去甲的斜行速率，余下的数作为甲的南行速率。用3乘7作为乙的东行速率。用甲南行的10步，乘甲斜行的速率，另用甲南行的10步，乘乙向东行的速率，各自作为被除数。以南行率作为除数。被除数除以除数，得数为甲乙各走的步数。

◎ 译解

（一四）甲的斜行速率 =（7^2+3^2）÷2=29；

甲的南行速率 =7^2−29=20；

乙的东行速率 =3×7=21；

用甲南行的 10 步乘甲斜行的速率，即 10×29=290；用甲南行的 10 步乘乙向东行的速率，即 10×21=210。并各自作为被除数。

甲的南行速率 20 为除数。

被除数除以除数为甲乙各走的步数，即甲为 290÷20=14$\frac{1}{2}$ 步；乙为 210÷20=10$\frac{1}{2}$ 步。

◎ 术解

（1）由题意可知，甲南行的 10 步为直角三角形中的勾长，乙的东行步数为直角三角形中的股长，甲向东北的斜行步数为直角三角形中的弦长。

（2）因为步数 = 速率 × 时间，所以设甲乙相遇的时间为 a，根据已知条件，可得乙向东行走的步数为 $3a$，甲向东北斜行的步数为 $7a$-10，再根据勾股定理，可得方程式，10^2+（$3a$）^{2}=（$7a$-10）^{2}，解得 a_1=$\frac{7}{2}$，a_2=0。其中 a_2=0 不符合实际情况，故舍去，取 a_1=$\frac{7}{2}$ 为正常值。

（3）甲行走的步数为 $7a$-10=14$\frac{1}{2}$ 步；乙行走的步数为 $3a$=10$\frac{1}{2}$ 步。

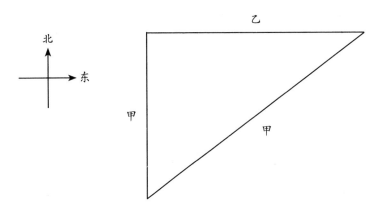

▋ 原文

（一五）今有勾五步，股十二步。问勾中容⁽¹⁾方几何？

答曰：方三步十七分步之九。

术曰：并勾、股为法，勾股相乘为实，实如法而一，得方一步。

◎ 注释

（1）容：这里指容纳的意思。

◎ 译文

（一五）现有直角三角形，勾长为5步，股长为12步。问这个直角三角形容纳的最大的正方形的边长是多长？

答：边长为 $3\frac{9}{17}$ 步。

运算法则：将勾长与股长相加，得数作为除数，勾长与股长相乘作为被除数。被除数除以除数，得数为正方形的边长。

◎ 译解

（一五）勾长、股长相加，即5+12=17，作为除数。

勾长、股长相乘，即5×12=60，作为被除数。

被除数除以除数为所求边长，即60÷17= $3\frac{9}{17}$ 步。

◎ 术解

（1）在三角形中截出一个正方形，通过相似三角形的判定定理，可得直角三角形①和直角三角形②为相似三角形。因此，直角三角形①的股长比勾长等于直角三角形②的股长比

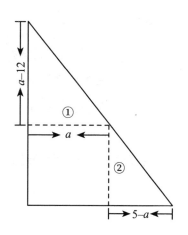

勾长。

（2）设正方形的边长为 a，根据已知条件，可得直角三角形①的股长为 12-a，直角三角形②的勾长为 5-a。

（3）因此，可列出方程式，（12-a）:a=a:（5-a），解得 a=$\frac{60}{17}$，即 3$\frac{9}{17}$ 步。

▌原文

（一六）今有勾八步，股十五步。问勾中容圆，径几何？

答曰：六步。

术曰：八步为勾，十五步为股，为之求弦。三位并之为法，以勾乘股，倍之为实。实如法得径一步。

◎ 译文

（一六）现有直角三角形，勾长为 8 步，股长为 15 步，问这个直角三角形容纳的最大的圆形的直径是多少？

答：直径为 6 步。

运算法则：勾长为 8 步，股长为 15 步，根据勾股定理，可求出弦长。将勾长、股长、弦长相加，以此作为除数，将勾长乘股长，再乘 2，以此作为被除数。被除数除以除数，得数为圆形直径的步数。

◎ 译解

（一六）勾长、股长自乘，即 8×8=64、15×15=225，

将得数相加后开平方，为弦长，即 $\sqrt{64+225}$ =17 步。

勾长、股长、弦长相加，得数作为除数，即 8+15+17=40。

勾长、股长相乘后乘 2，得数作为被除数，即 8×15×2=240。

被除数除以除数为圆形直径的步数，即 240÷40=6 步。

◎ **术解**

（1）根据勾股定理 $a^2+b^2=c^2$，可得 $c=\sqrt{8^2+15^2}=17$。

（2）在直角三角形，三个角的角平分线的交点，即为圆形的圆心。以圆心为顶点，作三条垂直线分别垂直于直角三角形的勾长、股长和弦长。可得直角三角形①全等于直角三角形②，直角三角形③全等于直角三角形④。

（3）将圆的半径设为 a，根据已知条件，可得直角三角形②的弦长为 $15-a$，直角三角形③的股长为 $8-a$。

（4）因此，可得方程式，$17=（15-a）+（8-a）$，解得 $a=3$。

（5）将圆的半径乘 2，即为圆形的直径，$3\times2=6$ 步。

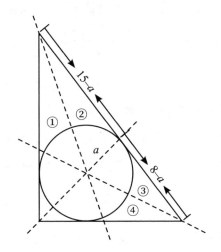

原文

（一七）今有邑[1]方二百步，各中[2]开门。出东门十五步有木。问出南门几何步而见木？

答曰：六百六十六步太半步。

术曰：出东门步数为法，半邑方自乘为实，实如法得一步。

◎ **注释**

（1）邑：小城。

（2）中：这里指城墙的中央。

◎ **译文：**

（一七）现有一个正方形的小城，边长为200步，每个方向城墙的中央都有一道城门。从东门出去，走15步处有一棵大树。问从南门出去，走多少步能看到大树？

答：走 $666\frac{2}{3}$ 步。

运算法则：以出东门走的步数作为除数，取小城边长的 $\frac{1}{2}$ 自乘，以此作为被除数。被除数除以除数，得数为所求的步数。

◎ **译解**

（一七）出东门的15步作为除数；

小城边长的 $\frac{1}{2}$ 自乘，作为被除数，即（200÷2）×（200÷2）=10000；

被除数除以除数为所求的步数，即 $10000÷15=666\frac{2}{3}$ 步。

◎ **术解**

（1）通过相似三角形的判定定理，可得直角三角形①和直角三角形②为相似三角形。因此，直角三角形①的勾长比股长等于直角三角形②的勾长比股长。

（2）设从南门出去要走的步数为 a，根据已知条件，可得方程式，15:100=100:a，解得 $a=666\frac{2}{3}$ 步。

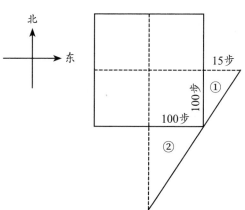

▌原文

（一八）今有邑，东西七里，南北九里，各中开门。出东门一十五里有木。问出南门几何步而见木？

答曰：三百一十五步。

术曰：东门南至隅⁽¹⁾步数，以乘南门东至隅步数为实。以木去门步数为法。实如法而一。

◎ **注释**

（1）隅：城角。

◎ **译文**

（一八）现有一座小城，东西相距 7 里，南北相距 9 里。各方向城墙的中央都有一道城门。从东门出去，走 15 里处有一棵大树。问从南门出去，走多少步能看到大树？

答：走 315 步。

运算法则：用从东门到城角的步数，乘从南门到东城角的步数，以此作为被除数。将大树距离东门的步数作为除数。被除数除以除数，得数为所走的步数。

◎ **译解**

（一八）东门到城角的里数为，$9 \div 2 = \frac{9}{2}$ 里。

南门到东城角的里数为，$7 \div 2 = \frac{7}{2}$ 里。

$\frac{9}{2} \times \frac{7}{2} = \frac{63}{4}$，作为被除数；

大树距东门的 15 里为除数；

被除数除以除数为所走的步数，即 $\frac{63}{4} \div 15 = 1\frac{1}{20}$ 里。

1 里 =300 步，$1\frac{1}{20}$ 里 =315 步。

◎ **术解**

（1）通过相似三角形的判定定理，可得直角三角形①和直角三角形②为相似三角形。因此，直角三角形①的勾长比股长等于直角三角形②的勾长比股长。

（2）设从南门出去要走的步数为 a，根据已知条件，可得方程式 $15:\frac{9}{2}=\frac{7}{2}:a$，解地 $a=1\frac{1}{20}$ 里。

（3）1 里 =300 步，$1\frac{1}{20}$ =315 步。

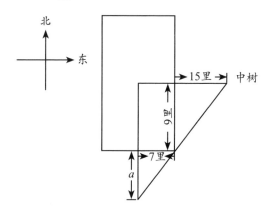

▌ **原文**

（一九）今有邑方不知大小，各中开门。出北门三十步有木，出西门七百五十步见木。问邑方几何？

曰：一里。

术曰：令两出门步数相乘，因而四之，为实。开方除之，即得邑方。

◎ **译文**

（一九）现有一座不知道大小的正方形小城，小城各方向城墙的中央都开有一道城门。从北门出去，走 30 步处有一棵大树，从西门出去，走 750 步可以看见那棵大树。问小城的边长是多少？

答：边长为1里。

运算法则：令从两个门出去走的步数相乘，乘以4后，作为被开方数。开平方后，得数为小城的边长。

◎ 译解

（一九）北门走30步，西门走750步，两者相乘，即30×750=22500步。

22500×4=90000步。

将90000步开平方为小城的边长，即$\sqrt{90000}$=300步。

1里=300步，故小城边长为1里。

◎ 术解

（1）通过相似三角形的判定定理，可得直角三角形①和直角三角形②为相似三角形。因此，直角三角形①的勾长比股长等于直角三角形②的勾长比股长。

（2）设小城的边长为a，根据已知条件，可得出方程式$30:\frac{1}{2}a=\frac{1}{2}a:750$，解得$a$=300步。

（3）1里=300步，故小城边长为1里。

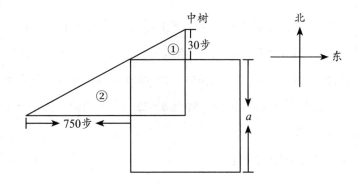

▌ 原文

（二十）今有邑方不知大小，各中开门。出北门二十步有木。

出南门十四步，折^{（1）}而西行一千七百七十五步见木。问邑方几何？

答曰：二百五十步。

术曰：以出北门步数乘西行步数，倍之，为实。并出南门步数为从法，开方除之，即邑方。

◎ **注释**

（1）折：这里指转向的意思。

◎ **译文**

（二十）现有一座不知道大小的正方形小城，小城各方向城墙的中央都开有一道城门。从北门出去，走 20 步处有一棵大树。从南门出去，走 14 步后转向西行 1775 步可以看到大树。问小城的边长是多少？

答：边长为 250 步。

运算法则：以从北门出去的步数乘从南门出去西行的步数，再乘以 2 作为常数项。用从北门出的步数加上从南门出的步数，作为一次项系数，开平方后，为小城的边长。

◎ **译解**

（二十）北门出去的步数为 20 步，南门出去西行的步数为 1775，相乘后再乘 2，即 $20 \times 1775 \times 2 = 71000$，作为常数项。

北门出去的步数加南门出去的步数，即 $20+14=34$，作为一次项系数。

由此可得方程：$a^2+34a=71000$，解得 $a_1=250$，$a_2=-284$。其中 a_2 的值不符合实际情况，故舍去。

因此，小城的边长为 250 步。

◎ **术解**

（1）通过相似三角形的判定定理，可得直角三角形①和直角三角形②为相似三角形。因此，直角三角形①的勾长比股长等于直角三角形②的勾长比股长。

（2）设小城的边长为 a，根据已知条件，可得出方程式，$20: \frac{1}{2}a=（20+a+14）:1775$，解的 $a_1=250$，$a_2=-284$。其中 a_2 的值不符合实际情况，故舍去。因此，小城的边长为 250 步。

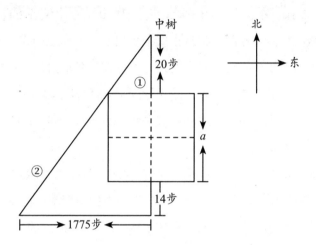

▌ 原文

（二一）今有邑方十里，各中开门。甲乙俱从邑中央而出。乙东出；甲南出，出门不知步数，邪向东北磨邑[1]，适与乙会。率甲行五，乙行三。问甲、乙行各几何？

答曰：甲出南门八百步，邪东北行四千八百八十七步半，及乙。乙东行四千三百一十二步半。

术曰：今五自乘，三亦自乘，并而半之，为邪行率。邪行率减于五自乘者，余，为南行率。以三乘五，为乙东行率。置邑方半之，以南行率乘之，如东行率而一，即得出南门步数。以增邑方半，即南行。置南行步求弦者，以邪行率乘之，求东者以东行率乘之，各自为实。实如南行率得一步。

◎ **注释**

（1）磨邑：擦过小城城角。

◎ **译文**

（二一）现有一座正方形的小城，边长为 10 里，小城各方向城墙的中央都开有一道城门。甲、乙两人都从小城中央出发。乙向东门走，甲向南门走。甲不知道走了多少步后，又斜向东北走，擦着东城角而过后，恰好与乙相遇。所行路程的比率，甲为 5，乙为 3。问甲乙走得路程各是多少?

答：甲从南门出，走了 800 步，又斜向东北走了 $4887\frac{1}{2}$ 步才赶上乙。乙从东门出发，走了 $4312\frac{1}{2}$ 步。

运算法则：将 5 自乘，3 也自乘，两者相加后除以 2，得数为甲的斜行率。将 5 自乘后，减去甲的斜行率，余下的数作为甲的南行率。将 3 乘 5，作为乙的东行率。用小城边长的 $\frac{1}{2}$，乘甲的南行率后，再除以乙的东行率，得数为甲出南门的步数。用甲出南门的步数加小城边长的 $\frac{1}{2}$，得数为甲从小城中心南行的步数。将甲南行的步数作为弦长，乘其斜行率，求东行的步数要乘乙的东行率，以此各作为被除数。取甲的南行率为除数。被除数除以除数，得数为所求的路程。

◎ **译解**

（二一）甲的斜行率：$(5^2+3^2)\div2=17$。

甲的南行率：$5^2-17=8$，作为除数；

乙的东行率：$3\times5=15$。

因为 1 里 =300 步，所以甲出南门的步数：$10\div2\times300\times8\div15=800$ 步。

甲从小城中心南行的步数：$800+(10\div2)\times300=2300$ 步。

甲南行步数分别乘斜行率、乙的东行率，各作为被除数，即 $2300\times17=39100$，$2300\times15=34500$；

被除数除以除数为甲乙各行的路程，即甲斜向东北行的步数为：

39100÷8=4887$\frac{1}{2}$步；乙向东行的步数为：34500÷8=4312$\frac{1}{2}$步。

◎ **术解**

（1）通过相似三角形的判定定理，可得直角三角形①、②、③皆为相似三角形。因此，各直角三角形的勾长比股长都相等。

（2）设乙向东行的路程为a，甲向南行的路程为b。

（3）因为1里=300步，根据已知条件，可列出二元二次方程$a:b=(a-5):5$，$(b+\sqrt{a^2+b^2}):5=a:300$。解得$a=14\frac{3}{8}$里，$b=7\frac{2}{3}$里。

（4）乙向东行的路程为$14\frac{3}{8}$里，即$14\frac{3}{8}\times300=4312\frac{1}{2}$步，甲向南行的路程为$(b-5)=2\frac{2}{3}$里，即$2\frac{2}{3}\times300=800$步。

（5）根据勾股定理，甲斜向东北的路程为$\sqrt{a^2+b^2}=\sqrt{(14\frac{3}{8})^2+(7\frac{2}{3})^2}$ $=16\frac{7}{24}$里，$16\frac{7}{24}\times300=4887\frac{1}{2}$步。

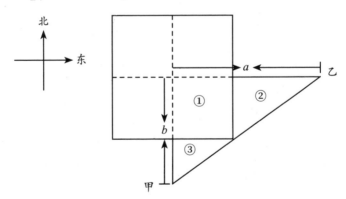

原文

（二二）今有木去人不知远近。立四表，相去⁽¹⁾各一丈，令左两表与所望参相直。从后右表望之，入前右表三寸⁽²⁾。问木去人几何？

答曰：三十三丈三尺三寸少半寸。

术曰：令一丈自乘为实，以三寸为法，实如法而一。

◎ **注释**

（1）相去：指前后左右的距离。

（2）入前右表三寸：指右后杆看向大树的视线与前表线的相交点在"右前杆"左边的 3 寸处。

◎ **译文**

（二二）现有一棵树，与人相距的距离不知道是多少。现立四根标杆，前后左右的距离各是 1 丈，令左边两根标杆与所观察的树三点成为一线。从右后方的标杆看树，视线与前表线的相交点在"右前杆"左边的 3 寸处。问树与人之间的距离是多少？

答：距离为 33 丈 3 尺 $3\frac{1}{3}$ 寸。

运算法则：将 1 丈自乘，作为被除数，3 寸作为除数，被除数除以除数，得数为树与人之间的距离。

◎ **译解**

（二二）1 丈 =100 寸。

将 1 自乘，作为被除数，即 100 × 100=10000 ；

3 寸为除数，被除数除以除数为树与人之间的距离，10000 ÷ 3=3333 $\frac{1}{3}$ 寸 =33 丈 3 尺 $3\frac{1}{3}$ 寸。

◎ **术解**

通过相似三角形的判定定理，可得直角三角形①、②、③皆为相似三角形。因此，直角三角形③的勾长比股长等于直角三角形①的勾长比股长。

设树与人之间的距离为 a，根据已知条件，可得方程式，100:3=a:100，解得 a=3333 $\frac{1}{3}$ 寸。

因此，树与人之间的距离为 33 丈 3 尺 $3\frac{1}{3}$ 寸。

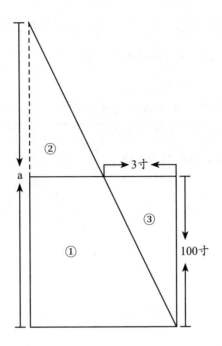

原文

（二三）今有山居^{（1）}木西，不知其高。山去木五十三里，木高九丈五尺。人立木东三里，望木末适与山峰斜平。人目高七尺^{（2）}。问山高几何？

答曰：一百六十四丈九尺六寸太半寸。

术曰：置木高减人目高七尺，余，以乘五十三里为实。以人去木三里为法。实如法而一，所得加木高，即山高。

◎ 注释

（1）居：这里指位于。

（2）人目高七尺：人的眼睛距地面7尺。

◎ 译文

（二三）现有一座山位于大树的西面，不知道山有多高。山与大树的距离为 53 里，大树高 9 丈 5 尺。人与大树的距离为 3 里，人的视线恰好与树梢、山顶在同一条斜线上。人的眼睛距地面 7 尺。问山有多高?

答：山高 164 丈 9 尺 6$\frac{2}{3}$寸。

运算法则：将大树的高度减去人的眼睛距离地面的高度 7 尺，余下的数乘山与树的里数 53 里，以此作为被除数。将人与树的距离 3 里作为除数。被除数除以除数，得数加树高为山的高。

◎ 译解:

（二三）1 里 =1800 尺。

山高 =（树高 - 人眼距地面高）× 山与大树的距离 ÷ 人与大树的距离 + 树高，

山高 =（95-7）× 53 ÷3+95=164 丈 9 尺 6$\frac{2}{3}$寸。

◎ 术解

（1）通过相似三角形的判定定理，可得直角三角形①、②为相似三角形。因此，直角三角形①的勾长比股长等于直角三角形②的勾长比股长。

（2）直角三角形②的勾长 = 树高 - 人眼距地面高 =95-7，直角三角形①的股长 = 山与树的距离 + 人与树的距离 =53+3=56 里。

（3）设直角三角形①的勾长为 a，根据已知条件，可的方程式，（95-7）:3 =a:56，因为 1 里 =1800 尺，解得 a=1642$\frac{2}{3}$尺。

（4）山高 = 直角三角形①的勾长 + 人眼距地面高，即 1642$\frac{2}{3}$ +7=1649$\frac{2}{3}$尺 =164 丈 9 尺 6$\frac{2}{3}$寸。

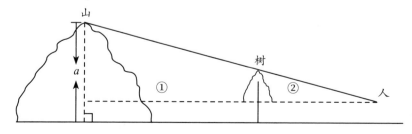

▌原文

（二四）今有井，径五尺，不知其深。立五尺木于井上，从木末望水岸，入径四寸[1]。问井深几何？

答曰：五丈七尺五寸。

术曰：置井径五尺，以入径四寸减之，余，以乘立木五尺为实。以入径四寸为法。实如法得一寸。

◎ 注释

（1）入径四寸：指从木头的顶端往下看，视线与井的直径的相交点距离竖着的木头根部的 4 寸处。

◎ 译文

（二四）现有一口井，井的直径为 5 尺，不知道有多深。现有一根 5 尺长的木头立在了井上，从木头的顶端往下看，视线与井的直径的相交点距离竖着的木头根部的 4 寸处。问井有多深？

答：井深为 5 丈 7 尺 5 寸。

运算法则：用井的直径 5 尺，减去"入径"的 4 寸，余下的数乘木头的高 5 尺，以此作为被除数。将入径 4 尺作为除数。被除数除以除数，得数为井深。

◎ 译解

（二四）5 尺 =50 寸。

井径减入径，即 50-4=46 寸。

46×50=2300 寸，作为被除数；

入径 4 寸作为除数，被除数除以除数为井深，即 2300÷4=575 寸 =5 丈 7 尺 5 寸。

◎ **术解**

（1）由题意可知，直角三角形①全等于直角三角形②。通过相似三角形的判定定理，可得直角三角形①、③为相似三角形。因此，直角三角形①的勾长比股长等于直角三角形③的勾长比股长。

（2）设井深为 a，根据已知条件，可得方程式，50:4=a:（50-4），1 尺 =10 寸，解得 a=575 寸，即井深为 5 丈 7 尺 5 寸。

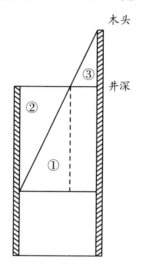

附录一

孙子算经

孙子曰：夫算者，天地之经纬，群生之元首，五常之本末，阴阳之父母，星辰之建号，三光之表里，五行之准平，四时之终始，万物之祖宗，六艺之纲纪。稽群伦之聚散，考二气之降升；推寒暑之迭运，步远近之殊同；观天道精微之兆基，察地理从横之长短；采神祇之所在，极成败之符验；穷道德之理，究性命之情。立规矩，准方圆，谨法度，约尺丈，立权衡，平重轻，剖毫厘，析黍絫。

历亿载而不朽，施八极而无疆。散之不可胜究，敛之不盈掌握。向之者，富有余；背之者，贫且窭。心开者，幼冲而即悟；意闭者，皓首而难精。夫欲学之者，必务量能揆己，志在所专。如是，则焉有不成者哉。

序

█ 原文

孙子曰：夫算者，天地之经纬[1]，群生之元首，五常[2]之本末[3]，阴阳[4]之父母，星辰之建号[5]，三光[6]之表里[7]，五行[8]之准平[9]，四时[10]之终始，万物之祖宗，六艺[11]之纲纪。稽群伦之聚散，考二气之降升；推寒暑之迭运[12]，步远近之殊同；观天道精微之兆基，察地理从横之长短；采[13]神祇之所在，极成败之符验[14]；穷道德之理，究性命之情。立规矩、准方圆，谨法度，约尺丈，立权衡[15]，平重轻，剖毫厘，析黍絫[16]。

历亿载而不朽，施八极而无疆[17]。散之不可胜究，敛之不盈掌握。向之者，富有余；背之者，贫且窭[18]。心开者，幼冲而即悟，意闲者，皓首而难精。夫欲学之者，必务量能揆己，志在所专，如是，则焉有不成者哉。

◎ 注释

（1）经纬：指条理秩序。

（2）五常：指的是五种基本的品德，即"仁""义""礼""智""信"。

（3）本末：事有始终。

（4）阴阳：阴为女，阳为男。

（5）建号：名称。

（6）三光：指日、月、星辰。

（7）表里：这里指奥秘。表指外部，里指内部。

（8）五行：指五种基本动态，即代表浸润的水、代表破灭的火、代表敛聚的金、代表生长的木、代表融合的土。

（9）准平：均衡，均等。

（10）四时：一年四季。

（11）六艺：指古时的六大技艺，即"礼""乐""射""御""书""数"。

（12）迭运：更迭。

（13）采：这里指寻找。

（14）符验：凭据。

（15）权衡：称重的器具。"权"指秤砣，"衡"指秤杆。

（16）絫：同"累"，这里指重量单位，即1絫等于10黍。

（17）无疆：没有止境。

（18）窭：家徒四壁，房屋简陋。

◎ 译文

孙子说：算术，就如同天地间的条理秩序、万物生灵的首领、五常里的始终、阴阳的父母、星辰的名称、日月星辰里的奥秘、五行中的均衡、四季的循环交替、万物的根源，六艺的纲纪一样。算术博大精通，可以算出人与人间的伦理辈分，考究出阴阳二气的升降，推算出寒暑的更替，测量出远近距离的差异，观察出天地间的以兆为单位的细微之处，考察出地理中纵线与横线的长短，寻找到神灵在哪儿，琢磨出成功与失败的凭据在哪儿。算术也可以查究道德中的规律道理，探究出生命中的情理。算术可以立下规矩，可以准确地画出方形和圆形，可以让人们谨记度量衡制度，帮助人们量出物体的尺寸，称出事物的重量。算术还能平衡事物的轻重与亲疏，剖析出事物之间以毫厘计算的差别，称量出米甚至其他更为细小的物体的重量。

算术经过了亿万年依然不见衰败，它的博大之处即使抵达八方极远之地依然没有止境。学习算术这门学科，如果扩散一下，不能深究，因为无法达到顶点；如果只研究某一方面，也无法完全掌握。生活中，擅长算术的人，都是非富即贵；违背数理的人，只会家徒四壁贫穷一生。就算术而言，内心宽广豁达的人，哪怕年纪很小也能有所感悟；意志封闭的人，哪怕到了白发苍苍之龄也难以精通算术。想要学习算术，必须要量力而行，专心于自己所擅长的，这样的话，很难会不成功！

上卷 算筹乘除之法

▌原文

（一）度之所起，起于忽。欲知其忽，蚕吐丝为忽。十忽为一丝，十丝为一毫，十毫为一厘，十厘为一分，十分为一寸，十寸为一尺，十尺为一丈，十丈为一引，五十尺为一端，四十尺为一匹，六尺为一步，二百四十步为一亩，三百步为一里。

◎ 译文

（一）在度量单位中，忽是最小的单位。想要知道忽的大小，可以看蚕吐出来的丝，蚕丝的粗细就是忽。10 忽 =1 丝，10 丝 =1 毫，10 毫 =1 厘，10 厘 =1 分，10 分 =1 寸，10 寸 =1 尺，10 尺 =1 丈，10 丈 =1 引，50 尺 =1 端，40 尺 =1 匹，6 尺 =1 步，240 步 =1 亩，300 步 =1 里。

▌原文

（二）称之所起，起于黍。十黍为一絫，十絫为一铢，二十四铢为一两，十六两为一斤，三十斤为一钧，四钧为一石。

量之所起，起于粟。六粟为一圭，十圭为一撮，十撮为一抄，十抄为一勺，十勺为一合，十合为一升，十升为一斗，十斗为一斛，斛得六千万粟。所以得知者，六粟为一圭，十圭六十粟为一撮，十撮六百粟为一抄，十抄六千粟为一勺，十勺六万粟为一合，十合六十万粟为一升，十升六百万粟为一斗，十斗六千万粟为一斛。十斛六亿粟，百斛六兆粟，千斛六京粟，万斛六陔粟，十万斛六秭粟，百万斛六穰粟，千万斛六沟粟，万万斛为一亿斛六涧粟，十亿斛六正粟，百亿斛六载粟。

◎ 译文

（二）在重量单位中，最小的单位是黍。10 黍 =1 絫，10 絫 =1 铢，24 铢 =1 两，16 两 =1 斤，30 斤 =1 钧，4 钧 =1 石

在容积单位中，最小的单位是粟。6 粟 =1 圭，10 圭 =1 撮，10 撮 =1 抄，10 抄 =1 勺，10 勺 =1 合，10 合 =1 升，10 升 =1 斗，10 斗 =1 斛。或 6 粟 =1 圭，60 粟 =1 撮，600 粟 =1 抄，6000 粟 =1 勺，60000 粟 =1 合，60 万 粟 =1 升，600 万 粟 =1 斗，6000 万 粟 =1 斛。10 斛 =6 亿 粟，100 斛 =6 兆 粟，1000 斛 =6 京 粟，10000 斛 =6 陔 粟，10 万 斛 =6 秭 粟，100 万 斛 =6 穰 粟，1000 万 斛 =6 沟 粟，1 万 万 斛 =1 亿 斛 =6 涧 粟，10 亿 斛 =6 正 粟，100 亿 斛 =6 载 粟。

▌原文

（三）凡大数之法，万万曰亿，万万亿曰兆，万万兆曰京，万万京曰陔，万万陔曰秭，万万秭曰穰，万万穰曰沟，万万沟曰涧，万万涧曰正，万万正曰载。

◎ 译文

（三）所有大数可转换为：10000×10000=1 亿，10000×10000 亿 =1 兆，10000×10000 兆 =1 京，10000×10000 京 =1 陔，10000×10000 陔 =1 秭，10000×10000 秭 =1 穰，10000×10000 穰 =1 沟，10000×10000 沟 =1 涧，10000×10000 涧 =1 正，10000×10000 正 =1 载。

▌原文

（四）周三径一。方五邪七；见邪求方，五之，七而一；见方求邪，七之，五而一。

◎ **译文**

　　圆形的周长为3，直径便为1。正方形的边长为5，对角线长为7；已知正方形的对角线长求其边长，用对角线长乘5后再除以7；已知正方形的边长求其对角线长，用边长乘7后再除以5。

▎**原文**

　　黄金方寸重一斤。白金方寸重一十四两。玉方寸重一十二两。铜方寸重七两半。鈆⁽¹⁾方寸重九两半。铁方寸重六两。石方寸重三两。

◎ **注释**

　　（1）鈆：古同"铅"。

◎ **译文**

　　（五）1方寸黄金 =1斤。1方寸白金 =14两。1方寸玉石 =12两。1方寸铜块 =$7\frac{1}{2}$两。1方寸铅块 =$9\frac{1}{2}$两。1方寸铁块 =6两。1方寸石头 =3两。

▎**原文**

　　（六）凡筭⁽¹⁾之法，先识其位，一从十横，百立千僵⁽²⁾，千十相望，万百相当。

◎ **注释**

　　（1）筭：同"算"。
　　（2）僵：这里指躺着放的意思。

◎ **译文**

　　（六）所有关于算筹的计算方法，都要从认识好位数开始。个位数的算筹竖着放，十位数的算筹横着放，百位数的算筹立着放，千位数的算筹躺着放，千位数与十位数隔着一个位数，万位数和百位数也隔着一个位数，两者的算筹都是立着放的。

原文

（七）凡乘之法，重置其位。上下相观，上位有十步至十，有百步至百，有千步至千。以上命下，所得之数列于中位。言十即过，不满自如。上位乘讫者先去之。下位乘讫者则俱退之。六不积，五不只。土下相乘，至尽则已。

译文

（七）关于乘法的计算，要重新摆放算筹位置。一个数摆放在上面一行，另一个数摆放在下面一行，令两个数相对应。如果上面一行的数有十位，那么下面一行的数的个位就要移到十位上去；如果上面一行的数有百位，那么下面一行的数的个位就要移到百位上去；如果上面一行的数有千位，那么下面一行的数的个位就要移到千位上去。用上面的数乘下面的数，得数要放在两个乘数的中间位置。如果相乘的得数大于 10，算筹就要进一位；没有满 10 的话，算筹摆在原位。上面一行的数乘完后要先拿走，下一行的数乘完后要退一位。同一位数上的两个运算后得数为 6，不要积压，要换成一个代表 5 的算筹；如果得数为 5 的话，就不能换成一个代表 5 的算筹。用上面一行的数与下面一行的数依次相乘，直到乘完为止。

原文

（八）凡除之法，与乘正异。乘得在中央，除得在上方。假令六为法，百为实。以六除百，当进之二等，令在正百下，以六除一，则法多而实少，不可除，故当退就十位。以法除实，言一六而折百为四十，故可除。若实多法少，自当百之，不当复退。故或步法十者置于十位，百者置于百位。上位有空绝者，法退二位。余法皆如乘时。实有余者，以法命之，以法为母。实余为子。

◎ 译文

（八）所有关于除法的计算，与乘法截然相反。乘法的得数要放在中间一行，除法的得数要放在上面一行。假设除数为6，被除数为100。用6除100，应该往左边移动两位，摆在百位的下方。用6除1，被除数小于除数，不能除，所以要退到十位上。被除数除以除数，1乘6为6，减去后100还剩40，所以可以除。如果被除数大，除数小，自然要放在百位上，不能再退位。得数与除数的位置是一致的，除数在十位上，得数也要在十位上，除数在百位上，得数也要在百位上。上面的被除数有空位时，除数就要退后两位。余下的都和乘法一样。两数相除，得数有余数，要以除数来命名，即除数作为分母，余数作为分子。

▌原文

（九）以粟求粝米，三之，五而一。以粝米求粟，五之，三而一。以粝米求饭，五之，二而一。以粟米求粝饭，六之，四而一。以粝饭求粝米，二之，五而一。以糳米[1]求饭，八之，四而一。

◎ 注释

（1）糳米：精米。

◎ 译文

（九）用粟计算出粝米的量，要先乘3，再除以5。用粝米计算出粟的量，要先乘5，再除以3。用粝米计算出粝米饭的量，要先乘5，再除以2。用粟计算出粝米饭的量，要先乘6，再除以4。用粝米饭计算出粝米的量，要先乘

2，再除以 5。用糳米计算出米饭的量，要先乘8，再除以 4。

原文

（一〇）十分减一者，以二乘，二十除。减二者，以四乘，二十除。减三者，以六乘，二十除。减四者，以八乘，二十除。减五者，以十乘，二十除。减六者，以十二乘，二十除。减七者，以十四乘，二十除。减八者，以十六乘，二十除。减九者，以十八乘，二十除。

◎ 译文

（一〇）$\frac{1}{10}=2\div20$；$\frac{2}{10}=4\div20$；$\frac{3}{10}=6\div20$；$\frac{4}{10}=8\div20$；$\frac{5}{10}=10\div20$；$\frac{6}{10}=12\div20$；$\frac{7}{10}=14\div20$；$\frac{8}{10}=16\div20$；$\frac{9}{10}=18\div20$。

原文

（一一）九分减一者，以二乘，十八除。

◎ 译文

（一一）$\frac{1}{9}=2\div18$。

原文

（一二）八分减一者，以二乘，十六除。

◎ 译文

（一二）$\frac{1}{8}=2\div16$。

▍原文

（一三）七分减一者，以二乘，十四除。

◎ 译文

（一三）$\frac{1}{7}$ =2÷14。

▍原文

（一四）六分减一者，以二乘，十二除。

◎ 译文

（一四）$\frac{1}{6}$ =2÷12。

▍原文

（一五）五分减一者，以二乘，十除。

◎ 译文

（一五）$\frac{1}{5}$ =2÷10。

▍原文

（一六）九九八十一，自相乘，得几何？

答曰：六千五百六十一。

术曰：重置其位，以上八呼下八，八八六十四即下，六千四百于中位。以上八呼下一，一八如八，即于中位下八十。退下位一等，收上位八十。以上位一呼下八，一八如八，即于中位下八十。以上一呼下一，一一如一，即于中位下一。上下位俱收，中位即得六千五百六十一。

◎ 译文

（一六）9乘9等于81，81乘81，得数是多少？

答：6561。

运算法则：将81这个数字的两位数重新摆放，用上一行的8乘下一行的8，即8乘8等于64，将6400放在中间的位置。用上一行的8乘下一行的1，即1乘8等于8，将80也放在中间的位置上。用上一行的1乘下一行的8，即1乘8等于8，也将80放在中间的位置上。用上一行的1乘下一行的1，即1乘1等于1，将1同样放在中间的位置上。将上一行和下一行的数乘完的得数都放在中间位置上后，相加，得数为6561。

▌ 原文

（一七）六千五百六十一，九人分之，问人得几何？

答曰：七百二十九。

术曰：先置六千五百六十一于中位，为实。下列九人为法。上位置七百，以上七呼下九，七九六十三，即除中位六千三百。退下位一等，即上位置二十。以上二呼下九，二九十八，即除中位一百八十。又更退下位一等，即上位更置九，即以上九呼下九，九九八十一，即除中位八十一。中位并尽，收下位。上位所得即人之所得。自八八六十四至一一如一，并准此。

◎ 译文

（一七）将6561这个数字平均分给9个人，问每个人分多少？

答：分729。

运算法则：先将6561这个数字摆在中间的位置，作为被除数。在9摆在6561下方的位置，作为除数。将700放在6561的上方，用上一行的7乘下一行的9，即7乘9等于63，用中间的数6561减去6300，得数为261。将下一行的除数往右边移动一位，在20放在上一行。用上一行的2乘下一行的9，即2乘9等于18，用中间的得数261减去180，得数为81。这时将下一行的除数再往右移动一位，将9放在上一行，用上一行的9乘下一行的9，即9乘9等于81，用中间的数81减去81，得数为0。将中间的数全部减完后，再移走下一行的除数9。上一行的得数即为每个人平均分到的数。从8乘0等于84，到1乘1等于1，都是用这样的方法计算来的。

▌原文

（一八）八九七十二，自相乘，得五千一百八十四。八人分之，人得六百四十八。七九六十三，自相乘，得三千九百六十九。七人分之，人得五百六十七五。

◎ 译文

（一八）8×9=72，将72自乘，即72×72=5184。

8人分之，即5184÷8=648。

7×9=63，将63自乘，即63×63=3969。

7人分之，即3969÷7=567。

▌原文

（一九）六九五十四，自相乘，得二千九百一十六。六人分之，人得四百八十六。

◎ 译文

（一九）6×9=54，将54自乘，即54×54=2916。

6人分之，即2916÷6=486。

▌原文

（二十）五九四十五，自相乘，得二千二十五。五人分之，人得四百五。

◎ 译文

（二十）5×9=45，将45自乘，即45×45=2025。

5人分之，即2025÷5=405。

▌原文

（二一）四九三十六，自相乘，得一千二百九十六。四人分之，人得三百二十四。

◎ 译文

（二一）4×9=36，将36自乘，即36×36=1296。

4人分之，即1296÷4=324。

▌原文

（二二）三九二十七，自相乘，得七百二十九。三人分之，人得二百四十三。

◎ 译文

（二二）3×9=27，将27自乘，即27×27=729。

3人分之，即729÷3=243。

▌ 原文

（二三）二九一十八，自相乘，得三百二十四。二人分之，人得一百六十二。

◎ 译文

（二三）2×9=18，将18自乘，即18×18=324。

2人分之，即324÷2=162。

▌ 原文

（二四）一九如九，自相乘，得八十一。一人得八十一。右九九一条，得四百五，自相乘，得一十六万四千二十五。九人分之，人得一万八千二百二十五。

◎ 译文

（二四）1×9=9，将9自乘，即9×9=81。

1人分之，即81÷1=81。

九九一条，即9×9=81，8×9=72，7×9=63，6×9=54，5×9=45，4×9=36，3×9=27，2×9=18，1×9=9。

81+72+63+54+45+36+27+18+9=405。

将405自乘，即405×405=164025。

9人分之，即164025÷9=18225。

▌ 原文

（二五）八八六十四，自相乘，得四十九九十六。八人分之，人得五百十二。

◎ 译文

（二五）8×8=64，将64自乘，即64×64=4096。

8人分之，即4096÷8=512。

原文

（二六）七八五十六，自相乘，得三千一百三十六。七人分之，人得四百四十八。

◎ 译文

（二六）7×8=56，将56自乘，即56×56=3136。

7人分之，即3136÷7=448。

原文

（二七）六八四十八，自相乘，得二千三百四。六人分之，人得三百八十四。

◎ 译文

（二七）6×8=48，将48自乘，即48×48=2304。

6人分之，即2304÷6=384。

原文

（二八）五八四十，自相乘，得一千六百。五人分之，人得三百二十。

◎ 译文

（二八）5×8=40，将40自乘，即40×40=1600。

5人分之，即1600÷5=320。

▌原文

（二九）四八三十二，自相乘，得一千二十四。四人分之，人得二百五十六。

◎ 译文

（二九）4×8=32，将32自乘，即32×32=1024。

4人分之，即1024÷4=256。

▌原文

（三十）三八二十四，自相乘，得五百七十六。三人分之，人得一百九十二。

◎ 译文

（三十）3×8=24，将24自乘，即24×24=576。

3人分之，即576÷3=192。

▌原文

（三一）二八十六，自相乘，得二百五十六。二人分之，人得一百二十八。

◎ 译文

（三一）2×8=16，将16自乘，即16×16=256。

2人分之，即256÷2=128。

原文

（三二）一八如八，自相乘，得六十四。一人得六十四。右八八一条，得二百八十八，自相乘，得八万二千九百四十四。八人分之，人得一万三百六十八。

◎ 译文

（三二）1×8=8，将8自乘，即8×8=64。

1人分之，即64÷1=64。

八八一条，即8×8=64，7×8=56，6×8=48，5×8=40，4×8=32，3×8=24，2×8=16，1×8=8。

64+56+48+40+32+24+16+8=288。

将288自乘，即288×288=82944。

8人分之，即82944÷8=10368。

原文

（三三）七七四十九，自相乘，得二千四百一。七人分之，人得三百四十三。

◎ 译文

（三三）7×7=49，将49自乘，即49×49=2401。

7人分之，即2401÷7=343。

▌原文

（三四）六七四十二，自相乘，得一千七百六十四。六人分之，人得二百九十四。

◎ 译文

（三四）6×7=42，将42自乘，即42×42=1764。

6人分之，即1764÷6=294。

▌原文

（三五）五七三十五，自相乘，得一千二百二十五。五人分之，人得二百四十五。

◎ 译文

（三五）5×7=35，将35自乘，即35×35=1225。

5人分之，即1225÷5=245。

▌原文

（三六）四七二十八，自相乘，得七百八十四。四人分之，人得一百九十六。

◎ 译文

（三六）4×7=28，将28自乘，即28×28=784。

4人分之，即784÷4=196。

▋ 原文

（三七）三七二十一，自相乘，得四百四十一。三人分之，人得一百四十七。

◎ 译文

（三七）3×7=21，将 21 自乘，即 21×21=441。

3 人分之，即 441÷3=147。

▋ 原文

（三八）二七十四，自相乘，得一百九十六。二人分之，人得九十八。

◎ 译文

（三八）2×7=14，将 14 自乘，即 14×14=196。

2 人分之，即 196÷2=98。

▋ 原文

（三九）一七如七，自相乘，得四十九。一人得四十九。右七七一条，得一百九十六，自相乘，得三万八千四百一十六。七人分之，人得五千四百八十八。

◎ 译文

（三九）1×7=7，将 7 自乘，即 7×7=49。

1 人分之，即 49÷1=49。

七七一条，即 7×7=49，6×7=42，5×7=35，4×7=28，3×7=21，2×7=14，1×7=7。

49+42+35+28+21+14+7=196。

将 196 自乘，即 196×196=38416。

7 人分之，即 38416÷7=5488。

▌原文

（四十）六六三十六，自相乘，得一千二百九十六。六人分之，人得二百一十六。

◎ 译文

（四十）6×6=36，将 36 自乘，即 36×36=1296。

6 人分之，即 1296÷6=216。

▌原文

（四一）五六三十，自相乘，得九百。五人分之，人得一百八十。

◎ 译文

（四一）5×6=30，将 30 自乘，即 30×30=900。

5 人分之，即 900÷5=180。

▌原文

（四二）四六二十四，自相乘，得五百七十六。四人分之，人得一百四十四。

◎ **译文**

（四二）4×6=24，将 24 自乘，即 24×24=576。

4 人分之，即 576÷4=144。

▌原文

（四三）三六一十八，自相乘，得三百二十四。三人分之，人得一百八。

◎ **译文**

（四三）3×6=18，将 18 自乘，即 18×18=324。

3 人分之，即 324÷3=108。

▌原文

（四四）二六一十二，自相乘，得一百四十四。二人分之，人得七十二。

◎ **译文**

（四四）2×6=12，将 12 自乘，即 12×12=144。

2 人分之，即 144÷2=72。

▌原文

（四五）一六如六，自相乘，得三十六。一人得三十六。右六六一条，得一百二十六，自相乘，得一万五千八百七十六。六人分之，人得二千六百四十六。

◎ 译文

（四五）1×6=6，将 6 自乘，即 6×6=36。

1 人分之，即 36÷1=36。

六六一条，即 6×6=36，5×6=30，4×6=24，3×6=18，2×6=12，1×6=6。

36+30+24+18+12+6=126。

将 126 自乘，即 126×126=15876。

6 人分之，即 15876÷6=2646。

▌ **原文**

（四六）五五二十五，自相乘，得六百二十五。五人分之，人得一百二十五。

◎ 译文

（四六）5×5=25，将 25 自乘，即 25×25=625。

5 人分之，即 625÷5=125。

▌ **原文**

（四七）四五二十，自相乘，得四百。四人分之，人得一百。

◎ 译文

（四七）4×5=20，将 20 自乘，即 20×20=400。

4 人分之，即 400÷4=100。

▌ **原文**

（四八）三五一十五，自相乘，得二百二十五。三人分之，人得七十五。

◎ **译文**

（四八）3×5=15，将 15 自乘，即 15×15=225。

3 人分之，即 225÷3=75。

▌ 原文

（四九）二五一十，自相乘，得一百。二人分之，人得五十。

◎ **译文**

（四九）2×5=10，将 10 自乘，即 10×10=100。

2 人分之，即 100÷2=50。

▌ 原文

（五十）一五如五，自相乘，得二十五。一人得二十五。右五五一条，得七十五，自相乘，得五千六百二十五。五人分之，人得一千一百二十五。

◎ **译文**

（五十）1×5=5，将 5 自乘，即 5×5=25。

1 人分之，即 25÷1=25。

五五一条，即 5×5=25，4×5=20，3×5=15，2×5=10，1×5=5。

25+20+15+10+5=75。

将 75 自乘，即 75×75=5625。

5 人分之，即 5625÷5=1125。

▌原文

（五一）四四一十六，自相乘，得二百五十六。四人分之，人得六十四。

◎ 译文

（五一）4×4=16，将 16 自乘，即 16×16=256。

4 人分之，即 256÷4=64。

▌原文

（五二）三四一十二，自相乘，得一百四十四。三人分之，人得四十八。

◎ 译文

（五二）3×4=12，将 12 自乘，即 12×12=144。

3 人分之，即 144÷3=48。

▌原文

（五三）二四如八，自相乘，得六十四。二人分之，人得三十二。

◎ 译文

（五三）2×4=8，将 8 自乘，即 8×8=64。

2 人分之，即 64÷2=32。

▌原文

（五四）一四如四，自相乘，得一十六。一人得一十六。右四四一条，得四十，自相乘，得一千六百。四人分之，人得四百。

◎ 译文

（五四）$1 \times 4 = 4$，将 4 自乘，即 $4 \times 4 = 16$。

1 人分之，即 $16 \div 1 = 16$。

四四一条，即 $4 \times 4 = 16$，$3 \times 4 = 12$，$2 \times 4 = 8$，$1 \times 4 = 4$。

$16 + 12 + 8 + 4 = 40$。

将 40 自乘，即 $40 \times 40 = 1600$。

4 人分之，即 $1600 \div 4 = 400$。

▌原文

（五五）三三如九，自相乘，得八十一。三人分之，人得二十七。

◎ 译文

（五五）$3 \times 3 = 9$，将 9 自乘，即 $9 \times 9 = 81$。

3 人分之，即 $81 \div 3 = 27$。

▌原文

（五六）二三如六，自相乘，得三十六。二人分之，人得一十八。

◎ 译文

（五六）$2 \times 3 = 6$，将 6 自乘，即 $6 \times 6 = 36$。

2 人分之，即 36÷2=18。

原文

（五七）一三如三，自相乘，得九。一人得九。右三三一条，得一十八，自相乘，得三百二十四。三人分之，人得一百八。

◎ 译文

（五七）1×3=3，将 3 自乘，即 3×3=9。

1 人分之，即 9÷1=9。

三三一条，即 3×3=9，2×3=6，1×3=3。

9+6+3=18。

将 18 自乘，即 18×18=324。

3 人分之，即 324÷3=108。

原文

（五八）二二如四，自相乘，得一十六。二人分之，人得八。

◎ 译文

（五八）2×2=4，将 4 自乘，即 4×4=16。

2 人分之，即 16÷2=8。

原文

（五九）一二如二，自相乘，得四。一人得四。右二二一条，得六，自相乘，得三十六。二人分之，人得十八。

◎ 译文

（五九）1×2=2，将2自乘，即2×2=4。

1人分之，即4÷1=4。

二二一条，即2×2=4，1×2=2。

4+2=6。

将6自乘，即6×6=36。

2人分之，即36÷2=18。

原文

（六十）一一如一，自相乘，得一。一乘不长。右从九九至一一，总成一千一百五十五，自相乘，得一百三十三万四千二十五。九人分之，人得一十四万八千二百二十五。

◎ 译文

（六十）1×1=1，将1自乘，即1×1=1。任何数与1相乘都不变。

从九九至一一，即（9×9+8×9+……+1×8）+（8×8+7×8+……1×8）+……+（2×2+1×2）+（1×1）=1155。

将1155自乘，即1155×1155=1334025。

9人分之，即1334025÷9=148225。

原文

（六一）以九乘一十二，得一百八。六人分之，人得一十八。

◎ 译文

（六一）9×12=108，平均分给6个人，即108÷6=18。

█ 原文

（六二）以二十七乘三十六，得九百七十二。一十八人分之，人得五十四。

◎ 译文

（六二）27×36=972，平均分给 18 个人，即 972÷18=54。

█ 原文

（六三）以八十一乘一百八，得八千七百四十八。五十四人分之，人得一百六十二。

◎ 译文

（六三）81×108=8748，平均分给 54 个人，即 8748÷54=162。

█ 原文

（六四）以二百四十三乘三百二十四，得七万八千七百三十二。一百六十二人分之，人得四百八十六。

◎ 译文

（六四）243×324=78732，平均分给 162 个人，即 78732÷162=486。

█ 原文

（六五）以七百二十九乘九百七十二，得七十万八千五百八十八。四百八十六人分之，人得一千四百五十八。

◎ **译文**

（六五）729×972=708588，平均分给486个人，即708588÷486=1458。

原文

（六六）以二千一百八十七乘二千九百一十六，得六百三十七万七千二百九十二。一千四百五十八人分之，人得四千三百七十四。

◎ **译文**

（六六）2187×2916=6377292，平均分给1458个人，即6377292÷1458=4374。

原文

（六七）以六千五百六十一乘八千七百四十八，得五千七百三十九万五千六百二十八。四千三百七十四人分之，人得一万三千一百二十二。

◎ **译文**

（六七）6561×8748=57395628，平均分给4374个人，即57395628÷4374=13122。

原文

（六八）以一万九千六百八十三乘二万六千二百四十四，得五亿一千六百五十六万六百五十二。一万三千一百二十二人分之，人得三万九千三百六十六。

◎ **译文**

（六八）19683×26244=516560652，平均分给 13122 个人，即 516560652÷13122=39366。

原文

（六九）以五万九千四十九乘七万八千七百三十二，得四十六仉四千九百四万五千八百六十八。三万九千三百六十六人分之，人得一十一万八千九十八。

◎ **译文**

（六九）59049×78732=4649045868，平均分给 39366 个人，即 4649045868÷39366=118098。

原文

（七十）以一十七万七千一百四十七乘二十三万六千一百九十六，得四百一十八仉四千一百四十一万二千八百一十二。一十一万八千九十八人分之，人得三十五万四千二百九十四。

◎ **译文**

（七十）177147×236196=41841412812，平均分给 118098 个人，即 41841412812÷118098=354294。

原文

（七一）以五十三万一千四百四十一乘七十万八千五百八十八，得三千七百六十五仉七千二百七十一万五千三百八。

三十五万四千二百九十四人分之，人得一百六万二千八百八十二。

◎ **译文**

（七一）531441×708588=376572715308，平均分给354294个人，即 376572715308÷354294=1062882。

中卷　算筹分数之法

▌ 原文

（一）今有一十八分之一十二。问约之得几何？

答曰：三分之二。

术曰：置十八分在下，一十二分在上。副置二位，以少减多，等数[(1)]得六，为法。约之，即得。

◎ **注释**

（1）等数：被减数减去减数，得数与减数相同时，减数则为等数。在算筹计算中，当上下两行的数相同时，则为等数。

◎ **译文**

（一）现有分数$\frac{12}{18}$，问约分后得数是多少？

答：$\frac{2}{3}$。

运算法则：将18放在下一行，12放在上一行。在旁边留两个位置，用大的数减去小的数，得数为等数6。将6作为除数，分子和分母同时约分后，得数为$\frac{2}{3}$。

▌原文

（二）今有三分之一，五分之二。问合之得几何？

答曰：一十五分之一十一。

术曰：置三分、五分在右方，之一、之二在左方。母互乘子，三分之二得六，五分之一得五。并之，得一十一，为实。又方二母相乘，得一十五，为法。不满法，以法命之，即得。

◎ 译文

（二）现有分数 $\frac{1}{3}$ 和分数 $\frac{2}{5}$，问两数相加得数是多少？

答：$\frac{11}{15}$。

运算法则：将分母 3 和 5 放在右边，将分子 1 和 2 放在左边。将分母与分子互乘，即 3 乘 2 等于 6，1 乘 5 等于 5，将 6 和 5 相加，得数为 11，并以此作为被除数。将分母 3 和 5 相乘，得数为 15，以此作为除数。被除数除以除数，如果除不尽，除数作为分数中的分母，即得数为 $\frac{11}{15}$。

▌原文

（三）今有九分之八，减其五分之一。问余几何？

答曰：四十五分之三十一。

术曰：置九分、五分在右方，之八、之一在左方。母互乘子，五分之一得九，九分之八得四十。以少减多，余三十一，为实。母相乘，得四十五，为法。不满法，以法命之，即得。

◎ 译文

（三）现有分数 $\frac{8}{9}$，减去分数 $\frac{1}{5}$ 后，问余数是多少？

答：余数为 $\frac{31}{45}$。

运算法则：将分母 9 和 5 放在右边，将分子 8 和 1 放在左边。将分母和分子互乘，即 9 乘 1 等于 9，5 乘 8 等于 40，用多的数减去少的数，即 40 减去 9 等于 31，以此作为被除数。将分母相乘，即 9 乘 5 等于 45，并以此作为除数。被除数除以除数，如果除不尽，则将除数作为分数的分母，得数为 $\frac{31}{45}$。

▌原文

（四）今有三分之一，三分之二，四分之三。问减多益少，几何而平？

答曰：减四分之三者二，三分之二者一，并，以益三分之一，而各平于一十二分之七。

术曰：置三分、三分、四分在右方，之一、之二、之三在左方。母互乘子，副并得六十三，置右，为平实。母相乘，得三十六，为法。以列数三乘未并者及法。等数得九，约讫。减四分之三者二，减三分之二者一，并，以益三分之一，各平于一十二分之七。

◎ 译文

（四）现有分数 $\frac{1}{3}$，$\frac{2}{3}$ 和 $\frac{3}{4}$。问多的减，少的加，各增减多少才相等？

答：从 $\frac{3}{4}$ 中拿出 $\frac{2}{12}$，从 $\frac{2}{3}$ 中拿出 $\frac{1}{12}$，将两者都加入 $\frac{1}{3}$ 中，得数为 $\frac{7}{12}$。

运算法则：将分母 3、3 和 4 放在右边，将分子 1、2 和 3 放在左边。将分母和分子互乘，得数为 63，并将 63 放在右边，作为被除数。将分母相乘，得数为 36，以此作为除数。被除数除以除数，约分 3，得数为 21 和 12，用 21 减去 12，得到等数 9，以此来约分。从 $\frac{3}{4}$ 中拿出 $\frac{2}{12}$，从 $\frac{2}{3}$ 中拿出 $\frac{1}{12}$，将两者都加入 $\frac{1}{3}$ 中，得数为 $\frac{7}{12}$。

▌原文

（五）今有粟一斗，问为粝米几何？

答曰：六升。

术曰：置粟一斗，十升。以粝米率三十乘之，得三百升，为实。以粟率五十为法，除之，即得。

◎ **译文**

（五）现有 1 斗粟，问可以加工出多少粝米？

答：6 升。

运算法则：1 斗粟米等于 10 升，粝米与粟米的比率是 30，用 30 乘 10，得数为 300 升，以此作为被除数。将粟米率 50 作为除数。被除数除以除数，即 300 除以 50，得数 6 升为加工后的粝米数。

原文

（六）今有粟二斗一升，问为稗米几何？

答曰：一斗一升五十分升之一十七。

术曰：置粟二十一升。以稗米率二十七乘之，得五百六十七升，为实。以粟率五十为法，除之。不尽，以法而命分[1]。

◎ **注释**

（1）分：这里指余数。

◎ **译文**

（六）现有 2 斗 1 升的粟米，问可以加工出多少稗米？

答：11 $\frac{17}{50}$ 升。

运算法则：将 2 斗 1 升的粟米换为 21 升，稗米与粟米的比率为 27，用 27 乘 21 升，得数为 567 升，以此作为被除数。将粟率 50 作为除数。被除数除以除数，如果除不尽，就用除数作为分数的分母，即 567 除以 50，得数 11 $\frac{17}{50}$ 升为加工后稗米数。

原文

（七）今有粟四斗五升，问为粝米几何？

答曰：二斗一升五分升之三。

术曰：置粟四十五升。以二约粝米率二十四，得一十二。乘之，得五百四十升，为实。以二约粟率五十，得二十五，为法。除之。不尽，以等数约之，而命分。

◎ 译文

（七）现有 4 斗 5 升的粟米，问可以加工出多少粝米？

答：$21\frac{3}{5}$升。

运算法则：将 4 斗 5 升的粟米换为 45 升，用粝米率 24 除以 2，得数为 12。用 12 乘 45 升，得数为 540 升，以此作为被除数。用粟率 50 除以 2，得数为 25，以此作为除数。被除数除以除数，如果除不尽，用等数来约分，并以约分后的除数作为分子的分母，即 540 除以 25，得数 $21\frac{3}{5}$升为加工后的粝米数。

原文

（八）今有粟七斗九升，问为御米几何？

答曰：三斗三升一合八勺。

术曰：置七斗九升。以御米率二十一乘之，得一千六百五十九升，为实。以粟率五十除之，即得。

◎ 译文

（八）现有 7 斗 9 升的粟米，问可以加工出多少御米？

答：3 斗 3 升 1 合 8 勺。

运算法则：将 7 斗 9 升的粟米换为 79 升，用御米率 21 乘 79 升，得数为 1659 升，以此作为被除数。将粟率 50 作为除数，被除数除以除数，即

1659 除以 50，得数 3 斗 3 升 1 合 8 勺为加工后的御米数。

原文

（九）今有屋基^{（1）}南北三丈，东西六丈，欲以砖砌之。凡积二尺，用砖五枚。问计几何？

答曰：四千五百枚。

术曰：置东西六丈，以南北三丈乘之，得一千八百尺。以五乘之，得九千尺。以二除之，即得。

◎ **注释**

（1）屋基：房屋地基。

◎ **译文**

（九）现有房屋地基，南北宽有 3 丈，东西长有 6 丈，现在用砖来砌房子，每铺平 2 平方尺的地面，需要用砖 5 块。问将地基全部铺平，需要用多少砖？

答：需要用 4500 枚砖。

运算法则：将东西长 6 丈乘南北宽 3 丈，得数为 18 平方丈，18 平方丈可转化为 1800 平方尺。用 1800 平方尺乘 5，得数为 9000 尺。用 9000 尺除以 2，得数 4500 为所求的砖块数。

原文

（一○）今有圆窖，下周二百八十六尺，深三丈六尺。问受粟几何？

答曰：一十五万一千四百七十四斛七升二十七分升之一十一。

术曰：置周二百八十六尺，自相乘，得八万一千七百九十六尺。以深三丈六尺乘之，得二百九十四万四千六百五十六尺，以一十二除之，得二十四万五千三百八十八尺。以斛法一尺六寸二分除之，即得。

◎ **译文**

（一〇）现有一个圆形的地窖，地窖最底下的圆周长为286尺，深3丈6尺。问这个地窖可以装下多少粟米？

答：可以装下151474斛7$\frac{11}{27}$升。

运算法则：将地窖的圆周长286尺自乘，即286乘286，得数为81796平方尺。用81796平方尺乘深度3丈6尺，即81796平方尺乘36尺，得数为2944656立方尺。再用2944656立方尺除以12，得数为245388立方尺。因为1斛等于1立方寸620立方寸，用245388立方尺除以1立方尺620立方寸，得数151474斛7$\frac{11}{27}$升为所求的粟数。

▌原文

（一一）今有方窖，广四丈六尺，长五丈四尺，深三丈五尺。问受粟几何？

答曰：五万三千六百六十六斛六斗六升三分升之二。

术曰：置广四丈六尺，长五丈四尺，相乘，得二千四百八十四尺。以深三丈五尺乘之，得八万六千九百四十尺。以斛法一尺六寸二分除之，即得。

◎ **译文**

（一一）现有一个方形的地窖，地窖宽4丈6尺，长5丈4尺，深3丈5尺。问可以装下多少粟米？

答：可以装下53666斛66$\frac{2}{3}$升。

运算法则：将宽4丈6尺与长5丈4尺相乘，即46尺乘54尺，得数为

2484平方尺。用2484平方尺乘3丈5尺，即2484平方尺乘35尺，得数为86940立方尺。因为1斛粟等于1立方尺620立方寸，用86940立方尺除以1立方尺620立方寸，得数53666斛66$\frac{2}{3}$升为可以装下的粟数。

原文

（一二）今有圆窖，周五丈四尺，深一丈八尺。问受粟几何？

答曰：二千七百斛。

术曰：先置周五丈四尺，自相乘得二千九百一十六尺。以深一丈八尺乘之，得五万二千四百八十八尺。以一十二除之，得四千三百七十四尺。以斛法一尺六寸二分除之，即得。

◎ 译文

（一二）现有一个圆形的地窖，地窖最底下的圆周长为5丈4尺，深1丈8尺。问可以下装下多少粟？

答：可以装下2700斛。

运算法则：将圆的周长5丈4尺自乘，即54尺乘54尺，得数为2916平方尺。用2916平方尺乘1丈8尺，即2916平方尺乘18尺，得数为52488立方尺。用52488立方尺除以12，得数为4374立方尺。因为1斛粟等于1立方尺620立方寸，用4374立方尺除以1立方尺620立方寸，得数2700斛为可以装下的粟数。

原文

（一三）今有圆田周三百步，径一百步。问得田几何？

答曰：三十一亩奇六十步。

术曰：先置周三百步，半之，得一百五十步。又置径一百步，半之，得五十步。相乘，得七千五百步。以亩法二百四十步除之，即浔。

又术曰：周自相乘，浔九万步。以一十二除之，浔七千五百步。以亩法除之，浔亩数。

又术曰：泾自乘，浔一万。以三乘之，浔三万步。四除之，浔七千五百步。以亩法除之，浔亩数。

◎ 译文

（一三）现有一块圆形的田，圆田的周长为 300 步，直径为 100 步。问这块田的亩数是多少？

答案：有 31 亩 60 平方步。

运算法则：

第一种方法：用圆的周长 300 步除以 2，得数为 150 步。将圆的直径 100 步除以 2，得数为 50 步。将 150 步乘 50 步，得数为 7500 平方步。因为 1 亩地等于 240 平方步，用 7500 平方步除以 240 平方步，得数 $31\frac{1}{4}$ 亩为所求田的亩数，其中 $\frac{1}{4}$ 亩为 60 平方步。

第二种方法：将圆的周长 300 步自乘，即 300 乘 300，得数为 90000 平方步。用 90000 平方步除以 12，得数为 7500 平方步。因为 1 亩地等于 240 平方步，用 7500 平方步除以 240 平方步，得数 $31\frac{1}{4}$ 亩为所求田的亩数。

第三种方法：将圆的直径 100 步自乘，即 100 乘 100，得数为 10000 平方步。用 10000 平方步乘 3，得数为 30000 平方步。再用 30000 平方步除以 4，得数为 7500 平方步。因为 1 亩地等于 240 平方步，用 7500 平方步除以 240 平方步，得数 $31\frac{1}{4}$ 亩为所求田的亩数。

▎原文

（一四）今有方田，桑生中央。从角至桑一百四十七步。问为田几何？

答曰：一顷八十三亩奇一百八十步。

术曰：置角至桑一百四十七步，倍之，得二百九十四步。以五乘之，得一千四百七十步。以七除之，得二百一十步。自相乘，得四万四千一百步。以二百四十步除之，即得。

◎ 译文

（一四）现有一块正方形的田，在田的中央有一棵桑树。从正方形田的一个角到桑树的距离为147步。问田的亩数是多少？

答：有183亩180平方步。

运算法则：用角到桑树的距离147步乘2，得数为294步。用294步乘5，得数为1470步。用1470步除以7，得数为210步。再用210步自乘，即210乘210，得数为44100平方步。因为1亩等于240平方步，用44100平方步除以240平方步，得数183$\frac{3}{4}$亩为所求田的亩数，其中$\frac{3}{4}$亩等于180平方步。

▌原文

（一五）今有木，方三尺，高三尺。欲方五寸作枕一枚，问得几何？

答曰：二百一十六枚。

术曰：置方三尺，自相乘，得九尺。以高三尺乘之，得二十七尺。以一尺木八枕乘之，即得。

◎ 译文

（一五）现有一块四方体木头，木头的边长为3尺，高为3尺。现在要用这块木头做成一块边长为5寸的方形枕头。问这块木头可以做出多少个这样的枕头？

答：可以做216个。

运算法则：用木头的边长3尺自乘，即3尺乘3尺，得数为9平方尺。

用9平方尺乘高3尺，得数为27立方尺。因为1立方尺可以做出8个枕头（1立方尺除以125立方寸），用27乘8，得数216为木头能做出的枕头。

原文

（一六）今有索，长五千七百九十四步。欲使作方，问几何？

答曰：一千四百四十八步三尺。

术曰：置索长五千七百九十四步。以四除之，得一千四百四十八步，余二步。以六因之，得一丈二尺。以四除之，得三尺。通计即得。

译文

（一六）现有一根绳子，长为5794步。现在要把绳子围成一个正方形。问正方形的边长是多少？

答：边长为1448步3尺。

运算法则：用绳子的长5794步除以4，得数为1448步余2步。因为1步等于6尺，2步乘6尺，得数为1丈2尺。用1丈2尺除以4，得数为3尺。用1448步加上3尺，得数1448步3尺为所求的正方形边长。

原文

（一七）今有堤，下广五丈，上广三丈，高二丈，长六十尺。欲以一千尺作一方，问计几何？

答曰：四十八方。

术曰：置堤上广三丈，下广五丈。并之，得八丈。半之，得四丈。以高二丈乘之，得八百尺。以长六十尺乘之，得四万八千。以一千尺除之，即得。

◎ 译文

（一七）现有一个梯形的河堤，下边宽为5丈，上边宽为3丈，高为2丈，长为60丈。现将1000立方尺作为1方。问这个堤共有多少方？

答：48方。

运算法则：用河堤的上宽3丈与下宽5丈相加，得数为8丈。用8丈除以2，得数为4丈。用高2丈乘4丈，得数为8平方丈，即800平方尺。用800平方尺乘长60尺，得数为48000立方尺。因为1000立方尺等于1方，用48000立方尺除以1000立方尺，得数48方为所求的堤的方数。

▌ 原文

（一八）今有沟广十丈，深五丈，长二十丈。欲以千尺作一方，问得几何？

答曰：一千方。

术曰：置广一十丈，以深五丈乘之，得五千尺。又以长二十丈乘之，得一百万尺。以一千除之，即得。

◎ 译文

（一八）现有一条水沟，沟的宽为10丈，深为5丈，长为20丈。现将1000立方尺作为1方。问这个水沟共有多少方？

答：共有1000方。

运算法则：用水沟的宽10丈乘深5丈，得数为50平方丈，即5000平方尺。用5000平方尺乘长20丈，即5000平方尺乘200尺，得数为1000000立方尺。因为1000立方尺等于1方，用1000000立方尺除以1000立方尺，得数1000方为所求的水沟的方数。

▌ 原文

（一九）今有积二十三万四千五百六十七步。问为方几何？

答曰：四百八十四步九百六十八分步之三百一十一。

术曰：置积二十三万四千五百六十七步，为实。次借一算，为下法。步之，超一位，至百而止。上商置四百于实之上。副置四万于实之下，下法之上，名为方法。命上商四百，除实。除讫，倍方法，一退，下法再退。复置上商八十，以次前商。副置八百于方法之下，下法之上，名为廉法。方、廉各命上商八十，以除实，除讫，倍廉法，从方法。方法一退，下法再退。复置上商四，以次前。副置四于方法之下，下法之上，名曰隅法。方、廉、隅各命上商四，以除实，除讫，倍隅法，从方法。上商得四百八十四，下法得九百六十八，不尽三百一十一。是为方四百八十四步九百六十八分步之三百一十一。

◎ 译文

（一九）现有一个正方形，面积为234567平方步。问正方形的边长是多少？

答：边长为$484\frac{311}{968}$步。

运算法则：将正方形的面积234567平方步，作为被除数。先用1来除，得数不超过被除数的位数后；用10来除，得数还不超过被除数的位数后；用100来除，得数依然没有超过被除数的位数后；用1000来除，这个时候，得数已经超过被除数的位数了，因此用100作为除数。当400乘400时，得数不超过被除数，将400放在被除数之上，作为除数。用400乘100，得数为40000，并以此作为方除数。将40000放在下除数之上，用被除数除以40000，即234567平方步除以40000，可得到商为4。

除完后，向右退一位，下除数则变为10，之后再试下一个商。将400乘以200，得数为8000，以此作为除数，商则为8。将商80放在上面，跟在商

4 的后面。用商 80 乘下除数 10，得数为 800，以此作为廉除数。

用被除数 234567 除以方除数 8000，再用被除数 23456 除以廉除数 800。除完后，将廉除数加倍，并跟好方除数。方除数退后一位，廉除数也要后退一位，并将其放在方除数之下、下除数之上，再把 4 作为商，放在之前的商 8 的旁边，这样又得到一个除数 4，这个 4 称为隅除数。将隅除数放在方除数之下、下除数之上，将隅除数加倍的同时，跟好方除数。经过计算可得商为 484，将所有除数相加，得数 968 为分数中的分母，除不尽的余数 311 为分数中的分子，因此正方形的边长为 $484\frac{311}{968}$ 步。

原文

（二十）今有积三万五千步。问为圆几何？

答曰：六百四十八步一千二百九十六分步之九十六。

术曰：置积三万五千步，以一十二乘之，得四十二万步，为实。次借一算，为下法。步之，超一位，至百而止。上商置六百于实之上。副置六万于实之下，下法之上，名为方法。命上商六百，除实。除讫，倍方法。方法一退，下法再退。复置上商四十，以次前商。副置四百于方法之下，下法之上，名为廉法。方、廉各命上商，以除实。除讫，倍廉法，从方法。方法一退，下法再退。复置上商八，次前商。副置八于方法之下，下法之上，名为隅法。方、廉、隅各命上前，以除实。除讫，倍隅法，从方法。上商得六百四十八，下法得一千二百九十六，不尽九十六。是为方六百四十八步一千二百九十六分步之九十六。

◎ 译文

（二十）现有一个圆形，面积为 35000 平方步。问圆的周长是多少？

答：周长为 $648\frac{96}{1296}$。

运算法则：用圆的面积 35000 平方步乘 12，得数为 420000 平方步，以此作为被除数。先用 1 来除，得数不超过被除数的位数后；用 10 来除，得数还不超过被除数的位数后；用 100 来除，得数依然没有超过被除数的位数后，用 1000 来除，这个时候，得数已经超过了被除数的位数，因此用 100 作为除数。当 600 乘 600 时，得数不超过被除数，将 600 放在被除数之上，以此作为除数。用 600 乘 100，得数为 60000，并以此作为方除数。将方除数 60000 放在下除数之上，用被除数 420000 除以 60000，可得到商为 6。除完后，向右退一位，下除数则变为 10，之后再试下一个商。

因为除数为 4000，因此商为 4，将商退一位，即将商 40 放在上面，跟在商 6 的后面。用商 40 乘下除数 10，得数为 400，以此作为廉除数。用相同的方法，可得到隅除数 8。将隅除数放在方除数之下，下除数之上，再对隅加倍的同时，也要跟好方除数。通过计算，商为 648，将所有除数相加，得数 1296 为分数中的分母，除不尽余数 96 为分数中的分子。因此，圆的周长为 $648\frac{96}{1296}$。

▌原文

（二一）今有丘田，周六百三十九步，径三百八十步。问为田几何？

答曰：二顷五十二亩二百二十五步。

术曰：半周得三百一十九步五分，半径得一百九十步，二位相乘，得六万七百五步。以亩法除之，即得。

◎译文

（二一）现有一个圆形的丘田，其周长为 639 步，直径为 380 步。问田的面积是多少？

答：2 顷 52 亩 225 平方步。

运算法则：圆形丘田的周长为 639 步，周长的一半为 319 步 5 分，直径为 380 步，半径则为 190 步。用周长的一半与半径相乘，即 319 $\frac{1}{2}$ 步乘 190 步，得数为 60705 平方步。因为 1 亩等于 240 平方步。用 60705 平方步除以 240 平方步，得数 2 顷 52 亩 225 平方步为所求田的面积。

▌ 原文

（二二）今有筑城，上广二丈，下广五丈四尺，高三丈八尺，长五千五百五十尺。秋程人功三百尺。问须功几何？

答曰：二万六千一十一功。

术曰：并上、下广，得七十四尺，半之，得三十七尺。以高乘之，得一千四百六尺。又以长乘之，得积七百八十万三千三百尺。以秋程人功三百尺除之，即得。

◎ 译文

（二二）现要建筑城墙，城墙为梯形，上面宽为 2 丈，下面宽为 5 丈 4 尺，高为 3 丈 8 尺，长为 5500 尺。如果一个人一个秋季能筑出 300 立方尺的城墙。问筑起这面城墙需要多少人工？

答：需要人工 26011 名。

运算法则：将梯形城墙的上宽 2 丈与下宽 5 丈 4 尺相加，即 20 尺加 54 尺，得数为 74 尺。将 74 尺除以 2，得数为 37 尺。用 37 尺乘高 3 丈 8 尺（38 尺），得数为 1406 平方尺。用 1406 平方尺乘长 5500 尺，得数为 7803300 立方尺。因为 1 个人一个秋季能筑墙 300 立方尺，用 7803300 立方尺除以 300 立方尺，得数 26011 为所求的人工数。

▌ 原文

（二三）今有穿渠，长二十九里一百四步，上广一丈二尺六寸，下广八尺，深一丈八尺。秋程人功三百尺。问须功几何？

答曰：三万二十六百四十五人，不尽六十九尺六寸。

术曰：置里数，以三百步乘之，内零步，六之，得五万二千八百二十四尺。并上、下广，得二丈六寸。半之，以深乘之，得一百八十五尺四寸。以长乘，得九百七十九万三千五百六十九尺六寸。以人功三百尺除之，即得。

◎ **译文**

（二三）现要挖掘水渠，水渠长为 29 里 104 步，上面宽为 1 丈 2 尺 6 寸，下面宽为 8 尺，深为 1 丈 8 尺，一个人一个秋季可以挖掘 300 立方尺。问挖好这条水渠需要多少人工？

答：需要人工 32645 名，还余下 69 立方尺 600 立方寸。

运算法则：用水渠的里数 29 里 104 步中的 29 里与 1 里 300 步相乘，即 29 乘 300，得数为 8700 步，加上 20 里 104 步中的 104 步，总计为 8804 步。因为 1 步等于 6 尺，用 8804 步乘 6 尺，得数为 52824 尺。将水渠的上宽 1 丈 2 尺 6 寸与下宽 8 尺相加，得数为 2 丈 6 寸。将 2 丈 6 寸除以 2，得数为 1 丈 3 寸。用 1 丈 3 寸乘水渠的深 1 丈 8 尺，得数为 185 平方尺 40 平方寸。用 185 平方尺 40 平方寸乘水渠长 52824 尺，得数为 9793569 立方尺 600 立方寸。因为 1 个人一个秋季可挖水渠 300 立方尺，用 9793569 立方尺 600 立方寸除以 300 立方尺，即 $9793569 \frac{3}{5}$ 除以 300，得数为 $32645 \frac{232}{1000}$。因此，32645 为需要的人工数。用 $\frac{232}{1000}$ 乘 300 立方尺，得数 $69 \frac{3}{5}$ 立方尺，其中 $\frac{3}{5}$ 立方尺等于 600 立方寸。因此，69 立方尺 600 立方寸为余下的工程数。

▌原文

（二四）今有钱六千九百三十，欲令二百一十六人作九分分之，八十一人，人与二分；七十二人，人与三分；六十三人，人与四分。问三种各得几何？

答曰：二分，人得钱二十二。三分，人得钱三十三。四分，人得钱四十四。

术曰：先置八十一人于上，七十二人次之，六十三人在下。上位以二乘之，得一百六十二；次位以三乘之，得二百一十六；下位以四乘之，得二百五十二。副并三位，得六百三十，为法。又置钱六千九百三十为三位。上位以一百六十二乘之，得一百一十二万二千六百六十，又以二百一十六乘中位，得一百四十九万六千八百八十；又以二百五十二乘下位，得一百七十四万六千三百六十；各为实。以法六百三十各除之，上位得一千七百八十二，中位得二千三百七十六，下位得二千七百七十二。各以人数除之，即得。

◎ 译文

（二四）现有钱6930枚，现在按照9分的分法分给216人。其中81个人分2分，72人分3分，63人分4分。问三种分法每人各分多少钱？

答：分2分的人每人各分22钱，分3分的人每人各分33钱，分4分的人每人各分44钱。

运算法则：将分2分的81人放在第一位，分3分的72人放在第二位，分4分的63人放在第三位。用第一位的81人乘2，得数为162；用第二位的72人乘3，得数为216人；用第三位的63人乘4，得数为252。将162、216和252相加，得数为630，以此作为除数。用总钱数6930枚分别乘162、216和252，与第一位的162相乘后，得数为1122660；与第二位的216相乘后，得数为1496880；与第三位的252相乘后，得数为1746360，并将得到的数各作为被除数。被除数除以除数，即第一位的1122660除以630，得数为1782；第二位的1496880除以630，得数为2376；第三位的1746360除以630，得数为2772。将每一位的得数除以对应位的人数，即1782除以81人，得数22钱为分2分的人各得的钱数；2376除以72人，得数33为分3分的人各得的钱数；2772除以63人，得数44为分4分的人各得的钱数。

▌原文

（二五）今有五等诸侯，共分橘子六十颗。人别加三颗。问五人各得几何？

答曰：公一十八颗。侯一十五颗。伯一十二颗。子九颗。男六颗。

术曰：先置人数，别加三颗于下，次六颗，次九颗，次一十二颗，上十五颗。副并之，得四十五。以减六十颗，余，人数除之，人得三颗。各加不并者，上得一十八颗，为公分；次得一十五颗，为侯分；次得一十二颗，为伯分；次得九颗，为子分；下得六颗，为男分。

◎ 译文

（二五）现有5个等级的诸侯分60颗橘子。每高一等级就多分3颗橘子。问5人各分多少颗橘子？

答：公分18颗，侯分15颗，伯分12颗，子分9颗，男分6颗。

运算法则：先按照人数和等级排列，在最后一等处放3颗橘子。依次往上，分别放6颗、9颗、12颗、15颗。将5个等级摆放着的橘子数相加，即3加6加9加12加15，得数为45颗。用总数60颗橘子减45颗，得数15为余下的橘子。用15除以5人，得数3为每人还可以分到的橘子数。将3颗橘子各加在5等诸侯的身上，即公能分到18颗，侯能分到15颗，伯能分到12颗，子能分到9颗，男能分到6颗。

▌原文

（二六）今有甲、乙、丙三人持钱。

甲语乙、丙："各将公等所持钱半以益我，钱成九十。"

乙复语甲、丙："各将公等所持钱半以益我，钱成七十。"

丙复语甲、乙："各将公等所持钱半以益我，钱成五十六。"

问三人元持钱各几何？

答曰：甲七十二，乙三十二，丙四。

术曰：先置三人所语为位，以三乘之，各为积，甲得二百七十，乙得二百一十，丙得一百六十八。各半之，甲得一百三十五，乙得一百五，丙得八十四。又置甲九十、乙七十、丙五十六，各半之。以甲、乙减丙，以甲、丙减乙，以乙、丙减甲，即各得元数。

◎ **译文**

（二六）现有甲、乙、丙三个人，每个人手上都拿着钱。

甲对乙、丙两人说："你们两人各将手上的钱分一半给我，我就有90钱。"

乙又对甲、丙两人说："你们两人各将手上的钱分一半给我，我就有70钱。"

丙又对甲、乙两人说："你们两人各将手上的钱分一半给我，我就有56钱。"

问三人原本手上各有多少钱？

答：甲有 72 钱，乙有 32 钱，丙有 4 钱。

运算法则：将甲、乙、丙三人想要得到的钱数分别乘3，即90乘3，得数270为甲得到的钱；70乘3，得数210为乙得到的钱；56乘3，得数168为丙得到的钱。将三人得到的钱各除以2，即270除以2，得数135为甲得到的钱；210除以2，得数105为乙得到的钱；168除以2，得数84为丙得到的钱。再将甲原本想得到的90钱、乙原本想得到的70钱、丙原本想得到的56钱，分别除以2，即甲得45钱、乙得35钱、丙得28钱。将甲得到的135钱减去乙、丙想要得到的钱的一半，即135减35减28，得数72为甲原本的钱；将乙得到的105钱减去甲、丙想要得到的钱的一半，即105减45减28，得数32为以乙原本的钱；将丙得到的84钱减甲、乙想要得到的钱的一半，即84减45减35，得数4为丙原本的钱。

原文

（二七）今有女子善织，日自倍。五日织通五尺。问日织几何？

答曰：初日织一寸三十一分寸之一十九；次日织三寸三十一分寸之七；次日织六寸三十一分寸之一十四；次日织一尺二寸三十一分寸之二十八；次日织二尺五寸三十一分寸之二十五。

术曰：各置列衰，副并，得三十一，为法。以五尺乘未并者，各自为实。实如法而一，即得。

译文

（二七）现有一位擅长织布的女子，每日所织的布都成倍增长。该女子5日织布5尺，问每一日分别织多少布？

答：第一日织布 $1\frac{19}{31}$ 寸，第二日织布 $3\frac{7}{31}$ 寸，第三日织布 $6\frac{14}{31}$ 寸，第四日织布1尺 $2\frac{28}{31}$ 寸，第五日织布2尺 $5\frac{25}{31}$ 寸。

运算法则：列出等差数列1、2、4、8、16，相加后，得数为31寸，以此作为除数。因为5尺等于50寸，用50寸分别乘1、2、4、8、16，得数为50、100、200、400、800，以此各作为被除数。被除数除以除数，即50除以31，得数 $1\frac{19}{31}$ 寸为第一日所织的布数；100除以31，得数 $3\frac{7}{31}$ 寸为第二日所织的布数；200除以31，得数 $6\frac{14}{31}$ 寸为第三日所织的布数；400除以31，得数1尺 $2\frac{28}{31}$ 寸为第四日所织的布数；800除以31，得数2尺 $5\frac{25}{31}$ 寸为第五日所织的布数。

原文

（二八）今有人盗库绢，不知所失几何。但闻草中分绢，人得六匹，盈六匹；人得七匹，不足七匹。问人、绢各几何？

答曰：贼一十三人。绢八十四匹。

术曰：先置人得六匹于右上，盈六匹于右下；后置人得七匹于左上，不足七匹于左下。维乘之，所得，并之，为绢。并盈、不足，为人。

◎ **译文**

（二八）现有人偷走了仓库中的绢布，不清楚偷走了多少。只是听到偷盗的人在草丛中瓜分绢布，如果每人分6匹，则多出6匹；如果每人分7匹，则少7匹。问小偷有多少？偷走的绢布有多少？

答：小偷有13人，绢布被偷走84匹。

运算法则：先将每个小偷分到的6匹绢布放在右上方，将多出来的6匹绢布放在右下方。接着将每个小偷分到的7匹绢布放在左上方，将少的7匹绢布放在左下方。将每个方位交叉相乘，即6乘7等于42，7乘6等于42，将得到的积相加，即42加42，得数84则为偷走的绢布匹数。将多出的绢布和不足的绢布相加，即6加7，得数13则为小偷的人数。

下卷 物不知数

▌**原文**

（一）今有甲、乙、丙、丁、戊、己、庚、辛、壬九家共输租[1]。甲出三十五斛，乙出四十六斛，丙出五十七斛，丁出六十八斛，戊出七十九斛，己出八十斛，庚出一百斛，辛出二百一十斛，壬出三百二十五斛。凡九家共输租一千斛。僦运直折[2]二百斛外，问家各几何？

答曰：甲二十八斛。乙三十六斛八蚪[3]。丙四十五斛六蚪。丁五十四斛四蚪。戊六十三斛二蚪。己六十四斛。庚八十斛。辛一百六十八斛。壬二百六十斛。

术曰：置甲出三十五斛，以四乘之，得一百四十斛。以五除之，得二十八斛。乙出四十六斛，以四乘之，得一百八十四斛。以五除之，得三十六斛八蚪。丙出五十七斛，以四乘之，得二百二十八斛。以五除之，得四十五斛六蚪。丁出六十八斛，以四乘之，得二百七十二斛。以五除之，得五十四斛四蚪。戊出七十九斛，以四乘之，得三百一十六斛。以五除之，得六十三斛二蚪。己出八十斛，以四乘之，得三百二十斛。以五除之，得六十四斛。庚出一百斛，以四乘之，得四百斛。以五除之，得八十斛。辛出二百一十斛，以四乘之，得八百四十斛。以五除之，得一百六十八斛。壬出三百二十五斛，以四乘之，得一千三百斛。以五除之，得二百六十斛。

◎ **注释**

（1）输租：交租。

（2）折：这里指折损的意思。

（3）蚪：同"斗"。10斗等于1斛。

◎ **译文**

（一）现有甲、乙、丙、丁、戊、己、庚、辛、壬九户人家共同交租。甲交35斛，乙交46斛，丙交57斛，丁交68斛，戊交79斛，己交80斛，庚交100斛，辛交210斛，壬交325斛，九户共交租1000斛，在运输过程中折损了200斛。问每户人家实际交租多少？

答：甲交28斛，乙交36斛8斗，丙交45斛6斗，丁交54斛4斗，戊交63斛2斗，己交64斛，庚交80斛，辛交168斛，壬交260斛。

运算法则：先将甲交的35斛乘4，得数为140斛，将140斛除以5，得数28斛为甲实际交的租。将乙交的46斛乘4，得数为184斛，将184斛除以5，得数36斛8斗为乙实际交的租。将丙交的57斛乘4，得数为228斛，将228斛除以5，得数45斛6斗为丙实际交的租。将丁交的68斛乘4，得数为

272 斛，将 272 斛除以 5，得数 54 斛 4 斗为丁实际交的租。将戊交的 79 斛乘 4，得数为 316 斛，将 316 斛除以 5，得数 63 斛 2 斗为戊实际交的租。将己交 的 80 斛乘 4，得数为 320 斛，将 320 斛除以 5，得数 64 斛为己实际交的租。 将庚交的 100 斛乘 4，得数为 400 斛，将 400 除以 5，得数 80 为庚实际交的 租。将辛交的 210 斛乘 4，得数为 840 斛，将 840 斛除以 5，得数 168 斛为辛 实际交的租。将壬交的 325 斛乘 4，得数为 1300 斛，将 1300 斛除以 5，得数 260 斛为壬实际交的租。

▮ 原文

（二）今有丁[1]一千五百万，出兵四十万。问几丁科一兵？

答曰：三十七丁五分。

术曰：置丁一千五百万，为实。以兵四十万为法。实如法， 即得。

◎ 注释

（1）丁：壮丁，指成年的健壮男子。

◎ 译文

（二）现有壮丁 1500 万，现要出兵 40 万。问每几个壮丁要出兵一人？

答：每 $37\frac{1}{2}$ 个壮丁中出兵一人。

运算法则：将 1500 万作为被除数，40 万作为除数。被除数除以除数，即 1500 万除以 40 万，得数 $37\frac{1}{2}$ 为所求人数。

▮ 原文

（三）今有平地聚粟，下周三丈六尺，高四尺五寸。问粟几何？

答曰：一百斛。

术曰：置周三丈六尺，自相乘，得一千二百九十六尺。以高四尺五寸乘之，得五千八百三十二尺。以三十六除之，得一百六十二尺。以斛法一尺六寸二分除之，即得。

◎ 译文

（三）现在，要在一块平地上堆粟米，粟米堆成了圆锥形，地面圆的周长为 3 丈 6 尺，堆出的高为 4 尺 5 寸。问需要多少粟米？

答：需要 100 斛。

运算法则：用地面圆的周长 3 丈 6 尺自乘，即 36 尺乘 36 尺，得数为 1296 尺。将 1296 尺乘高 4 尺 5 寸，得数为 5832 尺。用 5832 尺除以 36，得数为 162 尺。因为 1 斛等于 1 尺 6 寸 2 分，用 162 尺除以 1 尺 6 寸 2 分，即 162 尺除以 1.62 尺，得数 100 斛为所求的粟数。

▌原文

（四）今有佛书凡二十九章，章六十三字。问字几何？

答曰：一千八百二十七。

术曰：置二十九章，以六十三字乘之，即得。

◎ 译文

（四）现有一本佛书，总共有 29 章，每章有 63 个字。问佛书总共有多少字？

答：共有 1827 个字。

运算法则：用 29 乘 63，得数 1827 为佛书的总字数。

▌原文

（五）今有谤局[1]方一十九道。问用谤几何？

答曰：三百六十一。

术曰：置一十九道，自相乘之，即得。

◎ **注释**

（1）谲局：棋盘。

◎ **译文**

（五）现有一个棋盘为方形，棋盘的每个边有19行。问填满棋盘需要多少棋子？

答：需要361枚棋子。

运算法则：将棋盘上的19行自乘，即19乘19，得数361为所求的棋子数。

▌原文

（六）今有租九万八千七百六十二斛，欲以一车载五十斛，问用车几何？

答曰：一千九百七十五乘奇一十二斛。

术曰：置租九万八千七百六十二斛，为实。以一车所载五十斛为法。实如法，即得。

◎ **译文**

（六）现有交的租，共计98762斛，如果一车可以装50斛，问需要多少辆车？

答：需要1975辆车，余下12斛未装。

运算法则：将交的租98762斛作为被除数，一辆车可装50斛作为除数。被除数除以除数，即98762除以50，得数为$1975\frac{12}{50}$。其中，1975为需要的车辆数。将$\frac{12}{50}$乘50，得数12为未装的斛数。

▌原文

（七）今有丁九万八千七百六十六，凡二十五丁出一兵。问兵几何？

答曰：三千九百五十人奇一十六丁。

术曰：置丁九万八千七百六十六，为实。以二十五为法。实如法，即得。

◎ 译文

（七）现有98766名壮丁，每25个壮丁要出兵1人。问总共要出多少兵？

答：总共要出 $3950\frac{16}{25}$ 名兵。

运算法则：将98766名壮丁作为被除数，25作为除数。被除数除以除数，即98766除以25，得数 $3950\frac{16}{25}$ 为所求的出兵数。

▌原文

（八）今有绢七万八千七百三十二匹，令一百六十二人分之。问人得几何？

答曰：四百八十六匹。

术曰：置绢七万八千七百三十二匹，为实。以一百六十二人为法。实如法，即得。

◎ 译文

（八）现有一批绢布，共计78732匹，现要分给162人。问每人能分到多少匹？

答：每人可分到486匹。

运算法则：将绢布的总匹数78732作为被除数，162人作为除数。被除数除以除数，即78732除以162，得数486匹为所分的绢布匹数。

▌原文

（九）今有三万六千四百五十四户，户输⁽¹⁾绵二斤八两。问计几何？

答曰：九万一千一百三十五斤。

术曰：置三万六千四百五十四户，上十之，得三十六万四千五百四十。以四乘之，得一百四十五万八千一百六十两。以十六除之，即得。

◎ 注释

（1）输：这里指捐献的意思。

◎ 译文

（九）现有36454户人家，每户要捐献棉2斤8两。问总共捐出了多少棉？

答：共计91135斤。

运算法则：将36454户乘10，得数为364540。用364540乘4，得数为1458160两。因为1斤等于16两，用1458160两除以16两，得数91135斤为所求的棉数。

▌原文

（一〇）今有绵九万一千一百三十五斤，给与三万六千四百五十四户。问户得几何？

答曰：二斤八两。

术曰：置九万一千一百三十五斤，为实。以三万六千四百五十四户为法。除之，得二斤，不尽一万八千二百二十七斤。以一十六乘之，得二十九万一千六百三十二两。以户除之，即得。

◎ **译文**

（一〇）现有棉91135斤，现要分给36454户人家。问每户可以分到多少？

答：可分到2斤8两。

运算法则：将91135斤棉作为被除数，36454户人家作为除数，被除数除以除数，得数为2斤，余18227斤。因为1斤等于16两，用18227斤乘16两，得数为291632。用291632除以36454户，得数为8两。将2斤加8两，得数2斤8两位所分的棉数。

▮ 原文

（一一）今有粟三千九百九十九斛九斗六升，凡粟九斗易豆一斛。问计豆几何？

答曰：四千四百四十四斗四升。

术曰：置粟三千九百九十九斛九斗六升，为实。以九斗为法。实如法。即得。

◎ **译文**

（一一）现有粟米3999斛9斗6升，每9斗粟米能换1斛豆。问可以换多少豆？

答：可以换4444斗4升的豆子。

运算法则：将3999斛9斗6升粟米作为被除数，9斗粟米作为除数。被除数除以除数，即39999$\frac{3}{5}$斗除以9斗，得数为4444$\frac{2}{5}$斗，即所换的豆子为4444斗4升。

▮ 原文

（一二）今有粟二千三百七十四斛，斛加三升。问共粟几何？

答曰：二千四百四十五斛二斗二升。

术曰：置粟二千三百七十四斛，以一斛三升乘之，即得。

◎ 译文

（一二）现有粟米 2374 斛，现每斛增加 3 升。问现在共有多少粟米？

答：共有 2445 斛 2 斗 2 升。

运算法则：用 2374 斛粟米乘 1 斛 3 升，得数 2445 斛 2 斗 2 升为所求的粟数。

▌原文

（一三）今有粟三十六万九千九百八十斛七斗，在仓九年，年斛耗三升。问一年、九年各耗几何？

答曰：一年耗一万一千九十九斛四斗二升一合，九年耗九万九千八百九十四斛七斗八升九合。

术曰：置三十六万九千九百八十斛七斗，以三升乘之得一年之耗。又以九乘之，即九年之耗。

◎ 译文

（一三）现有粟米 369980 斛 7 斗，在仓库中放置了 9 年。每一年会损耗 3 升的粟米。问一年、九年各损耗多少粟米？

答：一年损耗 11099 斛 4 斗 2 升 1 合粟米，九年损耗 99894 斛 7 斗 8 升 9 合粟米。

运算法则：用总粟米数 369980 斛 7 斗乘损耗的 3 升，得数 11099 斛 4 斗 2 升 1 合为一年损耗的粟米数。再用 9 年乘一年损耗的粟米，即 9 乘 11099 斛 4 斗 2 升 1 合，得数 99894 斛 7 斗 8 升 9 合粟米为 9 年损耗的粟米数。

▌原文

（一四）今有贷与人丝五十七斤，限岁出息一十六斤。问斤息几何？

答曰：四两五十七分两之二十八。

术曰：列限息丝一十六斤，以一十六两乘之，得二百五十六两。以贷丝五十七斤除之。不尽，约之，即得。

◎译文

（一四）现有人借出 57 斤的丝，限定利息为每年 16 斤。问每斤丝的利息是多少？

答：每斤丝的利息为 $4\frac{28}{57}$ 两。

运算法则：限定每年的利息为 16 斤，1 斤等于 16 两，用 16 斤乘 16 两，得数为 256 两。用 256 两除以 57 斤，如果除不尽，将分数约分，得数 $4\frac{28}{57}$ 两为所求的每斤丝的利息。

▌原文

（一五）今有三人共车，二车空；二人共车，九人步。问人与车各几何？

答曰：一十五车。三十九人。

术曰：置二车，以三乘之，得六。加步者九人，得车一十五。欲知人者，以二乘车，加九人，即得。

◎译文

（一五）现有 3 个人乘坐 1 辆车，那么有 2 辆车是空的。如果 2 人乘坐一辆车，有 9 个人要徒步。问人有多少？车有多少？

答：车有 15 辆，人有 39 人。

运算法则：用 2 乘 3，得数为 6。用 6 加徒步的 9 人，得数 15 为车数。想要求出人数，用 2 乘 15 辆车，再加上 9 人，得数 39 为人数。

原文

（一六）今有粟一十二万八千九百四十斛九斗三合，出与人买绢，一匹直粟三斛五斗七升。问绢几何？

答曰：三万六千一百一十七匹三丈六尺。

术曰：置粟一十二万八千九百四十斛九斗三合，为实。以三斛五斗七升为法。除之，得匹。余四十之所得，又以法除之，即得。

◎ 译文

（一六）现有粟 128940 斛 9 斗 3 合，与人交换绢，一匹绢可以交换 3 斛 5 斗 7 升，那么这些粟可以交换多少绢？

答：可交换 36117 匹 3 丈 6 尺。

运算法则：128940 斛 9 斗 3 合作为被除数，3 斛 5 斗 7 升作为除数，被除数除以除数，得数为绢的匹数。余数 $\frac{9}{10}$ 乘 40，得数为 3 丈 6 尺，加上之前得数 36117 匹，即 36117 匹 3 丈 6 尺为所求布数。

原文

（一七）今有妇人河上荡桮[1]。津吏[2]问曰："桮何以多？"妇人曰："家有客。"津吏曰："客几何？"妇人曰："二人共饭，三人共羹，四人共肉，凡用桮[3]六十五。不知客几何？"

答曰：六十人。

术曰：置六十五桮，以一十二乘之，得七百八十，以十三除之，即得[4]。

◎ **注释**

（1）荡栖：荡，清洗。栖，同"杯"，这里是盛酒、茶的器皿。

（2）津吏：古代管理桥梁、渡口的官吏。

（3）聢：这里指餐具、饭碗。

（4）置六十五栖，以一十二乘之，得七百八十，以十三除之，即得：用 1 个人计算，吃饭用 $\frac{1}{2}$ 个，喝汤用 $\frac{1}{3}$ 个，吃肉用 $\frac{1}{4}$ 个，共用 $\frac{1}{2}+\frac{1}{3}+\frac{1}{4}=\frac{13}{12}$，共用 65 个，用 $65 \div \frac{13}{12}$，即乘 12，除以 13，得数为 60 人。

◎ **译文**

（一七）现有一妇人在河边清洗器皿，一官吏问道："你为什么洗这么多器皿？"妇人回答："家中宴请客人。"官吏问："有多少客人？"妇人回答："2 个人合用一个饭碗，3 个人合用一个汤碗，4 个人合用一个肉碗，一共使用 65 个，您知道有多少客人吗？"

答：60 人。

运算法则：用 65 乘 12，得数为 780，再除以 13，得数 60 为所求人数。

▌**原文**

（一八）今有木，不知长短。引绳度之，余绳四尺五寸。屈绳[1]量之，不足一尺。问木长几何？

答曰：六尺五寸。

术曰：置余绳四尺五寸，加不足一尺，共五尺五寸。倍之，得一丈一尺。减余四尺五寸，即得。

◎ **注释**

（1）屈绳：屈，弯曲、对折。把绳子对折。

◎ **译文**

（一八）现有一根木材，不知道多少尺。用一根绳子测量，绳子余下4尺5寸；把绳子对折，绳子则少1尺。那么，这根木材多长？

答：6尺5寸。

运算法则：用余下的4尺5寸加少的1尺，共5尺5寸。得数加倍之后，得1丈1寸，再减去多出的4尺5寸，得数6尺5寸为所求木材长度。

▌原文

（一九）今有器中米，不知其数。前人取半，中人三分取一，后人四分取一，余米一斗五升。问本米几何？

答曰：六斗。

术曰：置余米一斗五升，以六乘之，得九斗。以二除之，得四斗五升。以四乘之，得一斛八斗。以三除之，即得[1]。

◎ **注释**

（1）置余米一斗五升，以六乘之，……以三除之，即得：第三人取 $\frac{1}{4}$，剩 $\frac{3}{4}$，原有米为 $15 \div \frac{3}{4} = 20$；第二人取走 $\frac{1}{3}$，原有米为 $20 \div \frac{2}{3} = 30$；第一人取走一半，原有米为 $30 \div \frac{1}{2} = 60$。连式为，$15 \div 3 \times 4 \div 2 \times 3 \div 1 \times 2 = 60$，乘2、3，转化为乘6，其他数字为前后顺序调整。

◎ **译文**

（一九）现容器中有米，不知道多少升。第一人取走一半，第二人取走剩下的 $\frac{1}{3}$，第三人取走剩下的 $\frac{1}{4}$，最后剩下1斗5升。那么原本有米多少升？

答：6斗。

运算法则：剩下的米1斗5升乘6，得9升。得数除以2，得4斗5升，再乘4，得1斛8斗。最后1斛8斗再除以3，得6斗为所求斗数。

原文

（二十）今有黄金一斤，直钱一十万。问两直⁽¹⁾几何？

答曰：六千二百五十钱。

术曰：置钱一十万，以一十六两除之，即得。

◎ 注释

（1）两直：每两的价钱。

◎ 译文

（二十）现有 1 斤黄金，价值 100000 钱。那么 1 两黄金价值多少钱？

答：6250 钱。

运算法则：用 100000 钱除以 16，得数 6250 为所求钱数。

原文

（二一）今有锦一匹，直钱一万八千。问丈、尺、寸各直几何？

答曰：丈，四千五百钱。尺，四百五十钱。寸，四十五钱。

术曰：置钱一万八千，以四除之，得一丈之直。一退、再退⁽¹⁾，得尺、寸之直。

◎ 注释

（1）一退、再退：退，退位。退一位，退两位，即除以 10、100。

◎ 译文

（二一）现有一匹锦，价值 18000 钱，那么 1 丈锦、1 尺锦、1 寸锦各多少钱？

答：1 丈锦为 4500 钱，1 尺锦为 450 钱，1 寸锦为 45 钱。

运算法则：用 18000 钱除以 4，得数 4500 为 1 丈锦的钱数；退一位，得 1 尺锦的钱数 450；退两位，得 1 寸锦的钱数 45。

原文

（二二）今有地长一千步，广五百步。尺有鹑，寸有鷃[1]。问鹑、鷃各几何？

答曰：鹑一千八百万，鷃一亿八千万。

术曰：置长一千步，以广五百步乘之，得五十万步。以三十六乘之[2]，得一千八百万尺，即得鹑数。上十之，即得鷃数。

◎ **注释**

（1）尺有鹑，寸有鷃：鹑，鹌鹑。鷃，黄脚三趾鹑。每平方尺有 1 只鹑，每平方寸有 1 只鷃。

（2）以三十六乘之：1 步 =6 尺，1 平方步 =36 平方尺。

◎ **译文**

（二二）现有长 1000 步、宽 500 步的地，每平方尺有 1 只鹑，每平方寸有 1 只鷃。那么这块地内共有鹑、鷃各多少只？

答：鹑为 1800 万只，鷃为 1 亿 8000 万只。

运算法则：长 1000 步乘宽 500 步，得出田地面积为 500000 平方步。再乘 36，得 18000 万平方尺，为鹑的数量；再乘 10，得数为鷃的数量 1 亿 8000 万只。

原文

（二三）今有六万口，上口三万人，日食九升；中口二万人，日食七升；下口一万人，日食五升。问上、中、下口[1]共食几何？

答曰：四千六百斛。

术曰：各置口数，以日食之数乘之，所得并之，即得。

◎ **注释**

（1）上、中、下口：这里指人口。

◎ **译文**

（二三）现有6万人，其中3万人每人每日吃9升粮食，2万人每人每日吃7升粮食，1万人每人每日吃5升粮食。那么，这6万人每日共吃多少粮食？

答：4600斛。

运算法则：用每种人数乘每人每日所吃粮食数，即30000乘9得270000升；20000乘7得140000升；10000乘5得50000升，得数相加，和为460000升所求粮食数，换算为斛4600斛。

▋ 原文

（二四）今有方物一束，外周一匝有三十二枚。问积几何？

答曰：八十一枚。

术曰：重置二位。上位减八，余加下位。至尽虚加一，[1]即得。

◎ **注释**

（1）重置二位。上位减八，余加下位。至尽虚加一：外围一圈有32枚小正方形，得出每边为8枚，所以计算步骤为：

32-8=24　32+24+16+8=80

24-8=16

16-8=8

8-8=0

最后，得数再加 1，80+1=81。

◎ 译文

（二四）现有多个小正方形组成的大正方形，外周一圈有 32 枚小正方形，那么大正方形由多少小正方形组成？

答：81 枚。

运算法则：把 32 列在左右两边，左边减 8，得数在右边相加。依次运算，直到左边余数为 0。然后把相加的得数加 1，为所求数 81。

▌原文

（二五）今有竿不知长短，度其影得一丈五尺。别立一表[1]，长一尺五寸，影得五寸。问竿长几何？

答曰：四丈五尺。

术曰：置竿影一丈五尺，以表长一尺五寸乘之，上十之，得二十二丈五尺。以表影五寸除之，即得。

◎ 注释

（1）别立一表：别，另外。表，表杆。

◎ 译文

（二五）现有一竹竿，不知道长短，测量其影长为 1 丈 5 尺。另外再旁边立一竹竿，长 1 尺 5 寸，影长为 5 寸。那么，这根竹竿多少尺？

答：4 丈 5 尺。

运算法则：用竹竿影长 1 丈 5 尺，乘表杆长 1 尺 5 寸，再乘 10，得数为 22 丈 5 尺。用得数除以标杆影长 5 寸，得数 4 丈 5 尺为所求竹竿长数。

▌原文

（二六）今有物，不知其数。三三数之，剩二；五五数之，剩三；七七数之，剩二。问物几何？

答曰：二十三。

术曰：三三数之，剩二，置一百四十；五五数之，剩三，置六十三；七七数之，剩二，置三十。并之，得二百三十三，以二百一十减之，即得。凡三三数之，剩一，则置七十；五五数之，剩一，则置二十一；七七数之，剩一，则置十五。一百六以上，以一百五减之，即得。

◎译文

（二六）现有一些物品，不知道具体数量。3个一组，剩2个；5个一组，剩3个；7个一组，剩2个。那么，这些物品的数量是多少？

答：23个。

运算法则：3个一组，多2个，放置140个；5个一组，多3个，放置63个；7个一组，多2个，放置30个。各数相加得数为233，减去210，得23为所求物品数。

▌原文

（二七）今有兽六首四足，禽二首二足。上有七十六首，下有四十六足。问禽、兽各几何？

答曰：八兽，七禽。

术曰：倍足以减首，余半之，即兽。以四乘兽，减足，余半之，即禽。

◎译文

（二七）现有1只野兽6个头4只脚，1只猛禽2个头2只脚。共有76个头，46 只脚，那么有野兽、猛禽各多少只？

答：8 只野兽，7 只猛禽。

运算法则：共有脚数 46 乘 2 得 92，减去共有头数 76，余数 16 再除以 2，得数 8 为野兽数量；野兽数 8 乘 4，脚数 46 减去得数 32，余数 14 再除以 2，得数 7 为猛禽数。

原文

（二八）今有甲、乙二人，持钱各不知数。甲得乙中半[1]，可满四十八。乙得甲太半，亦满四十八。问甲、乙二人持钱各几何？

答曰：甲持钱三十六，乙持钱二十四。

术曰：如方程求之。置二甲、一乙、钱九十六，于右方。置二甲、三乙、钱一百四十四，于左方。以右方二乘左方，上得四，中得六，下得二百八十八钱；以左方二乘右行，上得四，中得二，下得九十六；以右行再减左行，左上空，中余四乙，以为法；下余九十六钱，为实。上法，下实，得二十四钱，为乙钱。以减右下九十六，余七十二，为实；以右上二甲为法。上法、下实，得三十六，为甲钱也。

◎ 注释：

（1）中半：即 $\frac{1}{2}$。

◎ 译文

（二八）现甲乙二人各持钱，但不知道多少。如果甲得到乙的 $\frac{1}{2}$，共有 48 钱。如果乙得到甲的 $\frac{2}{3}$，也有 48 钱。那么，甲乙各有多少钱？

答：甲有 36 钱，乙有 24 钱。

运算法则：用方程来计算：把甲 2、乙 1、钱数 96 列于右边，甲 2、乙 3、钱数 144 列于左边。用右边的 2 分别乘左边各数 2、3、144，上中下的数

分别为 4、6、288；用左边 2 分别乘右边各数 2、1、96，上中下的数分别为
4、2、192。用右边减去左边，上中下余数分别为 0、4、96。96 作为被除数，
4 作为除数，被除数除以除数，得数 24 为乙所持钱数。用 96 减去乙所持钱数
24，余数 72 作为被除数，右边上边的 2 作为除数，被除数除以除数，得数 36
为甲的钱数。

▌原文

（二九）今有百鹿入城，家取一鹿，不尽；又三家共一鹿，适
尽。问城中家几何？

答曰：七十五家。

术曰：以盈不足取之。假令七十二家，鹿不尽四。令之九十
家，鹿不足二十。置七十二于右上，盈四于右下。置九十于左上，
不足二十于左下。维乘之所得，并为实。并盈不足为法。除之，
即得。

◎译文

（二九）现有 100 只鹿进城，每家分一只，还余下一些；余下的鹿，每 3
家分一只，正好分完。那么，这座城共有多少人家？

答：75 家。

运算法则：用盈不足的法则来计算：假设有 72 家，多出 4 只；假设有
90 家，少 20 只。把 72、4 分别列于右边上方和下方，90、20 分别列于左
边上方和下方，交叉相乘，即，72 乘 20 得 1440，4 乘 90 得 360，得数之和
1800 为被除数，盈和不足的和 24 作为除数，被除数除以除数，得数 75 为所
求人家数。

▌原文

（三十）今有三鸡共啄粟一千一粒。雏啄一，母啄二，翁⁽¹⁾啄四。主责本粟。问三鸡主各偿几何？

答曰：鸡雏主一百四十三，鸡母主二百八十六，鸡翁主五百七十二。

术曰：置粟一千一粒，为实。副并三鸡所啄粟七粒，为法。除之，得一百四十三粒，为鸡雏啄所偿之数。递倍之，即得母、翁啄所偿之数。

◎ **注释**

（1）翁：这里指公鸡。

◎ **译文**

（三十）现有三只鸡共吃 1001 粒粟，小鸡每次吃 1 粒，母鸡每次吃 2 粒，公鸡每次吃 4 粒。粟主人要求赔偿这些粟，那么三只鸡的主人各赔偿多少？

答：小鸡主人赔偿 143 粒，母鸡主人赔偿 286 粒，公鸡主人赔偿 572 粒。

运算法则：把 1001 粒作为被除数，三只鸡的和 7 粒作为除数，被除数除以除数，得数 143 粒为小鸡所吃数量。然后根据倍数关系，143 乘 2 得 286、乘 4 得 572，得数为母鸡和公鸡所吃数量。

▌原文

（三一）今有雉、兔同笼，上有三十五头，下九十四足。问雉、兔各几何？

曰：雉二十三，兔一十二。

术曰：上置三十五头，下置九十四足。半其足，得四十七。以少减多，再命之，上三除下三，上五除下五。下有一除上一，下有二除上二，即得。

又术曰：上置头，下置足。半其足，以头除足，以足除头，即得。

◎ 译文

（三一）现有鸡和兔关在一个笼子里，共有 35 个头，94 只脚，那么鸡和兔各多少只？

答：鸡为 23 只，兔为 12 只。

运算法则：上面列出 35 个头，下面列出 94 只脚，脚数除以 2，得数为 47（即鸡 1 足、兔 2 足的数），用得数 47 减去头数 35 得 12（为兔 1 足的数，即兔数）。再用脚数除以 2，减去头数，即 47 减 35 得 12，上面乘 3 除以下面乘 3，上面乘 5 除以下面乘 5。下面余数为 1，即除以上面加 1；下面余数为 2，即除以上面加 2，得数 23、12 分别为鸡兔数。

法则二：上面列出头数 35，下面列出脚数 94，脚数除以 2 得 47，用得数 47 减头数 35，12 为兔子 1 足数（即兔子数）；用共有头数 35 减兔子 1 足数 12，得数 23 为鸡数。

▌原文

（三二）今有九里渠，三寸鱼，头头相次[1]。问鱼得几何？

答曰：五万四千。

术曰：置九里，以三百步乘之，得二千七百步。又以六尺乘之，得一万六千二百尺。上十之，得一十六万二千寸。以鱼三寸除之，即得。

◎ 注释

（1）头头相次：头尾相连。

◎ 译文

（三二）现有 9 里长的水渠，里面头尾相连排列着鱼，每条鱼 3 寸，那么水渠里有多少鱼？

答：54000 条。

运算法则：用 9 里乘 300 步，得数为 2700 步，再乘 6，得数为 16200 尺，再乘 10，得数为 162000 寸。最后 162000 寸除以每条鱼长 3 寸，得数 54000 为鱼的条数。

▌原文

（三三）今有长安、洛阳相去九百里。车轮一匝一丈八尺。欲自洛阳至长安，问轮匝几何？

答曰：九万匝。

术曰：置九百里，以三百步乘之，得二十七万步。又以六尺乘之，得一百六十二万尺。以车轮一丈八尺为法，除之，即得。

◎ 译文

（三三）现长安距离洛阳 900 里，车轮的周长为 1 丈 8 尺。想要从洛阳到长安，那么车轮要转多少圈？

答：90000 圈。

运算法则：用 900 里乘 300 步，得数为 270000 步，再乘 6，得数为 1620000 尺作为被除数。1 丈 8 尺为除数，被除数除以除数，得数 90000 为车轮所转圈数。

▌原文

（三四）今有出门望见九堤。堤有九木，木有九枝，枝有九巢，巢有九禽，禽有九雏，雏有九毛，毛有九色。问各几何？

答曰：木八十一，枝七百二十九，巢六千五百六十一，禽五万九千四十九，雏五十三万一千四百四十一，毛四百七十八万二千九百六十九，色四十三百四万六千七百二十一。

术曰：置九堤，以九乘之，得木之数。又以九乘之，得枝之数。又以九乘之，得巢之数。又以九乘之，得禽之数。又以九乘之，得雏之数。又以九乘之，得毛之数。又以九乘之，得色之数。

◎ 译文

（三四）现有人出门看见9条河堤，每条河堤上有9棵树，每棵树上有9根枝，每根枝上有9个鸟巢，每个鸟巢里有9只鸟，每只鸟有9只小鸟，每只小鸟有9根羽毛，每根羽毛有9种颜色。那么树、树枝、鸟巢、鸟、小鸟、羽毛、颜色各有多少？

答：树有81棵，树枝有729根，鸟巢有6561个，鸟有59049只，小鸟有531441只，羽毛有4782969根，颜色有43046721种。

运算法则：用9条河堤，乘9，得81为树数；乘9，得729为树枝数；乘9，得6561为鸟巢数；乘9，得59049为鸟数；乘9，得531441为小鸟数；乘9，得4782969为羽毛数；乘9，得43046721为颜色数。

▌原文

（三五）今有三女，长女五日一归[1]，中女四日一归，少女三日一归。问三女几何日相会？

答曰：六十日。

术曰：置长女五日、中女四日、少女三日，于右方。各列一算于左方。维乘之，各得所到数：长女十二到，中女十五到，少女二十到。又各以归日乘到数，即得。

◎ 注释

（1）五日一归：每5日回一次娘家。

◎ 译文

（三五）现有人有三个女儿，大女儿每 5 日回一次娘家，二女儿每 4 日回一次娘家，三女儿每 3 日回一次娘家。那么，三个女儿多少日能遇到？

答：60 日。

运算法则：把大女儿 5 日、二女儿 4 日，三女儿 3 日分别列于右边，再列一行分别放在左边。用另外两数相乘，得数为各自回去的日数。即大女儿 12 日、二女儿 15 日、三女儿 20 日，再用各自的返回数乘自己回去的日数，即大女儿为 5 乘 12 得 60，二女儿 4 乘 15 得 60，三女儿 3 乘 20 得 60，因此 60 日为所求日数。

附录二

周髀算经

商高曰："数之法出于圆方，圆出于方，方出于矩，矩出于九九八十一，故折矩。以为勾广三，股修四，径隅五。既方之，外半其一矩，环而共盘。得成三四五，两矩共长二十有五，是谓积矩。故禹之所以治天下者，此数之所生也。"

昔者荣方问于陈子，曰："今者窃闻夫子之道：知日之高大，光之所照，一日所行，远近之数。人所望见，四极之穷，列星之宿，天地之广袤。夫子之道，皆能知之，其信有之乎。"

上卷一 商高定理

▌原文

（一）昔者周公问于商高⁽¹⁾曰："窃⁽²⁾闻乎大夫善数⁽³⁾也。请问古者包牺立周天历度。夫天不可阶而升，地不可将尺寸而度⁽⁴⁾，请问数安从出。"

商高曰："数之法出于圆方，圆出于方，方出于矩，矩出于九九八十一，故折矩⁽⁵⁾。以为勾广三，股修四，径隅⁽⁶⁾五。既方之，外半其一矩，环而共盘。⁽⁷⁾得成三四五，两矩共长二十有五，是谓积矩。故禹之所以治天下者，此数之所生也。"

◎ 注释

（1）昔者周公问于商高：昔者，从前，之前。周公，周文王、周公旦。商高，周代著名的贤士。

（2）窃：谦辞，自称。窃闻，我听说。

（3）数：这里指推算、计算。

（4）度：度量、衡量。

（5）折矩：将长方形沿着对角线对折。

（6）隅，角。径隅，对角线。

（7）既方之，外半其一矩，环而共盘：这是按照分割的方式求勾股的方法，先拼接一个正方形，然后从外面按照对角线取长方形的一半，再准备与长方形一半大小相等的四个三角形。最后将这四个三角形环绕着拼接在一起，组成一个正方形。

◎ 译文

（一）从前周公问商高说："我听说你擅长计算，那古时的包牺是如何测量整个天空的？人不能由台阶而登上天，也不能按照尺寸来丈量地，他的数据是怎么来的？”

商高说："他是按照圆形和方形的计算法则来计算的，圆形来源于方形，方形来源于长方形，长方形面积来源于乘法计算。所以把长方形按照对角线对折，得到勾为3、股为4、对角线为5。

"这就是勾股定理的计算方法，先拼接一个正方形，然后从外面按照对角线取长方形的一半，再准备与长方形一半大小相等的四个三角形。最后将这四个三角形环绕着拼接在一起，组成一个新正方形。由此得出，对角线的平方等于勾的平方与股的平方之和。进而得出，勾股弦（对角线）的比率关系为3:4:5，以勾为边长的正方形面积与以股为边长的正方形面积之和为25，即 $3^2+4^2=5^2$。这种计算法则，是从大禹治理天下的实践中演变而来。"

▌ 原文

（二）周公曰："大哉言数。请问用矩之道。"

商高曰："平矩以正$^{(1)}$绳。偃矩$^{(2)}$以望高，覆矩$^{(3)}$以测深，卧矩以知远，环矩以为圆，合矩$^{(4)}$以为方。

"方属地，圆属天，天圆地方。方数为典，以方出圆。笠以写天$^{(5)}$。天青黑，地黄赤。天数之为笠也。青黑为表，丹黄为里，以象天地之位。是故，知地者智，知天者圣。智出于勾，勾出于矩，夫矩之于数，其裁制$^{(6)}$万物。唯所为耳。"

周公曰："善哉。"

◎ 注释

（1）正：正，矫正。

（2）偃矩：偃，仰。这里指把矩竖起来。

（3）覆矩：把测高的矩颠倒过来。即向下放置。

（4）合矩：把两个矩形合起来。

（5）笠以写天：笠，斗笠。斗笠的形状好像天。

（6）裁制：丈量，测量。

◎ 译文

（二）周公说："这个推算实在太有意义了。那么，如何使用矩呢？"

商高说："把矩放置水平，另一边垂直放置，可以确定垂直和水平。把矩竖立起来，可以测量高度；把矩向下放，可以测量深度；把矩平放，可以测量距离；将矩旋转，可以得到圆；将矩拼接在一起，可以得到正方形。

"方属地，圆属天，天圆地方。方的计算是有法可循的，方可以转化为圆。天的形状类似斗笠，天是青黑色的，地是红黄色的。天好像斗笠，外面是青黑色，里面是红黄色，象征着天玄的地位。因此了解地的是智者，了解天的是圣人。智者了解勾股的关系，知道勾来源于矩，同时通过矩的演算可以随时随地丈量万物。"

周公说："真是太妙了！"

上卷二　陈子模型

▌原文

（一）昔者荣方问于陈子，曰："今者窃闻夫子之道：知日之高大，光之所照，一日所行，远近之数。人所望见，四极之穷[1]，列星之宿[2]，天地之广袤。夫子之道，皆能知之，其信有之乎。"

陈子曰："然。"

◎ 注释

（1）四极之穷：四极，东南西北。穷，穷尽。

（2）列星之宿：宿，位置、地方。

◎ 译文

（一）从前荣方向陈子请教说："最近我听说有人谈起您的言论：您能知道太阳有多高，阳光能照多远，一天能运行多远，以及太阳距离地面的距离；能看到东西南北无穷远的距离，天上星辰的位置，天地间的范围。您的言论众人皆知，确实是这样吗？"

陈子说："确实如此。"

▌ 原文

（二）荣方曰："方暗不省[1]，愿夫子幸而说之，今若方者，可教此道邪。"

陈子曰："然。此皆算术之所及，子之于算，足以知此矣。若诚累思[2]之。"

于是荣方归而思之，数日不能得[3]。复见陈子曰："方思之不能得，敢请问之。"

陈子曰："思之未熟。此亦望远起高[4]之术。而子不能得，则子之于数，未能通类，是智有所不及而神有所穷[5]。夫道术，言约而用博者，智类之明[6]。问一类而以万事达者，谓之知道[7]。今子所学，算数之术，是用智矣。而尚有所难，是子之智类单[8]。

"夫道术所以难通者，既学矣，患其不博。既博矣，患其不习。既习矣，患其不能知。故同术相学，同事相观[9]，此列士之愚智。贤不肖之所分，是故能类以合类，此贤者业精习智之质也。夫学同业而不能入神者。此不肖无智[10]，而业不能精习，是故算不能精习。吾岂以道隐子[11]哉！固复熟思之。"

◎ 注释

（1）省：领悟、明白。

（2）累思：累，多次，重复。反复思考。

（3）不能得：不明白其意，不得其法。

（4）起高：测量高度。

（5）神有所穷：穷，缺乏、不足。

（6）智类之明：智，同"知"，知识。类，归类。

（7）知道：知，懂得、明白。道，计算的方法。

（8）智类单：单，殚，穷尽。

（9）同事相观：相同的事情一起观察。

（10）不肖无智：不肖，不才，不聪明的人。

（11）隐子：隐，隐瞒。

◎ **译文**

（二）荣方说："我虽然不聪明，但有幸得到先生的指点和教导。现在像我这样的人，都能明白这个道理吗？"

陈子说："当然。这些都是计算的知识。只要你懂得计算的知识，就可以了解这些道理。你要专心地思考、反复地思考。"

荣方回去思考，几天后仍不得其法。于是，他再次请教陈子，说："我已经思考了，但是还不明白其中道理。现在再次向先生请教。"

陈子说："你思考得不透彻。观察天文的算法和测量远近、高低相似，你之所以不能理解，是因为你对于算术没有触类旁通。因为你知识不够渊博，不懂得举一反三。智者的方法言简意赅且被广泛应用，是因为做到了对知识的归纳总结，同时可以通过一类知识而知晓万物。

"现在你可以运用所学的知识，但是还有不懂的地方，说明你的知识还有欠缺。之所以如此，是因为你学习后，担心自己学得不够渊博；学得渊博后，担心自己不够专心研习；专心研习后，担心自己不能精益求精。所以，学习时要把同一类知识一起学，把同一类事物一起观察。这就是聪明与愚笨、贤能与不贤有所区别的原因。

"贤能的人能归纳、总结知识，能精通知识、运用知识，并且反复地研习知识。学习相同的知识却不能专心，这就是不贤能者不能精通知识的原因。这也是你不精通于算术的原因！我怎么能隐瞒你，你还是回去反复思考吧。"

▌原文

（三）荣方复归思之，数日不能得。复见陈子曰："方思之以精熟矣，智有所不及，而神有所穷。知不能得，愿终请说之。"

陈子曰："复坐，吾语汝。"于是荣方复坐而请陈子说之曰："夏至南万六千里。冬至南十三万五千里。日中立竿测影[1]，此一者。天道之数，周髀[2]长八尺，夏至之日晷[3]一尺六寸。髀者，股也。正晷者，勾也。正南千里，勾一尺五寸。正北千里，勾一尺七寸。日益表，南晷日益长。"

◎ 注释

（1）立竿测影：通过竖立竹竿，观察竹竿影子长度和角度的变化来测量时间。

（2）周髀：测日影的表。

（3）日晷：日影，这里指投影。

◎ 译文

（三）荣方又回去思考几日，还是不能明白其意。又向陈子请教说："我已经反复思考，但因为我知识不渊博，也不能举一反三，还是不能明白。请您再指点指点我吧！"

陈子说："请坐，我来给你讲讲。"于是荣方坐下，陈子说："夏至时，太阳在南方 16000 里，冬至时，太阳在南方 135000 里。这是通过立竿测影的方法得到的，也是符合实际的数据。测日影的表叫作周髀，长 8 尺；夏至时，表的投影长 1 尺 6 寸。周髀作为股，投影作为勾。夏至时，如果把周髀移到周地的正南方 1000 里，那么投影的长为 1 尺 5 寸；移到周地正北 1000 里，那么投影的长为 1 尺 7 寸。太阳越向南移动，周髀的投影就越长。"

▌ 原文

（四）"候[1]勾六尺，即取竹，空径一寸，长八尺。捕影而视之，空正掩日，而日应空之孔，由此观之。率八十寸，而得径一寸。故以勾为首，以髀为股。从髀至日下六万里，而髀无影。从此以上至日，则八万里。

"若求邪[2]至日者，以日下为勾。日高为股，勾股各自乘，并而开方除之，得邪至日。从髀所旁至日所，十万里，以率率之，八十里得径一里，十万里得径千二百五十里。故曰，日暑径千二百五十里。

"法曰：周髀长八尺，勾之损益寸千里。

"故曰：极者，天广袤也。今立表高八尺以望极，其勾一丈三寸。由此观之，则从周北十万三千里而至极下。"

◎ 注释

（1）候：等到。人眼与竹径所构成的角，与人眼与日径所构成的角是相似三角形。得出，竹筒长：竹径 = 人距离太阳的距离：日径 =8 尺 :1 寸 =80:1。

（2）邪：斜。根据勾股定理，周地到太阳正下方的距离的平方，加太阳到地面的垂直距离的平方，开平方，得出周地距离太阳的斜线距离。即 $\sqrt{80000^2+60000^2}$ =100000 里。

◎ 译文

（四）"等到表影为 6 尺时，取一个空心的竹筒，内径为 1 寸，长为 8 尺。用它来观察日影，竹筒上端的圆孔正好被太阳掩盖住，即太阳直径与空心竹筒直径相等。因此，太阳距离观测者的距离与太阳直径的比率，与竹筒的长度与竹筒内径的比率相等，即 80:1。

"观察中，应该先观察投影的变化，以投影为勾，周髀为股。表影为 6 尺时，从周地向南 60000 里，太阳正下方正好无影。因此，此地垂直距离太阳的距离为 80000 里。想要求周地到太阳的斜线距离，应该以周地到太阳正下方的距离 60000 为勾，太阳到地面的垂直距离 80000 为股。勾自相乘即 60000 乘 60000，股自相乘即 80000 乘 80000，得数之和 100000000 开平方，得数为周地到太阳的斜线距离 10000。从周地周髀到太阳的距离为 100000 里，按照 80:1 来计算，得出太阳的直径为 1250 里。

"运算法则：周髀长 8 尺，每移动 1000 里，影长增减 1 寸。

"因此，极是天地广大的象征。现在立表来观察北极，影长为 1 丈 3 寸。由此看来，从周地到北极的距离为 103000 里。"

▌原文

（五）荣方曰："周髀者何？"

陈子曰："古时天子治周，此数望之从周，故曰周髀。髀者，表也。日夏至南万六千里，日冬至南十三万五十里。日中无影，以此观之。从极南至夏至之日中十一万九千里，北至其夜半亦然。凡径二十三万八千里，此夏至日道之径也。其周七十一万四千里。

"从夏至之日中至冬至之日中，十一万九千里，北至极下亦然。则从极南至冬至之日中，二十三万八千里。从极北至其夜半亦然，凡径四十七万六千里，此冬至日道径也。其周百四十二万八千里，从春秋分之日中，北至极下十七万八千五百里。从极下北至其夜半亦然，凡径三十五万七千里，周一百七万一千里。

"故曰：月之道常缘宿⁽¹⁾，日道亦与宿正。南至夏至之日中，北至冬至之夜半。南至冬至之日中，北至夏至之夜半。亦径三十五万七千里，周一百七万一千里。"

◎ **注释**

（1）月之道常缘宿：宿，二十八星宿。月球运行的轨道时常绕着二十八星宿。

◎ **译文**

（五）荣方问："周髀究竟是怎么回事？"

陈子说："古时周天子治理周地，用它观测测量距离，因此而得名。髀，就是表。夏至，太阳在周地正南16000里，冬至，太阳在周地正南135000里，正午时表没有投影。因此，从极下向南到夏至正午的地方距离为119000里，往北到夏至半夜所在地也是119000里。夏至太阳运行一周的直径为238000里，周长为238000乘π（取π=3），为714000里。

"从夏至正午所在地向南到冬至正午所在地，距离为119000里。从这里向北到极下也是119000里。因此，从极下向南到冬至正午所在地的距离为238000里，从极下向北到冬至半夜所在地也是238000里。冬至太阳运行一周的直径为476000里，周长为476000乘π（取π=3），为1428000里。

"从春分日、秋分日正午所在地向北到极下为178500里，从极下向北到春分、秋分半夜所在地也是178500里。春分、秋分太阳运行1周的直径为357000里，周长为357000乘3，为1071000里。因此，月球运行的轨道围绕着二十八星宿而运行，太阳运行1年的轨道也是如此。夏至正午所在地到冬至半夜所在地，以及冬至正午所在地到夏至半夜所在地，直径为357000里，周长为1071000里。"

▌ **原文**

（六）"春分之日夜分以至秋分之日夜分。极下常有日光。

"秋分之日夜分以至春分之日夜分。极下常无日光。

"故春秋分之日夜分之时，日光所照适至极[1]，阴阳之分等也。

冬至夏至者，日道发敛[2]之所生也，至昼夜长短之所极。春秋分者，阴阳之修，昼夜之象。昼者阳，夜者阴，春分以至秋分，昼之象。

"秋分至春分，夜之象，故春秋分之日中。光之所照北极下，夜半日光之所照亦南至极。此日夜分之时也，故曰日照四旁，各十六万七千里。"

◎ **注释**

（1）适至极：适，恰好。极，极下。

（2）发敛：扩张和收敛。

◎ **译文**

（六）"春分到秋分，极下常出现极昼；秋分到春分，极下常出现极夜。春分、秋分日夜交替时，日光恰好照到极下，阴阳平分。冬至、夏至，太阳运行扩张和收敛之时，形成了昼夜的长短到极致。春分、秋分，阴阳平分，白天和夜晚时间相等。白天为阳，夜晚为阴，春分到秋分，呈现昼之象，秋分到春分，呈现夜之象。所以，春分、秋分，正午时太阳光照达到北极，夜晚时太阳光照达到南极，这就是昼夜的区分。因此，太阳光照的范围可达167000里。"

▌原文

（七）"人所望见，远近宜如[1]日光所照。从周所望见，北过极六万四千里，南过冬至之日三万二千里。夏至之日中光，南过冬至之日中光四万八千里，南过人所望见一万六千里。北过周十五万一千里，北过极四万八千里。

"冬至之夜半日光，南不至人所见七千里，不至极下七万一千里。夏至之日中与夜半日光九万六千里，过极相接[2]。冬至之日中与夜半日光，不相及十四万二千里，不至极下七万一千里。"

◎ **注释**

（1）宜如：如同，与其相同。

（2）过极相接：超过极下而与之重叠。

◎ **译文**

（七）"人所能看见的距离，与太阳光照的距离恰好相等。从周地所能看见的距离，向北超过极下64000里，向南超过冬至太阳中心所在地32000里。夏至正午时，太阳光向南超越了冬至所在地的48000里，向南超越了人所能看到距离极限的16000里；向北超越了周地151000里，超越极下48000里。冬至半夜，太阳光向南少于人所能看到距离极限的7000里，少于极下的71000里。夏至日的正午与半夜，太阳光超越极下并且重叠，重叠的范围为96000里。冬至正午与半夜，太阳光不能相连，两者距离为142000里，且都与极下相距71000里。"

▌**原文**

（八）"夏至之日，正东西望，直周东西日下至周五万九千五百九十八里半。冬至之日，正东西方不见日，以算求之。日下至周二十一万四千五百五十七里半。凡此数者，日道之发敛。

"冬至夏至，观津之数^{（1）}，听钟之音。冬至昼，夏至夜。差数及日光所逯观之^{（2）}，四极径八十一万里，周二百四十三万里。从周南至日照处三十万二千里，周北至日照处五十万八千里；东西各三十九万一千六百八十三里半。周在天中南十万三千里，故东西矩中径二万六千六百三十二里有奇^{（3）}。"

◎ **注释**

（1）观律之数：这里指用音律测量太阳的方法。

（2）差数及日光所遝观之：差，界限、限度。遝，及，到达。

（3）有奇：多一些。

◎ **译文**

（八）"夏至，在正东正西观察太阳，太阳在与周地处于同一直线，日落所在地距离周地 59598$\frac{1}{2}$里。冬至，在正东正西方向看不见太阳，计算可得出，日落所在地距离周地 214557$\frac{1}{2}$里。这种现象是由太阳扩张和收敛而引起的。

"要根据音律观察冬至夏至，听钟声的变化可以发现太阳的变化。按照冬至、夏至昼夜太阳运行轨道的变化，可以得出阳光所能照射的范围，得出天地的直径为 81 万里，周长为 243 万里。从周地向南到太阳光照的极限为 302000 里，从周地向北到太阳光照的极限为 508000 里。从周地向东、向西到太阳光照的极限都为 391683$\frac{1}{2}$里。周地在天地中心偏南 103000 里。因此，从周地按照东西来看，直径要比南北短 26632 里多一些。"

▎原文

（九）"此方圆之法。万物周事而圆方用焉，大匠造制而规矩设焉。或毁方而为圆，或破圆而为方。方中为圆者，谓之方圆；圆中为方者，谓之圆方也。"

◎ **译文**

（九）"这就是方圆之法。万事万物的研究要运用方圆的法则，因此能人贤者设计制造规和矩来计算。有时需要用方来求圆，有时需要用圆来求方。方中作圆，叫作方圆；圆中作方，叫作圆方。"

上卷三 七衡六间

▋ 原文

（一）七衡图[1]

凡为此图，以丈为尺，以尺为寸，以寸为分，分为一千里。凡用缯[2]方八尺一寸，今用缯方四尺五分，分为二千里。

吕氏曰：凡四海之内，东西二万八千里，南北二万六千里。凡为日月运行之圆周，七衡周而六间，以当六月节，六月为百八十二日八分日之五。

故日夏至在东井[3]，极内衡。日冬至在牵牛[4]，极外衡也。衡复更，终冬至。故曰，一岁三百六十五日四分日之一，一岁一内极，一外极。三十日十六分日之七，月一外极，一内极。是故，一衡之间，万九千八百三十三里三分里之一，即为百步。欲知次衡径，倍而增内衡之径，二之，以增内衡径，次衡放此。

◎ 注释

（1）七衡图：用来描述太阳周年轨迹运动的图，由 7 个同心圆组成。

（2）缯：古代丝织品的总称。

（3）东井：东井星，二十八宿之一。

（4）牵牛：牵牛星，二十八宿之一。

◎ 译文

（一）七衡图

制作七衡图，以丈为尺，以尺为寸，以寸为分，1 分代表 1000 里。需要一块 8 尺 1 寸的方形丝帛。现在用 4 尺 5 分的方形丝帛来制作七衡图，1 分代

表 2000 里。

《吕氏春秋》说:"四海之内,天地东西长 28000 里,南北长 26000 里。"

制作日月运行的圆周图,画 7 个同心圆,间距相等,代表 6 个月的节气,6 个月共 182$\frac{5}{8}$ 日。因此,夏至太阳到东井星,在七衡图最内圈;冬至太阳到牵牛星,在七衡图最外圈。第二年冬至,太阳又回到最外圈。因此,一年为 365$\frac{1}{4}$ 日,太阳到达最内圈、最外圈一次。30$\frac{7}{16}$ 日,月亮到达最内圈、最外圈一次。每圈的距离为 19833$\frac{1}{3}$ 里,$\frac{1}{3}$ 里等于 100 步。因此,想要求相邻的衡的直径,把 19833$\frac{1}{3}$ 里乘 2 加内圈直径就可以。想要求三衡的直径,把相邻两衡的直径差乘 2,加内衡直径就可以。以此类推。

▌原文

(二)内一衡:径二十三万八千里,周七十一万四千里,分为三百六十五度四分度之一,度得一千九百五十四里二百四十七步千四百六十一分步之九百三十三。

次二衡:径二十七万七千六百六十六里二百步,周八十三万三千里。分里为度,度得二千二百八十里百八十八步千四百六十一分步之千三百三十二。

次三衡:径三十一万七千三百三十三里一百步,周九十五万二千里。分为度,度得二千六百六里百三十步千四百六十一分步之二百七十。

次四衡:径三十五万七千里,周一百七万一千里。分为度,度得二千九百三十二里七十一步四千百六十一分步之六百六十九。

次五衡:径三十九万六千六百六十六里二百步,周百一十九万里。分为度,度得三千二百五十八里十二步千四百六十一分步之千六十八。

次六衡:径四十三万六千三百三十三里一百步,周一百三十万九千里。分为度,度得三千五百八十三里二百五十四步千四百六十一分步之六。

次七衡：泾四十七万六千里，周一百四十二万八千里。分为度，度得三千九百九里一百九十五步千四百六十一分步之四百五。

◎ 译文

（二）内衡直径为238000里，周长为714000里。分为365$\frac{1}{4}$度，每度为1954里247$\frac{933}{1461}$步。

第二衡直径为277666里200步，周长为833000里。分为365$\frac{1}{4}$度，每度为2280里188$\frac{1332}{1461}$步。

第三衡直径为317333里100步，周长为952000里。分为365$\frac{1}{4}$度，每度为2606里130$\frac{270}{1461}$步。

第四衡直径为357000里，周长为1071000里。分为365$\frac{1}{4}$度，每度为2932里71$\frac{669}{1461}$步。

第五衡直径为396666里200步，周长为1190000里。分为365$\frac{1}{4}$度，每度为3258里12$\frac{1068}{1461}$步。

第六衡直径为436333里100步，周长为1309000里。分为365$\frac{1}{4}$度，每度为3583里254$\frac{6}{1461}$步。

第七衡直径为467000里，周长为1428000里。分为365$\frac{1}{4}$度，每度为3909里195$\frac{405}{1461}$步。

▌原文

（三）其次，曰：冬至所北照，过北衡[1]十六万七千里，为泾八十一万里，周二百四十三万里，分为三百六十五度四分度之一，度得六千六百五十二里二百九十三步千四百六十一分步之三百二十七。过此而注者，未之或知。或知者，或疑其可知，或疑其难知，此言上圣不学而知之。

故冬至日晷丈三尺五寸，夏至日晷尺六寸。冬至日晷长，夏

至日暑短，日暑损益，寸差千里。故冬至、夏至之日，南北游^{（2）}
十一万九千里，四极径八十一万里，周二百四十三万里，分为
度，度得六千六百五十二里二百九十三步千四百六十一分步之
三百二十七，此度之相去也。

◎ **注释**

（1）北衡：太阳向北所照的极限。

（2）游：移动。

◎ **译文**

其次，冬至太阳光所照的轨道直径，加光照极限的 167000 里，得到天
地间的直径为 81 万里，周长为 243 万里，分为 $365\frac{1}{4}$ 度，每度为 6652 里
$293\frac{327}{1461}$ 步。超过这个范围，恐怕没人知道了。或许有人知道，或许有人持
有怀疑态度，这只能依靠圣人来解决这个问题。

冬至正午时周髀的投影为 3 尺 5 寸，夏至正午时周髀的投影为 1 尺 6 寸。
冬至时，周髀投影长，夏至时，周髀投影短。投影长短每增加或减少 1 寸，
地面的距离会随之增加或减少 1000 里。因此，冬至、夏至之间太阳南北运行
的距离为 119000 里，天地的直径为 81 万里，周长为 243 万里，分为 $365\frac{1}{4}$
度，每度为 6652 里 $293\frac{327}{1461}$ 步（此段重复，或为衍生文）。这是每度相差
的数。

▌ **原文**

（四）其南北游，日六百五十一里一百八十二步一千四百六十一
分步之七百九十八。

术曰：置十一万九千里为实，以半岁一百八十二日八分日之五
为法。而通之，得九十五万二千为实，所得一千四百六十一为法。
除之，实如法得一里。不满法者三之，如法得百步。不满法者十之，

如法得十步。不满法者十之，如法得一步。不满法者，以法命之。

◎ 译文

（四）太阳南北移动，每日运行 651 里 182 $\frac{798}{1461}$ 步。

运算法则：把 119000 里作为被除数，半年 182 $\frac{5}{8}$ 日为除数。通分后，952000 为被除数，1461 为除数，被除数除以除数得数 651 为所求里数。余数部分 $\frac{889}{1461}$ 乘 3 得数为 $\frac{2667}{1461}$，整数部分 1 为百步数；余数 $\frac{1206}{1461}$ 乘 10，整数部分 8 为十步数；余数部分 $\frac{372}{1461}$ 乘 10，整数部分 2 为步数。余数部分用分数表示 $\frac{798}{1461}$。因此得出日运行 651 里 182 $\frac{798}{1461}$ 步。

下卷一　盖天模型

▍原文

（一）凡日月运行，四极之道，极下者，其地高人所居六万里，滂沱四隤而下[1]。天之中央，亦高四旁六万里。故日光外所照，径八十一万里，周二百四十三万里。

故日运行处极北，北方日中，南方夜半。日在极东，东方日中，西方夜半。日在极南，南方日中，北方夜半。日在极西，西方日中，东方夜半。凡此四方者，天地四极四和。昼夜易处，加四时[2]相及。然其阴阳所终，冬夏所极，皆若一[3]也。

◎ 注释

（1）滂沱四隤而下：滂沱，水流盛大的样子。四隤而下，从四面八方倾流而下。

（2）四时：这里指一日中的子、午、卯、酉，代指一日。

（3）若一：只有一个。即统一、一致。

◎ **译文**

（一）日月运行天地四公道，北极之下，比人们居住的地方高 60000 里，由此地四面向下。天的中央也比四周高 60000 里。因此，太阳所照范围的直径为 81 万里，周长为 243 万里。

因此，太阳运行到北极的极限，北方为正午，南方为半夜。太阳运行到北极的正东，东方为正午，西方为半夜。太阳运行到北极的正南，南方为正午，北方为半夜。太阳运行到北极的西东，西方为正午，东方为半夜。这四种天象的变化，是天地四极变化的原因。昼夜交换，太阳运行一日，又回到原来的位置。然而，它与阴阳的变化，以及四季变换的规律是一致的。

▌原文

（二）天象盖笠，地法覆槃[1]，天离地八万里，冬至之日，晷在外衡，常出极下地上二万里。故日兆月[2]，月光乃出，故成明月，星辰乃得行列。是故秋分以往到冬至，三光之精微[3]，以成其道远。此天地阴阳之性，自然也。

◎ **注释**

（1）天象盖笠，地法覆槃：盖笠，盖着的斗笠。覆槃，倒扣的棋盘。

（2）日兆月：兆，先兆，征兆。太阳位置变化是月光变化的先兆。

（3）三光之精微：三光：日、月、昱。精，精气。微，逐渐微弱。

◎ **译文**

（二）天像盖着的斗笠，地像倒扣的棋盘。天地的距离为 80000 里，冬至时，太阳虽然在外衡，时常处于极下 20000 里。因此，太阳运行位置的变化是月光变化的先兆，月光出现，逐渐变为明月，星辰也按照顺序排列。所以，秋分到冬至这段时间，日月星的精气逐渐减弱，这是与太阳距离越来越远的原因。这是天地阴阳变化的自然规律。

原文

（三）欲知北极枢[1]，璇周四极。常以夏至夜半时，北极南游所极。冬至夜半时，北游所极。冬至日加酉之时，西游所极。日加卯之时，东游所极。此北极璇玑[2]四游。正北极，璇玑之中，正北天之中。

◎ **注释**

（1）枢：枢轴。

（2）璇玑：北斗前四星。这里指北斗星。

◎ **译文**

（三）想要知道北极的枢轴，应该知道北极璇玑四极的圆周面积。夏至半夜时，太阳从北极向南运行的极限。冬至半夜时，太阳从北极向北运行的极限。冬至酉时，北极向西运行的极限；冬至卯时，北极向东运行的极限。这里是通过北极绕着北斗星运行，来确定北极枢轴的所在地，也就是北天正中央的位置。

原文

（四）正极之所游，冬至日加酉之时，立八尺表。以绳系表颠，希望北极中大星，引绳致地而识之[1]。又到旦明[2]日加卯之时，复引绳希望之。首及绳致地而识其两端，相去二尺三寸。故东西极二万三千里，其两端相去正东西。中折之以指表，正南北。

加此时者，皆以漏揆度[3]之，此东西南北之时，其绳致地。

所识去表丈三寸，故天之中去周十万三千里。

何以知其南北极之时，以冬至夜半北游所极也，北过天中万一千五百里，以夏至南游所极，不及天中万一千五百里。其南极至地所识九尺一寸半，故去周九万一千五百里，不及天中万一千五百里。此皆以绳系表颠而希望之，北极至地所识丈一尺四寸半，故去周十一万四千五百里。其南不及天中有一千五百里。其南极至地所识九尺一寸半，故去周九万一千五百里，不及天中万一千五百里。此璇玑四极南北过不及之法，东西南北之正句。

◎ **注释**

（1）引绳致地而识之：引绳，拉直绳子。识，标记。拉直绳子，延伸到地面，然后在地上标记。

（2）旦明：日出、天亮时。

（3）漏揆度：漏，沙漏。揆度，揣度，估量。

◎ **译文**

（四）确定北极运行范围的方法：冬至日落后一个时辰，立8尺的表，把一根绳子系在顶端，向北极星的方向拉直绳子，使得北极星、表顶端、人眼成一条直线。把绳子延长到地面，并做好标记；日出后一个时辰，再次拉直绳子，使得三者成一条直线，再次做标记。测量两个标记的距离为2尺3寸，因此北极东西运行的极限为23000里。

两个标记相连，确定东西方位。把这条线对折，指向表的方向，确定南北方位。上面测量时间的方法，可以用沙漏来测量。这里所说的北极东西运行的情况。

测量南北运行时，拉直绳子到两个标记连线的中点，中点距离表为1丈3寸，得出天中央位置距离周地103000里。那么如何推算南北运行极限的时间呢？冬至半夜向北运行的极限，距离天中央11500里；夏至向南运行的极限，距离天中央11500里。这些数据都可以利用引绳表杆来获得，北极运行到极限时，标记距离表 1 丈 1 尺 4$\frac{1}{2}$ 寸，得出北极向下距离周地 114500 里，距离天中央 1500 里。北极向南运行到极限时，标记距离表 9 尺 1$\frac{1}{2}$ 寸，得出北极向下距离周地 91500 里，距离天中央 11500 里。这就是北斗星向南北运行到极限的算法。这些算法都以勾股定理为标准。

▌原文

（五）璇玑泾二万三千里，周六万九千里。此阳绝阴彰[1]，故不生万物。

其术曰：立正勾定之。以日始出，立表而识其晷。日入复识其晷。晷之两端相直者，正东西也。中折之指表者，正南北也。

◎ 注释

（1）阳绝阴彰：绝，衰亡。彰，显著、明显。阳气衰亡，阴气旺盛。

◎ 译文

（五）北极璇玑运行的直径为 23000 里，周长为 69000 里。在这个范围内，阳气衰亡，阴气旺盛，万物不能生长。

确定范围的方法：通过立竿测影的方法确定四方。日出时，标记日影的位置；日落时，再次标出日影的位置。连接两个标记，连线为正东正西；将连线对折取中点，中点与表连接，连线为正南正北。

▌原文

（六）极下不生万物，何以知之。冬至之日吉夏至十一万九千里，万物尽死。夏至之日吉北极十一万九千里，是以知极下不生万物。北极左右，夏有不释之冰[1]。

春分秋分，日在中衡。春分以注，日益北，五万九千五百里而夏至。秋分以注，日益南，五万九千五百里而冬至。

中衡去周七万五千五百里，中衡左右冬有不死之草，夏长之类。此阳彰阴㣲，故万物不死，五谷一岁再熟。凡北极之左右，物有朝生暮获⁽²⁾。

◎ 注释

（1）不释之冰：释，消除、消散。不融化的冰。

（2）朝生暮获：早上生长，晚上成熟。

◎ 译文

（六）如何知晓极下不生万物呢？冬至日太阳的位置距离到夏至日太阳的位置相差 119000 里，万物都衰败死亡。夏至，太阳的位置距离北极 119000 里，因此极下范围不生万物。北极左右，夏天也冰雪未融。春分、秋分，太阳在中衡运行。春分之后，太阳逐渐向北移 59500 里，而后到夏至；秋分后，太阳逐渐向南移 59500 里，而后到冬至。中衡距离周地 75500 里，中衡左右万物长青，始终如同夏天一般。这范围内，阳气旺盛，阴气衰败，所以万物长青，五谷一年成熟两次。北极左右，万物旺盛，早上生长、晚上成熟。

下卷二　天体测量

▌原文

（一）立二十八宿，以周天历度之法。

术曰：倍⁽¹⁾正南方，以正勾定之。即平地径二十一步，周六十三步。令其平矩以水正，则位径一百二十一尺七寸五分，因而三之，为三百六十五尺四分尺之一，以应周天三百六十五度四分度之一。审定分之^{（2）}，无令有纤微。分度以定则正督经纬^{（3）}，而四分之一，合各九十一度十六分度之五，于是圆定而正。

◎ 注释

（1）倍：同"背"，背向、相背。

（2）审定分之：仔细检查确定后再划分。

（3）正督经纬：督，统领。经纬，经线和纬线，即南北线和东西线。

◎ 译文

（一）用二十八星宿来确定测量天地的方法。方法是：与正南方相背的是正北方，用立竿测影的方法来确定。找一块平地，直径为 21 步，周长为 63 步。利用水平仪来矫正水平，取一圆形，直径为 121 尺 7 寸 5 分，直径乘 3，周长为 $365\frac{1}{4}$ 尺。得数与周天 $365\frac{1}{4}$ 度相对应，然后再仔细检查确定，不能出现任何误差。把分和度进行划分，统领正南北东西线。把圆周长 $365\frac{1}{4}$ 尺分为 4 等份，每份为 $91\frac{5}{16}$ 度。这个圆就是矫正度和分的仪器。

▌原文

（二）则立表正南北之中央，以绳系颠，希望^{（1）}牵牛中央星之中。则复候须女^{（2）}之星先至者，如复以表绳，希望须女先至定中。即以一游仪，希望牵牛中央星，出中正表西几何度。各如游仪所至之尺为度数，游在于八尺之上，故知牵牛八度。其次星放此，以尽二十八宿度，则定矣。

◎ 注释

（1）希望：希、望都是望的意思。

（2）须女：北方星宿之一，最先到达中天的星宿。

◎ 译文

（二）在正南正北的中央立表，用绳子系在表的顶端，拉直绳子使得人眼、表顶端、牵牛中央星成一线，观察牵牛中央星的上中天；然后再观察最先到达上中天的须女星，拉直绳子使得人眼、表顶端、须女星成一线，观察它的中天。这时，再使用移动的表，观察牵牛中央星，看它向西偏离多少度。然后在圆周上利用移动的表做上标记，记下两者的距离。把移动的表所到的弧度作为度数，度数为 8 尺，因此测量到牵牛中央星的移动度数为 8 度。其他星宿的测量也要按照这个方法，直到确定二十八星宿的度数。

▌ 原文

（三）立周度者，各以其所先至游仪度上，车辐引绳[1]，就中央之正以为毂[2]，则正矣。

日所以入，亦以周定之。欲知日之出入，即以三百六十五度四分度一，而各置周二十八宿。以东井夜半中，牵牛之初临子之中[3]。东井出中正表西三十度十六分度之七，而临未之中。牵牛初亦当临丑之中。

◎ 注释

（1）车辐引绳：引绳如车辐，车辐，车的轮辐。像车的轮辐那样来牵引绳子。

（2）毂：车轮中心的圆木。车轴。

（3）临子之中：临，临近。中，中天。

◎ 译文

（三）确定周天的度数，都按照上面游仪的观测方法。如果像向车的轮辐牵引绳子靠近车轴一样，将这些标记与中心用绳子牵引起来，那么测量的数据就更正确了。

日出日落，可以用周天度数来确定。想要知道日出日落的时辰，先将周天 $365\frac{1}{4}$ 度划分为二十八宿，东井星半夜时位于南方午位的中天，牵牛星在北方子位的中天。东井星距离中天正南北方偏西 $30\frac{7}{16}$ 度，因此，东井星对应的是未位，牵牛星对应的是丑位。

▌原文

（四）于是天与地协^{（1）}，乃以置周二十八宿。置以定，乃复置周度之中央立正表。以冬至夏至之日，以望日始出也。立一游仪于度上，以望中央表之晷。晷参正，则日所出之宿度。日入放^{（2）}此。

◎ 注释

（1）天与地协：天地和谐。

（2）放：仿，依照、仿照。

◎ 译文

（四）于是天地和谐，在圆周上设置二十八星宿。设置好之后，在圆周中央立表杆。冬至、夏至时，观测日出的角度；然后再立一个移动的表，观测中央表的投影，使得投影、标杆、移动的表成一条线。移动的表标记出日出的度数，日落的测量也是如此。

▌原文

（五）牵牛去北极百一十五度千六百九十五里二十一步千四百六十一分步之八百一十九。

术曰：置外衡去北极枢二十三万八千里，除璇玑万一千五百里，其不除者二十二万六千五百里，以为实。以内衡一度数千九百五十四里二百四十七步千四百六十一分步之九百三十三以为法。实如法得一度。不满法，求里、步。约之，合三百得一，以为实。以千四百六十一分为法，得一里。不满法者，三之，如法得百步。不满法者，上十之，如法得十步。不满法者，又上十之，如法得一步。不满法者，以法命之。次放此。

◎ 译文

（五）牵牛星距离北极115度1695里21$\frac{819}{1461}$步。

计算方法：外衡距离北极枢轴为238000里，减去北极璇玑的半径11500里，将余数226500里作为被除数。将内衡1度对应的弧长为1954里247$\frac{933}{1461}$步作为除数。被除数除以除数，得数的整数部分115为度数。余数部分1即所求的里数、步数。用300约分，作为分子，1461作为分母，得数的整数部分为里数。余数部分乘3，再除以分母1461，得数整数部分为百步数。余数部分乘10，除以分母1461，得数整数部分为十步数；余数部分乘10，除以分母1461，得数整数部分为步数。如果还除不尽，余数部分作为分子，1461作为分母，分数为最后的数。

原文

（六）娄与角[1]去北极九十一度六百一十里二百六十四步千四百六十一分步之千二百九十六。

术曰：置中衡去北极枢十七万八千五百里，以为实。以内衡一度数为法，实如法得一度。不满法者，求里步。不满法者，以法命之。

◎ 注释

（1）娄与角：娄宿与角宿，西方的星宿。

◎ 译文

（六）娄宿与角宿距离北极 91 度 610 里 $264\frac{1296}{1461}$ 步。

计算方法：中衡距离北极枢轴为 178500 里作为被除数。内衡 1 度的弧长 1954 里 $247\frac{933}{1461}$ 步作为除数。被除数除以除数，得数的整数部分为度数，余数部分即所求的里数、步数。如果还除不尽，用分数表示最后的数。

▌原文

（七）东井去北极六十六度千四百八十一里百五十五步千四百六十一分步之千二百四十五。

术曰：置内衡去北极枢十一万九千里，加璇玑万一千五百里，得十三万五百里，以为实。以内衡一度数为法，实如法得一度。不满法者，求里、步。不满法者，以法命之。

◎ 译文

（七）东井星距离北极 66 度 1481 里 $155\frac{1245}{1461}$ 步。

计算方法：内衡距离北极枢轴为 119000 里，加北极璇玑半径 11500 里，得数为 130500 里，作为被除数。内衡 1 度的弧长 1954 里 $247\frac{933}{1461}$ 步作为除数。被除数除以除数，得数的整数部分为度数，余数部分即所求的里数、步数。如果还除不尽，用分数最后的数。

▌原文

（八）凡八节二十四气，气损益九寸九分又六分之一。冬至晷长一丈三尺五寸，夏至晷长一尺六寸。问次[1]节损益寸数长短各几何。

冬至晷长丈三尺五寸；小寒丈二尺五寸，小分五；大寒丈一尺五寸一分，小分四；立春丈五寸二分，小分三；雨水九尺五寸三分，小分二；启蛰[2]八尺五寸四分，小分一；春分七尺五寸五分；清明六尺五寸五分，小分五；谷雨五尺五寸六分，小分四；立夏四尺五寸七分，小分三；小满三尺五寸八分，小分二；芒种二尺五寸九分，小分一；夏至一尺六寸；小暑二尺五寸九分，小分一；大暑三尺五寸八分，小分二；立秋四尺五寸七分，小分三；处暑五尺五寸六分，小分四；白露六尺五寸五分，小分五；秋分七尺五寸五分；寒露八尺五寸四分，小分一；霜降九尺五寸三分，小分二；立冬丈五寸二分，小分三；小雪丈一尺五寸一分，小分四；大雪丈二尺五寸，小分五。

凡为八节二十四气，气损益九寸九分又六分之一。冬至、夏至为损益之始。

术曰：置冬至晷，以夏至晷减之，余为实；以十二为法，实如法得一寸。不满法者，十之。以法除之，得一分。不满法者，以法命之。

◎ 注释

（1）次：依次。

（2）启蛰：即惊蛰。

◎ 译文

（八）共八节二十四气，每气相差 9 寸 $9\frac{1}{6}$ 分。冬至正午表的影长为 1 丈 3 尺 5 寸，夏至正午表的影长为 1 尺 6 寸。那么，各节气表的影长依次是多少？

冬至表的影长为 1 丈 3 尺 5 寸；小寒表的影长为 1 丈 2 尺 5 寸，小分 5；

大寒表的影长为 1 丈 1 尺 5 寸 1 分，小分 4；立春表的影长为 1 丈 5 寸 2 分，小分 3；

雨水表的影长为 9 尺 5 寸 3 分，小分 2；惊蛰表的影长为 8 尺 5 寸 4 分，小分 1；

春分表的影长为 7 尺 5 寸 5 分；清明表的影长为 6 尺 5 寸 5 分，小分 5；

谷雨表的影长为 5 尺 5 寸 6 分，小分 4；立夏表的影长为 4 尺 5 寸 7 分，小分 3；

小满表的影长为 3 尺 5 寸 8 分，小分 2；芒种表的影长为 2 尺 5 寸 9 分，小分 1；

夏至正午表的影长 1 尺 6 寸；小暑表的影长为 2 尺 5 寸 9 分，小分 1；

大暑表的影长为 3 尺 5 寸 8 分，小分 2；立秋表的影长为 4 尺 5 寸 7 分，小分 3；

处暑表的影长为 5 尺 5 寸 6 分，小分 4；白露表的影长为 6 尺 5 寸 5 分，小分 5；

秋分表的影长为 7 尺 5 寸 5 分；寒露表的影长为 8 尺 5 寸 4 分，小分 1；

霜降表的影长为 9 尺 5 寸 3 分，小分 2；立冬表的影长为 1 丈 5 寸 2 分，小分 3；

小雪表的影长为 1 丈 1 尺 5 寸 1 分，小分 4；大雪表的影长为 1 丈 2 尺 5 寸，小分 5。

共八节二十四气，每气增加或减少 9 寸 9 $\frac{1}{6}$ 分。从冬至开始依次减少，从夏至开始依次增加。

运算法则：冬至表的影长 1 丈 3 尺 5 寸减去夏至表的影长 1 尺 6 寸，余数 1 尺 9 寸作为被除数，12 作为除数。被除数除以除数，得数整数部分 9 为寸数。余数部分 $\frac{11}{12}$ 乘 10，再除以除数 12，得数整数部分 9 为分数。再除不尽，用分数 $\frac{1}{4}$ 表示。因此，每气增加或减少 9 寸 9 $\frac{1}{6}$ 分。

下卷三　日月历法

▍原文

（一）月后天十三度十九分度之七。

术曰：置章月二百三十五，以章岁[1]十九除之。加日行一度，得十三度十九分度之七。此月一日行之数，即后天之度及分。

◎ **注释**

（1）章月、章岁：古人发现经过 19 个冬至后，日月来回到原点。因此，把 19 年称为章岁，235 月称为章月。与 12 个朔望月有所不同。

◎ **译文**

（一）月球每天向东运行 $13\frac{7}{19}$ 度。

运算法则：把章月 235，除以章岁 19，得数 $12\frac{7}{19}$ 加上太阳每天向东运行的 1 度，得数为 $13\frac{7}{19}$ 度。这是月球一天运行的度数，即"月后天"的度数。

▌**原文**

（二）小岁[1]，月不及故舍[2]三百五十四度万七千八百六十分度之六千六百一十二。

术曰：置小岁三百五十四日九百四十分日之三百四十八，以月后天十三度十九分度之七乘之为实；又以度分母乘日分母为法。实如法，得积后天四千七百三十七度万七千八百六十分度之六千六百一十二。

以周天三百六十五度万七千八百六十分度之四千四百六十五减之，其不足除者，三百五十四度万七千八百六十分度之六千六百一十二。此月不及故舍之分度数，他皆放此。

◎ **注释**

（1）小岁：古人把 12 个朔望月称为 1 小岁。

（2）故舍：原来的地方。

◎ 译文

（二）1小岁，月球向东运行 $354\frac{6612}{17860}$ 度。

运算法则：小岁的日数 $354\frac{348}{940}$ ，乘"月后天"的度数 $13\frac{7}{19}$ 度，得数作为被除数。以 940 乘 19 得 17860 作为除数，被除数除以除数，得数为"积后天"的度数 $4737\frac{6612}{17860}$ 度。之后，再依次减周天度数 $365\frac{4465}{17860}$ ，最后余数为 $354\frac{6612}{17860}$ 度。这是月球东行的度数，其他也按照这个方法计算。

▌原文

（三）大岁[1]，月不及故舍十八度万七千八百六十分度之万一千六百二十八。

术曰：置大岁三百八十三日九百四十分日之八百四十七，以月后天十三度十九分度之七乘之，为实，又以度分母乘日分母为法。实如法，得积后天五千一百三十二度万七千八百六十分度之二千六百九十八。以周天减之，其不足除者，此月不及故舍之分度数。

◎ 注释

（1）大岁：古时 13 个朔望月为 1 大岁。

◎ 译文

（三）1大岁中，月球向东运行 $18\frac{11628}{17860}$ 度。

运算法则：大岁的日数 $383\frac{847}{940}$ ，乘"月后天"的度数 $13\frac{7}{19}$ ，得数作为被除数。940 乘 19 作为除数得 17860，被除数除以除数，得数为"积后天"度数 $5132\frac{2698}{17860}$ 。之后，再依次减周天度数 $365\frac{4465}{17860}$ ，最后余数为月球东行的度数 $18\frac{11628}{17860}$ 。

▍原文

（四）经岁^{（1）}，月不及故舍百三十四度万七千八百六十分度之万一百五。

术曰：置经岁三百六十五日九百四十分日之二百三十五，以月后天十三度十九分度之七乘之，为实。又以度分母乘日分母为法。实如法，得积后天四千八百八十二度万七千八百六十分度之万四千五百七十。以周天减之，其不足除者，此月不及故舍之分度数。

◎ 注释

（1）经岁：即日月的一个回归年。

◎ 译文

（四）1个回归年，月球向东运行 $134\frac{10105}{17860}$ 度。

运算法则：回归年的日数 $365\frac{235}{940}$，乘"月后天"的度数 $13\frac{7}{19}$ 度，得数作为被除数。940 乘 19 得 17860 作为除数，被除数除以除数，得数为"积后天"度数 $4882\frac{14570}{17860}$ 度。之后，再依次减周天度数 $365\frac{4465}{17860}$，最后余数为月球东行的度数 $134\frac{10105}{17860}$。

▍原文

（五）小月^{（1）}，不及故舍二十二度万七千八百六十分度之七千七百五十五。

术曰：置小月二十九日，以月后天十三度十九分度之七乘之，为实。又以度分母乘日分母为法。实如法，得积后天三百八十七度万七千八百六十分度之万二千二百二十。以周天分减之，其不足除者，此月不及故舍之分度数。

◎ **注释**

（1）小月：29 日为 1 小月。

◎ **译文**

（五）1 个小月，月球向东运行 $22\frac{7755}{17860}$ 度。

运算法则：1 小月的日数 29，乘"月后天"的度数 $13\frac{7}{19}$ 度，得数作为被除数。度数 17860 乘日数分母 19 作为除数，被除数除以除数，得数为"积后天"度数 $387\frac{12220}{17860}$ 度。之后，再依次减周天度数 $365\frac{4465}{17860}$，最后余数为月球东行的度数 $22\frac{7755}{17860}$。

原文

（六）大月[1]，不及故舍三十五度万七千八百六十分度之万四千三百三十五。

术曰：置大月三十日，以月后天十三度十九分度之七乘之，为实。又以度分母乘日分母为法。实如法，得积后天四百一度万七千八百六十分度之九百四十。以周天减之，其不足除者，此月不及故舍之分度数。

◎ **注释**

（1）大月：30 日为 1 个大月。

◎ **译文**

（六）1 个大月，月球向东运行 $35\frac{14335}{17860}$ 度。

运算法则：1 大月的日数 30，乘"月后天"的度数 $13\frac{7}{19}$ 度，得数作为被除数。度数 17860 乘日数分母 19 作为除数，被除数除以除数，得数为"积后天"度数 $401\frac{940}{17860}$ 度。之后，再依次减周天度数 $365\frac{4465}{17860}$，最后余数为月球东行的度数 $35\frac{14335}{17860}$。

原文

（七）经月⁽¹⁾，不及故舍二十九度万七千八百六十分度之九千四百八十一。

术曰：置经月二十九日九百四十分日之四百九十九，以月后天十三度十九分度之七乘之，为实。又以度分母乘日分母为法。实如法，得积后天三百九十四度万七千八百六十分度之万三千九百四十六。以周天减之，其不足除者，此月不及故舍之分度数。

◎ 注释

（1）经月：一个朔望月，即月球从朔到下一次朔，或是从望到下一个望的时间，为 $29\frac{499}{940}$ 日。

◎ 译文

（七）1个经月，月球向东运行 $29\frac{9481}{17860}$ 度。

运算法则：1个经月的日数 $29\frac{499}{940}$ 日，乘"月后天"的度数 $13\frac{7}{19}$ 度，得数作为被除数。度数940乘日数分母19作为除数，被除数除以除数，得数为"积后天"度数 $394\frac{13946}{17860}$ 度。之后，再依次减周天度数 $365\frac{4465}{17860}$，最后余数为月球东行的度数 $29\frac{9481}{17860}$。

原文

（八）冬至昼极短，日出辰而入申。阳照三，不覆九。⁽¹⁾东西相当正南方。夏至昼极长，日出寅而入戌。阳照九，不覆三。东西相当正北方。

日出左而入右，南北行。故冬至从坎，阳在子，日出巽而入坤。⁽²⁾见日光少，故曰寒。夏至从离，阴在午，日出根而入乾。见日光多，故曰暑。

◎ **注释**

（1）阳照三，不覆九：太阳只能照射巳、午、未三位，其他九位都照射不到。古时 12 时辰分别为，子、丑、寅、卯、辰、巳、午、未、申、酉、戌、亥。

（2）故冬至从坎，阳在子，日出巽而入坤：古人认为太阳升落与八卦方位有关系，八卦分别为，乾天、坤、巽、震、坎、离、艮、兑。

◎ **译文**

（八）冬至，白天非常短，太阳辰位出、申位落，只照射到巳、午、未三位，其他九位都照射不到，太阳升落的东西连线偏向南。夏至，白天特别长，太阳寅位出、戌位落，能照射到九位，其他三位照射不到，太阳升落的东西连线偏向北。

面向南方，太阳左升右落。冬至、夏至之间，太阳在南北轨道运行，因此冬至对应在坎位。此时，阳气开始于子位，太阳从巽位升起、坤为落下，大地日照少，天气寒冷。夏至对应离位，阴气开始于午位，太阳从艮位升起、乾位落下，大地日照多，天气炎热。

▌**原文**

（九）日月失度，而寒暑相奸。[1]注者诎[2]，来者信也，故诎信相感。故冬至之后，日右行。夏至之后，日左行。左者诎，右者来。故月与日合，为一月。日复日，为一日。日复星，为一岁。外衡冬至，内衡夏至，六气复返皆谓中气。

◎ **注释**

（1）日月失度，而寒暑相奸：度，规律。奸：混乱。日月运行失去规律，寒暑就会混乱。

（2）诎：同"屈"，这里指白昼变短。

◎ 译文

（九）日月运行失去规律，寒暑就会混乱。太阳运行轨道向南移，白昼就会越来越短；太阳运行轨道向北移，白昼就会越来越长，因此长短变化是相互的。冬至后，太阳向右运行；夏至后，太阳向左运行。左行，就是太阳运行轨道南移；右行，就是太阳运行轨道北移；因此，日月在朔位合，为一个月；太阳回到东升或西落的位置，为一日；太阳围绕着恒星运行，回到原来的位置，为一年。外衡与冬至对应，内衡与夏至对应，六气往返则称为中气。

▌原文

（一〇）阴阳之数，日月之法。十九岁为一章，四章为一蔀，七十六岁。二十蔀为一遂[1]，遂千五百二十岁。三遂为一首[2]，首四千五百六十岁。七首为一极，极三万一千九百二十岁。生数皆终，万物复始，天以更元作纪历。

◎ 注释

（1）遂：时间单位，1520年为一遂。

（2）首：时间单位，4560年为一首。

◎ 译文

（一〇）阴阳日月的法则：19年为1章，4章为1蔀，为76年。20蔀为1遂，为1520年。3遂为1首，为4560年。7首为1极，为31920年。到此结束，之后万物重新开始，依照天道来设置历法。

▌原文

（一一）何以知天三百六十五度四分度之一。而日行一度，而月后天十三度十九分度之七。二十九日九百四十分日之四百九十九为一月，十二月十九分月之七为一岁。

周天除之，其不足除者，如合朔。古者包牺、神农制作为历。度元之始，见三光未如其则；日月列星，未有分度。日主昼，月主夜，昼夜为一日。日月俱起建星⁽¹⁾，月度疾，日度迟，日月相逐于二十九日、三十日间。而日行天二十九度余，未有定分。

于是三百六十五日南极影长，明日反短。以岁终日影反长，故知之，三百六十五日者三，三百六十六日者一。故知一岁三百六十五日四分日之一，岁终也。月积后天十三周又与百三十四度余，无虑⁽²⁾后天十三度十九分度之七，未有定。

于是日行天七十六周，月行天千一十六周，及合于建星。置月行后天之数，以日后天之数除之，得十三度十九分度之七，则月一日行天之度。

复置七十六岁之积月，以七十六岁除之，得十二月十九分月之七，则一岁之月。

置周天度数，以十二月十九分月之七除之，得二十九日九百四十分日之四百九十九，则一月日之数。

◎ 注释

（1）起建星：起，出发。建星，古时称十二建星，与北斗七星的斗柄柄头的星位置相联系。

（2）无虑：大约，大概。

◎ 译文

（一一）如何知道周天为 $365\frac{1}{4}$ 度？太阳每天向东运行 1 度，月球每天向东运行 $13\frac{7}{19}$ 度，$29\frac{499}{940}$ 日为 1 个月，$12\frac{7}{19}$ 月为 1 年呢？

远古时期，庖牺氏、神农氏制作历法，开始知道有日、月、星，但是不知道其运行规律，也没有进行测量。他们认为太阳主宰白天，月亮主宰夜晚，1 个昼夜为 1 日；日月每天从建星出发，逐渐向东运行。月亮运行得越快，太阳运行得越慢，经过 29 日、30 日之间重合。太阳运行了 29 度多一些，不知道确切的度数。

观测到 365 日后，太阳运行到最南端，表的影长最长，之后逐渐变短。年末时，表的影长逐渐变长，每隔三个 365 日，会出现一个 366 日，一个回归年为 $365\frac{1}{4}$ 日。其间，月球向东运行了 13 周 134 度多，大约每天向东运行 $13\frac{7}{19}$ 度，但不知道确切的度数。

他们还发现太阳运行 76 周天、月亮运行 1016 周天后，两者会在建星附近重合。

用月亮向东运行的周天数，除以太阳向东运行的周天数，得数为 $13\frac{7}{19}$ 度，为月亮一日向东运行的度数。

用 76 年的朔望月数 940，除以 76，得数为 $12\frac{7}{19}$，为一年的月数。

用周天度数除以一年的月数，得数为 $29\frac{499}{940}$，为一月的日数。